高等职业教育“十四五”规划教材

园林工程测量

姜　浩　耿中利　主编

中国农业大学出版社
·北京·

内容简介

本教材紧密契合高等职业教育培养复合型技术技能人才的要求，融合课程特点、测绘行业规范条文，以及园林绿化职业资格考试等相关内容，针对园林工程测量相关岗位的需求精心编写。

本教材从测量学基础知识入手，阐述了水准测量、角度测量和距离测量3项基础测量工作，还介绍了测绘新技术的发展及应用。每个项目包括基础理论知识和任务两部分，旨在助力读者全面提升专业素养和实操能力。通过学习本教材，读者不仅能掌握园林工程测量的基础理论知识，还能熟练掌握各类测量仪器的操作技能，实现理论与实践的有机结合。

本教材不仅可作为高等职业院校园林技术、园林工程等相关专业的教学用书，还可作为园林工程设计、施工和管理等领域专业人员的参考用书，以及非测绘专业学生的自学指南。希望本教材能够为广大读者提供全面、系统和实用的园林工程测量知识。

图书在版编目(CIP)数据

园林工程测量 / 姜浩，耿中利主编. -- 北京 : 中国农业大学出版社，2025.1.

ISBN 978-7-5655-3376-1

Ⅰ. TU986.2

中国国家版本馆CIP数据核字第2024ZZ7718号

书　　名　园林工程测量

作　　者　姜　浩　耿中利　主编

策划编辑　张　玉　　　**责任编辑**　杨俊梅

封面设计　中通世奥图文设计中心

出版发行　中国农业大学出版社

社　　址　北京市海淀区圆明园西路2号　　　**邮政编码**　100193

电　　话　发行部 010-62733489,1190　　　读者服务部 010-62732336

编辑部 010-62732617,2618　　　出　版　部 010-62733440

网　　址　http://www.caupress.cn　　　**E-mail** cbsszs@cau.edu.cn

经　　销　新华书店

印　　刷　运河(唐山)印务有限公司

版　　次　2025年2月第1版　　2025年2月第1次印刷

规　　格　185 mm×260 mm　　16开本　　11.5印张　　284千字

定　　价　35.00元

编审人员

主　　编　姜　浩（北京农业职业学院）
　　　　　耿中利（北京工业职业技术学院）

副 主 编　（以姓氏拼音为序）
　　　　　陈　博（北京农业职业学院）
　　　　　冯茂林（北京铁科特种工程技术有限公司）
　　　　　何　璞（南阳农业职业学院）
　　　　　吕要宗（北京农业职业学院）

参　　编　（以姓氏拼音为序）
　　　　　崔　颖（山西铁道职业技术学院）
　　　　　聂松广（黄河水利职业技术学院）
　　　　　宁春江（北京绿京华生态园林股份有限公司）
　　　　　彭　飞（北京交通职业技术学院）
　　　　　赵昶亮（南阳农业职业学院）
　　　　　周道姗（北京农业职业学院）

主　　审　岳贵杰（北京工业职业技术学院）

前　言

党的二十大报告明确提出“深化教育领域综合改革，加强教材建设和管理”，体现了对教材建设的高度重视。职业教育教材是落实职业教育教学任务的知识载体，对于培养具备实践能力的技术技能型人才起着重要的支撑作用。现代科学技术的进步，使测量技术手段由传统的水准仪、经纬仪和钢尺等发展为激光测量、自动测量和卫星测量，对于园林工程测量的理论和方法也产生了革命性的影响。新仪器、新技术的不断涌现，使测绘工作变得精度更高、方便快捷。

“园林工程测量”是园林专业一门重要的专业课程。本教材根据高等职业教育人才培养的目标和要求，突出学生的动手能力，紧密围绕园林工程的特点，同时力求体现测绘学科体系的完整性，做到测绘专业名词规范、准确、通俗易懂。本教材共分为 9 个项目，每个项目都包含基础理论知识和难度适宜的任务，让学生在“学中动，动中学”，充分理解和吸收园林测量知识，熟练掌握常规测量仪器的操作，做到理论与实践有机结合。本教材可作为园林工程等专业的教学用书，也可作为园林行业职业技术培训的参考用书和非测绘专业学生的自学指南。

本教材分为 9 个项目，包括园林工程测量介绍、水准测量、角度测量、距离测量和直线定向、获取点位坐标的测量仪器、小区域控制测量、地形图测绘与应用、园林规划设计测量和园林施工测量。本教材编写的具体分工如下：项目 1、2、5 由北京农业职业学院姜浩编写，项目 3 由北京农业职业学院吕要宗编写，项目 4 由北京铁科特种工程技术有限公司冯茂林编写，项目 6、7 由北京工业职业技术学院耿中利编写，项目 8、9 由南阳农业职业学院何璞编写。本教材部分图片的收集与编辑由黄河水利职业技术学院聂松广、北京交通职业技术学院彭飞、山西铁道职业技术学院崔颖负责，部分文字资料及现场照片由北京绿京华生态园林股份有限公司宁春江提供，专业名词、图表格式符号等的校对由北京农业职业学院周道姗、南阳农业职业学院赵昶亮负责。本教材由北京农业职业学院陈博负责大纲修订，由姜浩、耿中利、何璞进行统稿，由北京工业职业技术学院岳贵杰担任主审。本教材借鉴了大量相关的书籍和文章，在此对这些作者表示衷心感谢。

由于编者水平有限和编写时间仓促，书中难免有疏漏和不妥之处，恳请广大读者批评指正。

编　者
2024 年 10 月

目 录

项目1　园林工程测量介绍

城市绿地或风景区的规划，公园、苗圃的建立，必须先了解该地区的地物、地貌、面积、植被、水源、土壤等情况，以便科学合理地进行山、水、树、路及园林建筑的综合规划和设计。测量人员通过架仪器、拉钢尺、跑标杆，绘制出地形图、平面图、断面图、土壤图，以便获取相关信息，最终为设计人员提供准确可靠的测量资料。在施工过程中，作业区的划分，挖湖、堆山、道路、花坛、草坪、园林建筑等位置的测设，树木种植坑位的确定，也离不开辛勤的测量人员。公园修建完成后，测量人员还需要提供测绘竣工图，作为今后检查和维护的依据。因此，测量技术在山水林田湖草沙生命共同体工程建设中应用广泛，发挥着不可替代的作用。

测量技术是园林、林草专业人才的必备技能，将测量知识运用于园林行业，便形成了园林工程测量。由此可见，学习园林工程测量的内容需要先从测量学入手。园林工程相关专业的学生可通过学习本课程，掌握测量学的基础知识，具备熟练使用测量仪器进行水准测量、小范围地形图测绘、施工放线放样等的技能，为今后从事园林行业相关的设计、施工、管理等工作奠定基础。

1.1　测量学基础知识

1.1.1　测量学基本概念

测量学是研究测定和推算地面点的几何位置、地球的形状和大小、地球重力场，测量和描述地球表面的自然形态和地物的几何分布，编制全球或局部地区各种比例尺的地图和专题图的理论与技术的学科。它主要解决3个方面的问题：①测定地球的形状和大小；②将地球表面局部范围内地物及地貌的形状和大小测绘成图；③满足各项工程建设设计和施工的需要。

测量学根据其研究对象、要求和手段的不同，已经形成了一些分支学科。园林工程测量本质上属于普通测量学和工程测量学的范畴。

大地测量学研究和测定地球的形状、大小、重力场，以及建立国家大地控制网。现代大地测量已经突破了经典大地测量的时空限制，处于空间大地测量的新阶段，正在为人类提供高精度、高分辨率、实时、动态的定量空间信息，是研究地壳运动与变形、地球动力学、海平面变化、气象地质灾害预测等内容的重要技术。大地测量学又分为常规大地测量学和卫星大地测量学。

普通测量学是研究地球表面较小范围内大比例尺测量的基本技术、方法与应用的学科，是测量学的基础。它将测区作为平面对待，不考虑地球曲率的影响，主要研究小区域的控制测量、地形测量和常规工程测量问题。

工程测量学研究大型工程在勘测、规划、设计、施工和维护阶段的测量技术和方法。电磁波测距、电子测角、全站仪，以及测量机器人技术、卫星测量技术等，都在工程施工与监测中得到广泛应用。测量自动化、测量数据的三维可视化和激光扫描等新技术也被应用于现代工程测量学中。园林工程测量是测量技术在园林工程建设中的具体应用。

摄影测量学通过航空、航天传感器获取被测物的立体影像信息，经过影像匹配、特征提取和分析，得到被测物的位置、形状、大小及其他属性特征，进而生成各种比例尺的地图、地形图和专题图。倾斜摄影测量、机载实时测图、虚拟现实结合等手段是这门学科的关键技术。

地图制图学是研究和模拟数字地图基础理论、设计、编绘、复制的技术、方法以及应用的学科。它的基本任务是利用各种测量成果编制各类地图，内容一般包括地图投影、地图编制、地图整饰和地图制印等。

1.1.2 园林工程测量的内容

园林工程测量分为测绘和测设两项基本内容。

测绘也叫测图，是指测量并绘制地形图，即通过使用专业测量仪器和工具，按照一定的测量方法和规范要求，把地球表面局部地区的地物和地貌按规定的比例尺缩绘成图或制成数据信息，以供园林规划设计和行政管理使用。

测设也叫施工放样，是指利用专业测量仪器和工具，把图纸上已规划设计好的园林工程或建(构)筑物的形状、位置，以及地形处理情况在地面上准确地标定出来，作为施工的依据。

1.1.3 园林工程测量的作用

园林工程测量在城乡规划建设、农林牧渔的发展、环境保护及地籍管理等国民经济建设领域中发挥着重要的作用。例如，在进行公园或园林绿地的规划设计、园林苗圃的布局与设计之前，先要全面了解工程用地的基本情况(地面高低起伏、坡向、坡度情况，道路、水系、管线、植被分布，特殊的文物古迹或古树名木等)，以便合理地进行山、水、植物、园路、园林建筑的综合规划和设计。

在规划设计过程中，设计师需要在地形图上对各单项工程进行平面设计或用地的竖向设计，必须具备规划区域的图面资料和测绘成果，才能保证工程的合理选址、选线，制订出经济效益较好的方案。园林道路、场地平整等还需要进行专项测量，以供细部设计。

在园林施工过程中，根据施工定位条件布设测量控制网，建立放样轴线，把设计图纸上的园林建筑和挖湖、堆山等的位置准确地标定在实际地面上。这需要使用测绘仪器并按照一定方法，随着工程进展按图精确地进行施工测设。

当园林工程完工后，需要进行竣工测量，包括测绘竣工图纸，验收、测量各项工程，编写相关表格和总结报告等。检查各项工程是否满足设计要求，同时将竣工测量的图纸和资料存档，以供今后工程正常运营和改建维护使用。

1.1.4 测量学的发展

测量学的历史可以追溯到公元前 21 世纪。《史记 · 夏本纪》中记载，夏禹治水时，就发明了“准、绳、规、矩”4 种测量工具和方法；到了战国时期，我们的祖先已利用磁石制成了世界上最先进的指南工具“司南”，至宋代演变为指南针，目前它仍是测定磁方位角的简便仪器。西晋的裴秀(公元 224—271)在总结前人制图经验的基础上，编制了小比例尺地图的制图准则，称为“制图六体”，即分率(比例尺)、准望(方位)、道里(距离)、高下(地势起伏)、方邪(倾斜角度)、迂直(河流、道路的曲直)。元代郭守敬(公元 1231—1316)拟订了全国纬度测量计划。清朝康熙年间(公元 1684—1718)开展了大规模的经纬度测量和地形测绘，编制了著名的《皇舆全览图》，是中国历史上首次根据实地测量结果绘制的地形图。

新中国成立以后，我国测绘事业有了长足发展，逐级组建了测绘管理机构和科研院所；在全国范围内颁布了各种测量规范，统一了坐标系统和高程系统，建立了高等级的平面和高程控制网、基本重力网和卫星多普勒网；生产出系列光学测量仪器，研制出各种测程的光电测距仪、卫星激光测距仪和解析测图仪等先进仪器；完成了国家大地网和高程网的整体平差，编制出国家基本比例尺地图；完成了珠穆朗玛峰高程测量、南极长城站及中山站地形图测绘等。无数测绘工作者为我国国民经济建设作出了卓越的贡献。

随着电子计算机、微电子技术、激光技术、3S 技术的应用，测量机器已趋于小型化、自动化、高精度化、智能化。传统的光学经纬仪、水准仪和电磁波测距仪正逐渐被自动全站仪和水准仪替代，GNSS 技术也被广泛应用于普通工程测量中。测量学理论取得了重大突破和进展，测量学已从二维发展到三维、四维，从点信息发展到面信息，从静态发展到动态，从后处理发展到实时处理，从人工观测发展到机器人自动寻找目标，测量精度也从毫米级发展到微米级乃至纳米级。

1.2 地面点位的确定

1.2.1 地球的形状和大小

测量工作是在地球表面进行的，测量时所选择的参考基准与地球的形状息息相关。地球的自然表面有高山、丘陵、平原、江、河、湖、海等，最高点——珠穆朗玛峰高出平均海平面 8 848.86 m；最低点——太平洋西部的马里亚纳海沟低于平均海平面 11 034 m。相对于地球半径 6 371 km 而言，这种自然起伏变化是微不足道的。

地球的质量和自转运动导致地球自身的任何一点同时受到地心引力和离心力的合力作用，将这种合力作用称为地球重力，方向沿铅垂线。另外，海洋面积约占地球表面积的 71%。假定一个自由静止的海平面(只受重力作用，无潮汐和风浪影响)延伸过大陆、岛屿，形成一个包围地球的封闭曲面，这个曲面就称为水准面。水准面是一个处处与铅垂线方向垂直的连续曲面，铅垂线便是测量工作的基准线。水准面有无数个，将与平均海平面相吻合的水准面称为大地水准面，它是测量工作的基准面。大地水准面包围的地球形体叫作大地体。

由于地球内部质量分布不均匀，铅垂线方向随位置的不同而变化。因此，大地水准面仍然是一个复杂曲面，不方便使用数学模型来处理测量数据。从地球动力学的角度解释，地球是一个自转的非均质流体，其平衡状态接近于旋转椭球体。大地测量也证明了地球是一个沿赤道线凸起和两极略扁的椭球体，地球自然表面的形状如图 1-1(a)所示。因此，科学家用一个非常接近大地

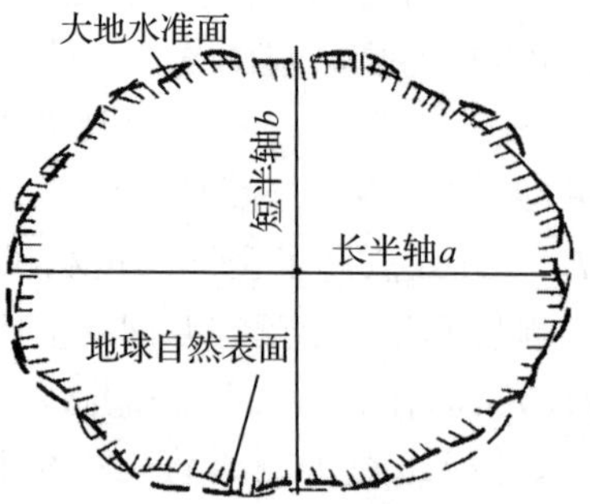

(a) 地球自然表面的形状

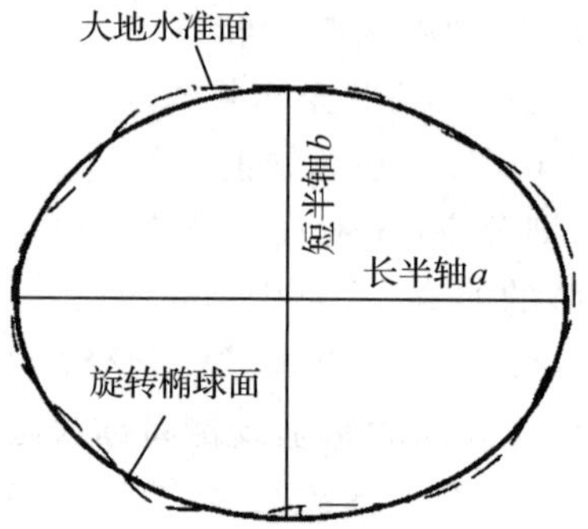

(b) 旋转椭球面

图 1-1 地球表面的形状

水准面的旋转椭球面[图 1-1(b)]代替地球表面。旋转椭球面可以作为测量计算的基准面。

伴随空间科学的进步，科学家可以越来越精确地测定参考椭球体的参数。根据 1975 年国际大地测量与地球物理联合会推荐的椭球值，我国于 1980 年建立了国家大地坐标系，其大地原点(图 1-2)位于陕西省泾阳县永乐镇。1980 年国家大地坐标系参考椭球体的参数为：长半轴 a=6 378 140 m，短半轴 b=6 356 755 m。由于旋转椭球体的扁率很小，当测区面积不太大时，可以把地球近似当作圆球考虑，其平均半径为 6 371 km。

图 1-2 1980 年国家大地坐标系大地原点

1.2.2 确定地面点位的方法

测量工作的本质任务是确定地面点的空间位置，任意地面点的空间位置需要用 3 个独立量来确定。在测量工作中，这 3 个量通常用该点在参考椭球面上沿铅垂线方向投影位置的 X、Y 值和该点沿投影方向到大地水准面的距离 H 来表示。其中，前两个量称为平面坐标，后一个量称为高程。确定地面点位的实质就是确定地面点在某个空间坐标系中的三维坐标。

1. 地面点的高程

地面点到大地水准面的铅垂距离叫作该点的绝对高程(又叫海拔)。如图 1-3 所示，地面上 A、B 两点沿铅垂线方向到大地水准面的距离分别为 H_A 和 H_B，即 A、B 两点的绝对高程。众所周知，海平面是一个随时间发生起伏变化的动态曲面。我国在青岛设立海水涨落观测站(验潮站)，用于长期监测海平面的升降变化。在验潮站附近设立一个与其相联系的水准基点，作为高程起算点，称为水准原点。

将根据青岛验潮站 1950—1956 年的潮汐资料确定的平均海平面作为我国国家水准面的系统，称为“1956 年黄海高程系统”，其水准原点的高程值为 72.289 m。

1985 国家高程基准是根据青岛验潮站 1952—1979 年潮汐资料确定的黄海平均海平面起算的高程系统，推算出国家水准原点的高程值为 72.260 m。

在局部地区或根据实际工程需要，会假设一个水准面作为高程起算面。如图 1-3 所示，地面点到假定高程起算面的铅垂线距离称为假定高程，又叫作相对高程。地面点 A 的绝对高程为 H_A，相对高程为 H'_A，两个地面点的高程之差称为高差。地面点 A、B 之间的高差为：

$$h_{AB}=H_B-H_A=H'_B-H'_A \tag{1-1}$$

可以发现，两点间的高差与高程起算面无关。

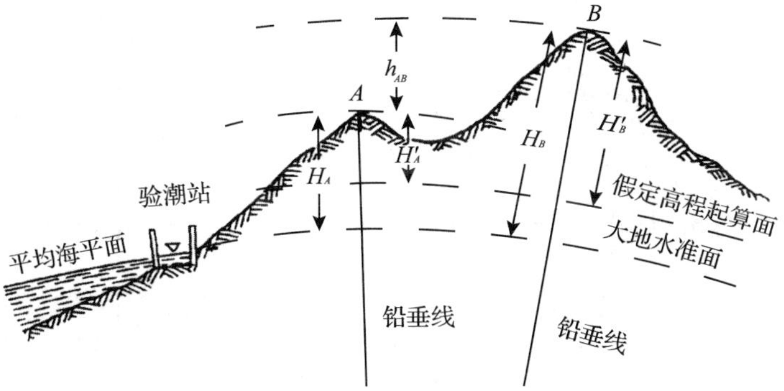

图 1-3 高程系统

2. 地面点在投影面上的坐标

(1)大地坐标系

在地球或较大区域范围开展测量工作时，要考虑地球曲率的影响，需要建立关于旋转椭球面的大地坐标系(或大地直角坐标系)。采用大地经度 L 和大地纬度 B 表示地面点在旋转椭球面上的位置。如图 1-4 所示，以 O 为中心的旋转椭球体，其旋转轴与地球自转轴平行，起始子午面 NGDS 与英国格林尼治天文台的平均子午面平行。起始子午面与旋转椭球体的截线称为首子午线。假设地面一点在旋转椭球面上的投影为 P，则该点的大地经度 L 就是过 P 点的子午面 NPAS 与起始子午面 NGDS 所构成的二面角。该点的大地纬度 B 为过 P 点的法线 PK 与赤道面的夹角。

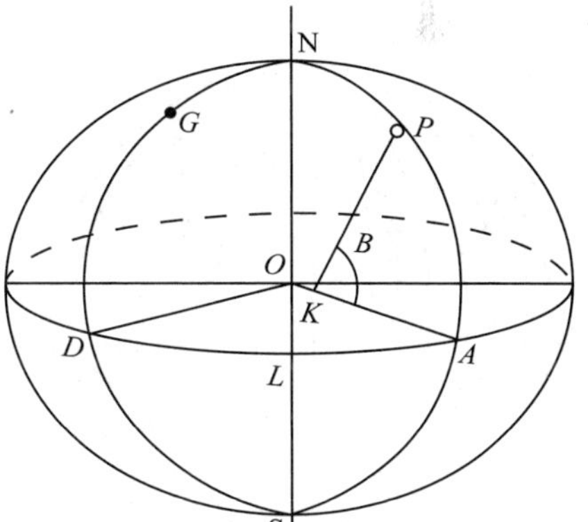

图 1-4 大地坐标系

(2)高斯平面直角坐标系

大地坐标系用于确定地面点在旋转椭球面上的位置，实际工程涉及的大比例尺地形图的测绘是以水平面为参考，其内业计算也会更加方便。因此，需要将旋转椭球面上的点位或图形投影到平面直角坐标系中，这种投影称为地图投影。地图投影有很多种方法，目前常采用高斯-克吕格投影（又称高斯投影）。

如图 1-5 所示，高斯投影是假想用一个椭圆柱面横向与地球椭球面相套合，使椭圆柱面的中心轴线 CC' 通过地球椭球中心并与地球自转轴垂直。椭圆柱面与地球椭球面上的一条子午线相切。在保证投影前后角度相等的情况下，将切线两侧一定经度差范围内的地球椭球面的点位投影到该椭圆柱面上，然后沿椭圆柱面上过南北极的母线将椭圆柱面剪开，将其展开为平面，该平面即高斯投影平面。高斯投影平面上的原切线（即子午线）是一条直线且长度不变形，称为中央子午线。距离中央子午线越远，长度投影变形越大。为了控制投影变形的程度，通常按经差 6° 分带，即从地球椭球面的首子午线（通过英国格林尼治天文台的首子午线）起，将地球椭球面按经差 6°由西向东划分为 60 个投影带（称为 6°带投影），按每带进行投影，以数字 1、2、3、…、60 表示投影带的号数，如图 1-6 所示。第 1 带的经度范围为 0°～6°，其中央子午线的经度为 3°。

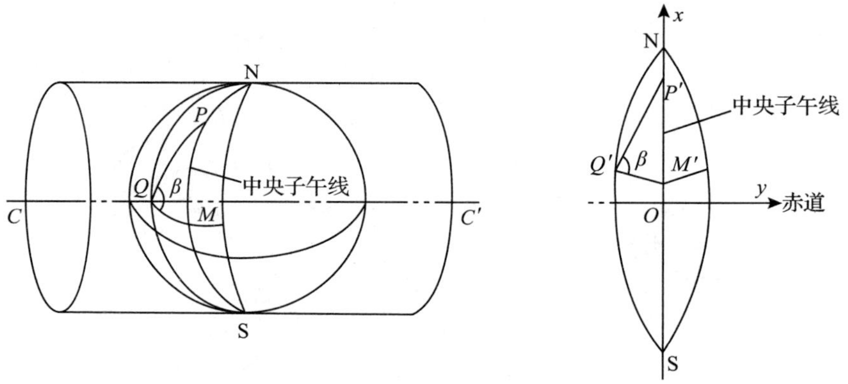

图 1-5　高斯-克吕格投影

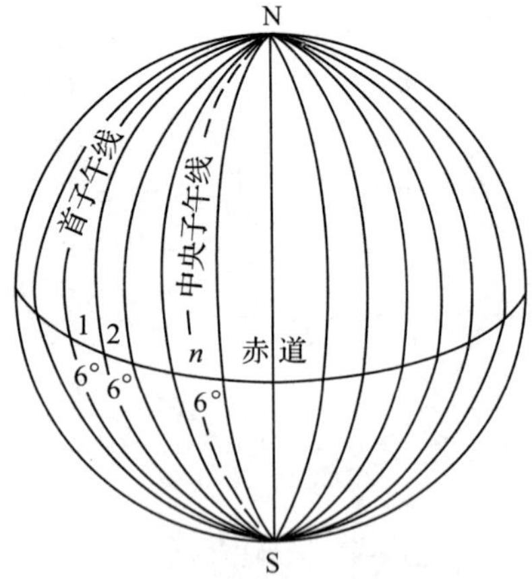

图 1-6　高斯投影 6°分带

因此，任意带的中央子午线经度 L_0 可按式(1-2)计算：

$$L_0 = 6° \times n - 3° \tag{1-2}$$

式中，n 为 6°投影带的带号。

当测绘大比例尺地形图时，要求投影变形更小，可将地球椭球面按经差 3°从东经 1°30′起，由西向东划分为 120 个带，称为 3°带，如图 1-7 所示。每带中央子午线的经度为：

$$L_0 = 3° \times n \tag{1-3}$$

通过高斯投影，将中央子午线的投影作为纵坐标轴，用 x 表示；将赤道的投影作为横坐标轴，用 y 表示；两轴的交点作为坐标原点，由此构成的平面直角坐标系称为高斯平面直角坐标系。如图 1-8 所示，在每一个投影带中，都有一个独立的高斯平面直角坐标系。我国位于北半球，x 坐标总为正值，而 y 坐标有正有负。为避免 y 坐标出现负值，将各带的纵坐标轴向西平移 500 km（半个投影带的最大宽度不超过 500 km），并在 y 坐标前加上投影带的带号。设 A 点

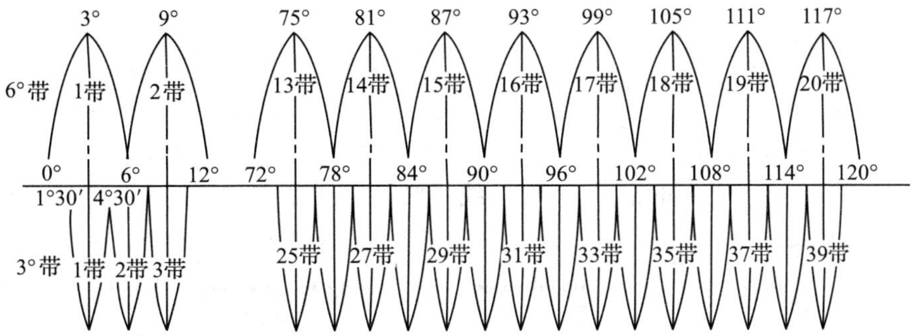

图 1-7 由西向东 3°和 6°分带方法

$x_A = 3\ 279\ 239.82$ m，$y_A = -279\ 234.41$ m，则横坐标为 $y = (-279\ 234.41) + 500\ 000 = 220\ 765.59$(m)。不同投影带内的点可能会有相同的坐标值，为了区分其所属的投影带，规定在横坐标前加上带号。A 点位于第 18 带，其最终的横坐标为 $y = 18\ 220\ 765.59$ m。

(3)独立平面直角坐标系

当测量范围较小时，可以将该区域内的地球表面沿铅垂线方向投影到水平面上，用平面直角坐标系来表示它的投影位置。为使测区内各点的坐标都为正值，规定以测区的西南角坐标为原点 O；南北方向为纵轴（x 轴），北方向为正；东西方向为横轴（y 轴），东方向为正，如图 1-9 所示。与数学规定有区别，测量工作中取南北方向为纵轴，象限沿顺时针方向编号，直线的起始方向从纵轴北端沿顺时针方向度量。这是为了使数学三角函数在测量坐标系中完全适用。

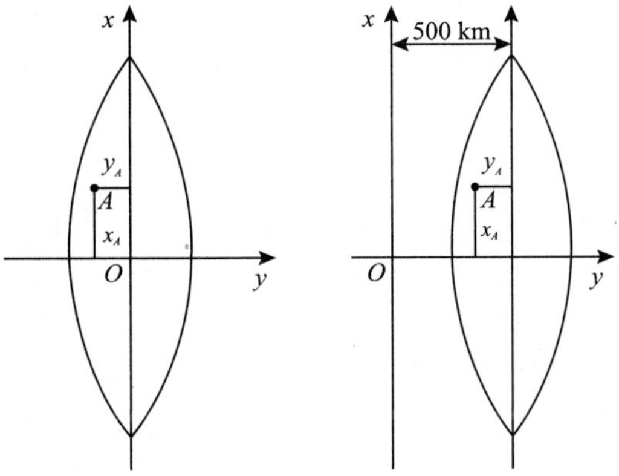

图 1-8 高斯平面直角坐标系

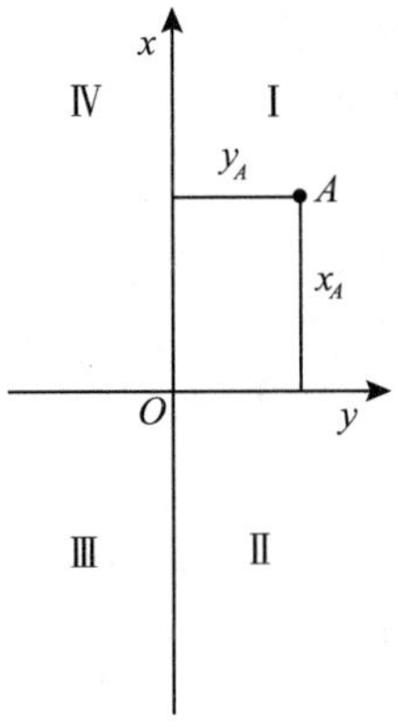

图 1-9 独立平面直角坐标系

3. 地面点的空间直角坐标系

空间技术的发展推动全球卫星测量在各种大型建设工程中的广泛应用。全球卫星测量获得的是地心空间三维直角坐标，地心空间三维直角坐标属于 WGS-84 世界大地坐标系（World Geodetic System 1984）。WGS-84 世界大地坐标系的原点在地球质心，Z 轴指向国际时间局（Bureau International de l'Heure，BIH）1984.0 定义的协议地球极（Conventional Terrestrial Polc，CTP）方向，X 轴指向 BIH 1984.0 定义的零子午面和 CTP 赤道面的交点，Y 轴与 Z 轴、X 轴构成右手坐标系，如图 1-10 所示。

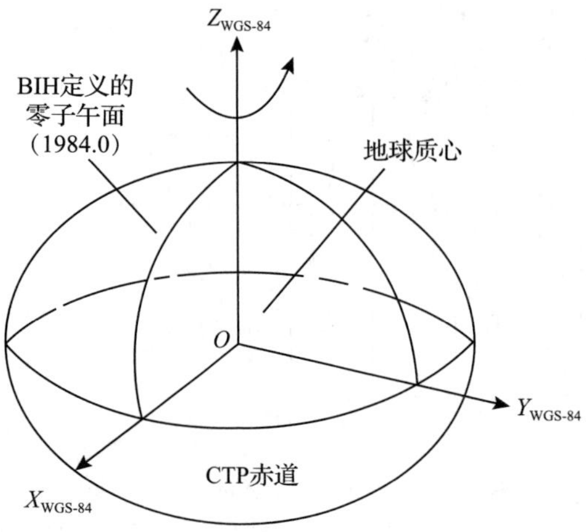

图 1-10　WGS-84 世界大地坐标系

地球自转轴在地球内部会随着时间发生位置变化，称为极移现象。BIH 会定期向外公布地极的瞬间位置。WGS-84 世界大地坐标系就是以 BIH 在 1984 年首次公布的瞬时地极位置(BIH 1984.0)作为基准建立的坐标系统。

4. 国家坐标系

测绘出国家基本比例尺地图，需要全国统一的大地坐标系统。我国于 20 世纪先后建立了 1954 北京坐标系和 1980 西安坐标系，布设了基本控制网，编绘出各种比例尺地形图，为国民经济发展及自然科学研究提供了重要支撑。

(1)1954 北京坐标系

1954 北京坐标系来源于苏联采用的 1942 年普尔科沃坐标系。该坐标系采用的参考椭球体是克拉索夫斯基椭球。它在计算和定位过程中没有采用中国区域数据，系统所对应的参考椭球面与我国大地水准面的差异可达到＋65 m(东部)，全国平均差异达±29 m。高程系统采用 1956 年青岛验潮站的黄海平均海平面作为起算基准。

(2)1980 西安坐标系

1978 年我国科学家重新对全国天文大地网进行整体平差，并建立了新的国家大地坐标系统，即 1980 西安大地坐标系。该系统采用 1975 年国际椭球参数，椭球面与大地水准面的平均差仅为 10 m，更适合我国的情况。高程系统采用 1956 年黄海平均海平面作为起算基准。

(3)2000 国家大地坐标系

随着新时期空间技术的发展，国家需要精度高、动态、实用、统一的大地坐标系。我国自 2008 年 7 月 1 日起启用 2000 国家大地坐标系(China Geodetic Coordinate System 2000，CGCS 2000)。2000 国家大地坐标系包括坐标系的原点，3 个坐标轴的指向、尺度，以及地球椭球的 4 个基本参数。2000 国家大地坐标系采用的地球椭球参数的数值为：长半轴 $a=6\ 378\ 137$ m，扁率 $f=1/298.257\ 222\ 101$，地心引力常数 $GM=3.986\ 004\ 418\times10^{14}\ m^3/s^2$，自转角速度 $\omega=7.292\ 115\times10^{-5}$ rad/s。

2000 国家大地坐标系的原点为地球质心，Z 轴为国际地球自转服务(International Earth Rotation Service，IERS)定义的参考极方向，X 轴为 IERS 定义的参考子午面与垂直于 Z 轴的赤道面的交线，Y 轴与 Z 轴以及 X 轴构成右手正交坐标系。地球质心是包括海洋和大气的整个地球的质量中心。

2000.0 历元的指向由 BIH 给定的历元为 1984.0 的初始指向推算，定向的时间演化可以保证不会产生相对于地壳的残余的全球旋转。

1.3 测量工作的基本内容与原则

1.3.1 测量工作的基本内容

地球表面存在各种地物、地貌，其形状可认为是由点、线、面构成的，其中点是最基本的单元。合理选择一些目标点（碎部点或特征点）进行测量，就可以准确地表达出地物和地貌的位置、大小和形状。因此，地面点位的确定就是测量工作的基本内容，主要分为将实地上的地形碎部点测绘到图纸上和把图纸上建（构）筑物的碎部点标定到实地上。测量的基本工作如图 1-11 所示。

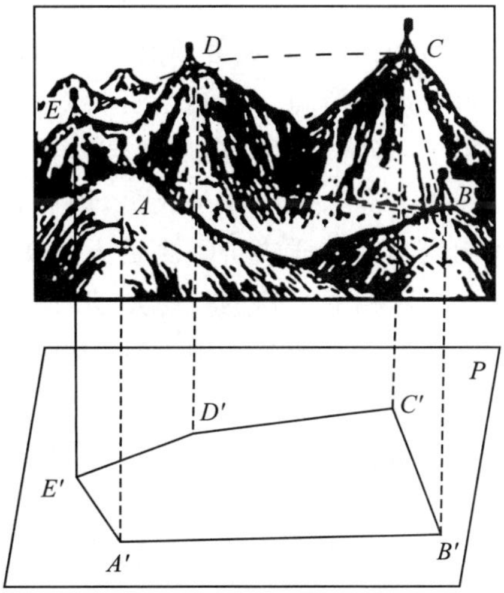

图 1-11 测量的基本工作

1.3.2 测量工作的原则

在测量工作中，误差是无法避免的，它有时甚至变成错误。比如测图时，从某一点开始逐点累推施测，而不加以控制和检核，则上一过程的误差就会传递给下一个点，出现误差累积，导致最终的测量结果超出容许范围。

为了防止测量误差的累积，提高测量精度，在测量工作中，必须遵循“在布局上从整体到局部，在精度上由高级到低级，在程序上先控制测量后碎部测量”的原则。测量工作的目的之一是测绘地形图，而地形图的本质是将一系列碎部点（地物点和地貌点）的平面位置和高程，按照合理比例，应用地形图符号和注记进行缩绘。但实际工作不能一开始就进行碎部测量，而是先在测区内科学合理地选择一些具有控制意义的特殊点，用较精确的仪器和方法测定每个控制点的平面位置和高程，再根据控制点测定其周围碎部点的信息，进而绘制成图。以图 1-12 为

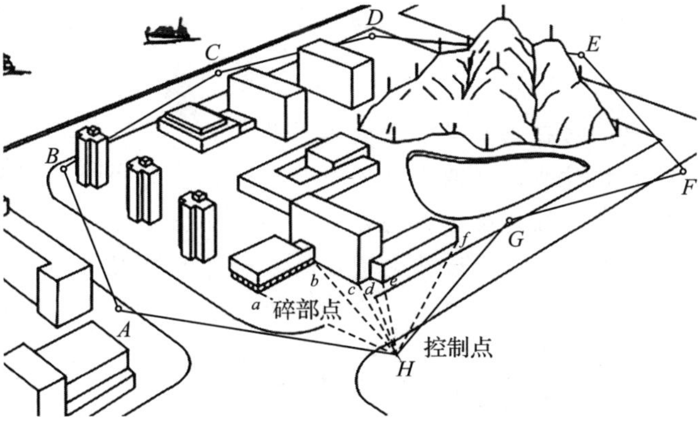

图 1-12 测量的基本程序

例，点 A、B、C、…、H 为控制点，点 a、b、c、d、e、f 为控制点 H 可观测的碎部点，几何图形 $ABCDEFGH$ 称为该测区的控制网。

1.3.3 测量资料的保密

测绘成果是国民经济建设、国防建设和科学研究的基础资料，对社会可持续发展、国土资源开发与利用、自然灾害预测、城市科学规划与管理等，都具有重要意义。因此，测绘成果是国家的重要涉密资料。各测绘资料归口管理部门有责任提高保密意识，在保证国家安全与利益的前提下，最大限度地满足社会各界的需求。

作为一名未来的测量人员，以后在测绘工作中所处的地位和责任不同于一般的社会人员。工作的内容和性质决定了测量人员接触国家地理信息秘密的事项多、知密的范围广，每一位同学都要牢固树立严格的保密意识，做到以下几点：

①在测绘外业生产中，高度重视保密工作，要做到资料成果由专人领用和保管；

②在测绘内业生产或科研中，所用的未公开的数据资料也属于国家机密，要按有关规定进行存放、使用，按有关密级要求进行保密；

③不在无保密保障的场所阅办、存放涉密资料；

④不擅自或指使他人复制、摘抄、销毁或私自留存带有密级的文件、资料，确因工作需要复印的，须经领导同意，复印件应按同等密级文件管理；

⑤加强对计算机及其网络安全的保密管理，不在非涉密笔记本电脑或未采取保密措施的电子信息设备中记录、传输和储存测绘数据和成果；

⑥不携带测绘资料进入公共场所，特殊情况确需携带时，须经本单位保密部门或主管领导批准，并由本人或指定专人严格保管，做到人不离资料；

⑦不准用无保密措施的通信设施和普通邮政设施传递测绘资料和国家秘密。

保密工作历来是党和国家的一项重要工作，事关国家的安全和利益，事关改革、发展、稳定的大局，保密责任重于泰山。每一位中国公民都必须牢固树立起“保密就是保安全、保发展，就是保战斗力、保打赢”的思想。

思考与练习

1. 测绘学的定义。
2. 测绘与测设有何区别？
3. 什么是大地水准面？它在测量工作中的作用是什么？
4. 什么是绝对高程和相对高程？两点之间绝对高程之差与相对高程之差是否相等？
5. 测量工作中所用的平面直角坐标系与数学上的平面直角坐标系有何不同？
6. 已知某点位于东经 117°55′，请计算它所在的 6°带号和 3°带号，以及 6°带和 3°带中央子午线的经度。
7. 以图 1-12 为例，概述测量工作的基本内容和原则。
8. 园林工程测量的主要任务及作用有哪些？

项目 2　水准测量

2.1　水准测量概述

测定地面上各点高程的工作叫作高程测量。按照所使用的仪器和施测方法的不同，高程测量可分为水准测量、三角高程测量、GNSS 高程测量和物理高程测量等，其中水准测量可以直接获得点位高程，是一种精度高、速度快的方法，在各类工程测量中应用较为广泛。

2020 年 5 月 27 日，中国珠峰高程测量登山队的 8 名队员全部登顶世界之巅——珠穆朗玛峰，这也是我国第 7 次完成珠穆朗玛峰的测量，再次向全世界展现中国高度。同时，这次登顶让我们充分感受到测绘人员不怕艰险、不怕困难、敢于挑战、团结协作、笃定前行的精神。

2.1.1　水准测量的原理

水准测量是利用水准仪提供的水平视线，对带有分划的水准尺进行读数，直接测定地面上两点间的高差，然后根据已知点高程和测得的高差，推算出待定点高程的过程。

如图 2-1 所示，已知 A 点的高程为 H_A，待定点 B 的高程为 H_B。分别在 A、B 两点上立水准尺，两点之间安置水准仪，调整仪器至视线水平，分别得到尺上的读数 a、b，称 A 点到 B 点的高差为 h_{AB}。高差 h_{AB} 有正、负之分，即 $h_{AB}=-h_{BA}$。若 $a>b$，$h_{AB}>0$，此时 B 点比 A 点高；反之，B 点比 A 点低。

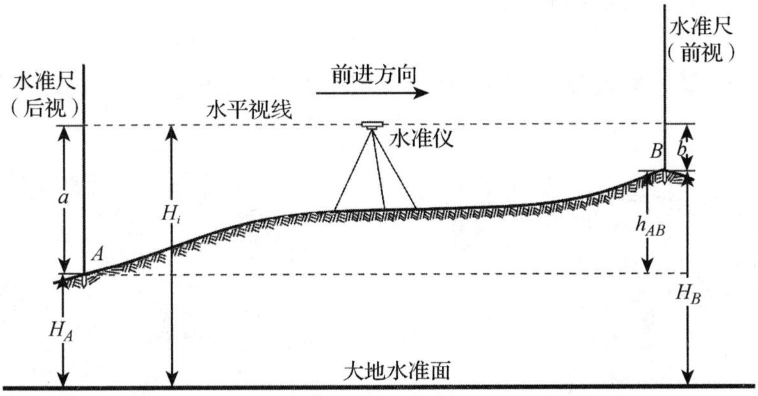

图 2-1　水准测量原理示意图

如果水准测量从 A 点向 B 点进行，则 A 点为后视点，读数 a 为后视读数；B 点为前视点，读数 b 为前视读数。高差 h_{AB} 等于后视读数减去前视读数，即

$$h_{AB}=a-b \tag{2-1}$$

2.1.2 计算待定点高程

(1)高差法

测得高差 h_{AB} 后，如果已知 A 点的高程为 H_A，则 B 点的高程 H_B 为：

$$H_B=H_A+h_{AB}=H_A+(a-b) \tag{2-2}$$

直接利用高差 h_{AB} 来推算待定点 B 的高程的方法，称为高差法。

(2)视线高法

先推算出水准仪提供的水平视线高程 H_i，再推算出 B 点高程 H_B，即

$$\begin{aligned} H_i&=H_A+a \\ H_B&=H_i-b \end{aligned} \tag{2-3}$$

这种计算待定点 B 的高程的方法称为视线高法。在断面测量、场地平整等施工测量中，通常可以安置一次仪器测定多个地面点的高程，而采用视线高法可以使测量更简便、灵活。

2.2 水准测量的仪器和工具

水准测量过程中使用的仪器为水准仪，配合水准仪读数的工具为水准尺和尺垫等。按精度分，水准仪有 DS_{05}、DS_1、DS_3 和 DS_{10} 等几种型号，D 表示大地测量，S 表示水准仪；按结构分，水准仪可分为微倾式水准仪、自动安平水准仪、电子水准仪。园林工程上多使用 DS_3 型水准仪，下面将对其进行重点介绍。

2.2.1 DS_3 型水准仪的构造

DS_3 型水准仪主要由望远镜、水准器、基座 3 部分构成。DS_3 型水准仪的主要构造如图 2-2 所示。

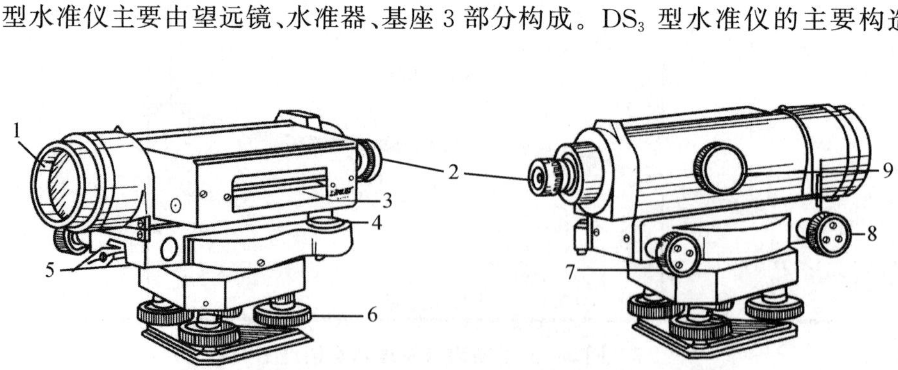

图 2-2 DS_3 型水准仪的主要构造

1—物镜；2—目镜；3—管水准器；4—圆水准器；5—水平制动螺旋；6—脚螺旋；7—微倾螺旋；8—水平微动螺旋；9—物镜调焦螺旋

(1)望远镜

望远镜是用于精确瞄准远处目标,并对水准尺进行读数的装置。它主要由物镜、目镜、物镜调焦透镜、调焦螺旋和十字丝分划板组成。望远镜的构造如图 2-3(a)所示。

十字丝横丝和竖丝的交点与物镜光心的连线 CC,称为视准轴。视准轴的延长线为视线,当视准轴水平时即为视线水平,此时观测十字丝横丝在水准尺上的读数。十字丝分划板上还刻有上、下两根视距丝,用于估算视距,如图 2-3(b)所示。

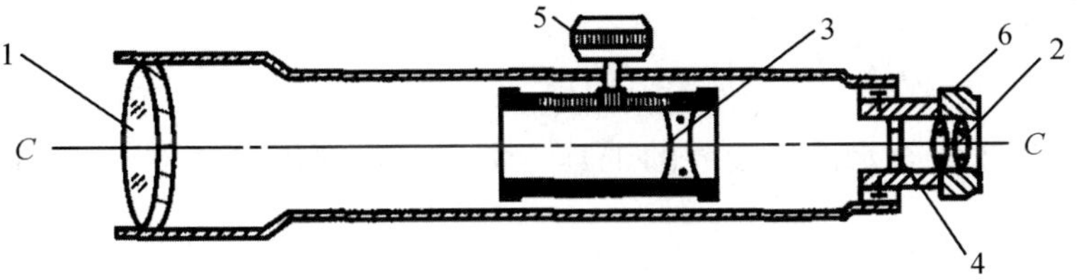

(a)望远镜的构造

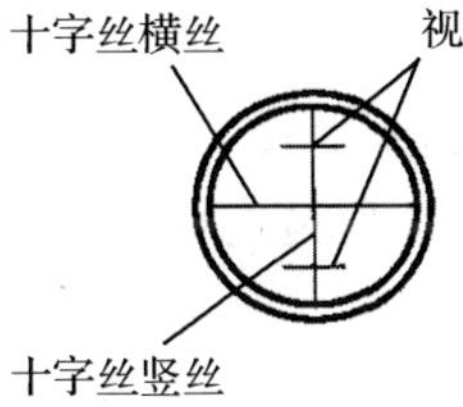

(b)读数

图 2-3 望远镜

1—物镜;2—目镜;3—物镜调焦透镜;4—十字丝分划板;5—物镜调焦螺旋;6—目镜调焦螺旋

(2)水准器

水准仪上的水准器用于判断视线是否水平或竖轴是否竖直,分为圆水准器和管水准器两种,如图 2-4 所示。

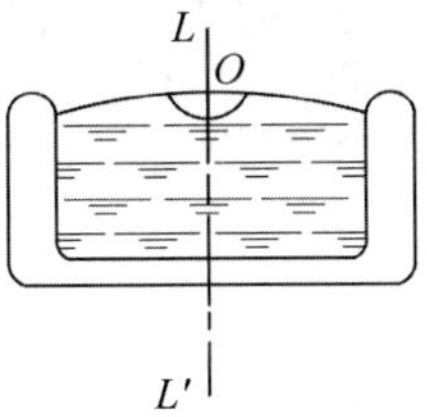

(a)圆水准器

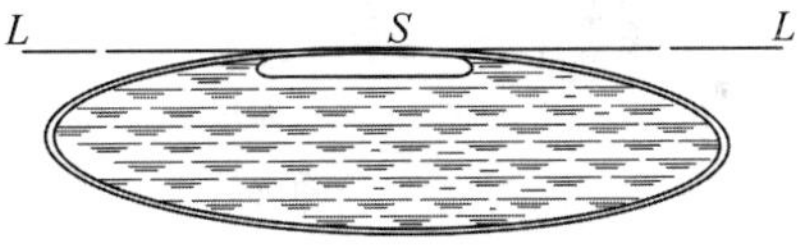

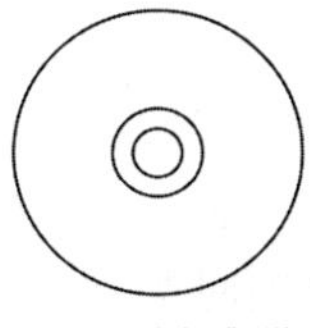

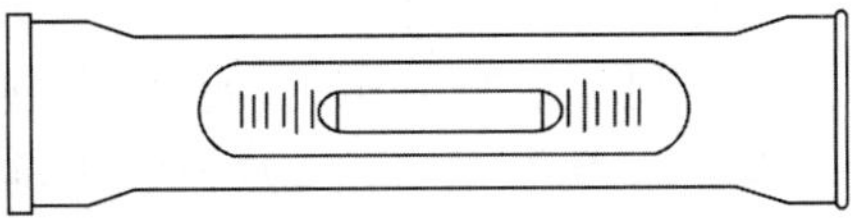

(b)管水准器

图 2-4 水准器

①圆水准器:装在水准仪基座上,用于仪器的粗略整平,使仪器竖轴竖直。

②管水准器:与望远镜固连在一起,用于精确调平视线。它是一个玻璃管,其纵剖面方向的内壁研磨成圆弧形,内装酒精和乙醚的混合液,经加热后密封,冷却后形成一个气泡。管水准器上从零点向两端每间隔 2 mm 刻有分划线,用于观察气泡是否居中。每 2 mm 弧长所对应的圆心角 τ 称为管水准器分划值(图 2-5),其值越小,管

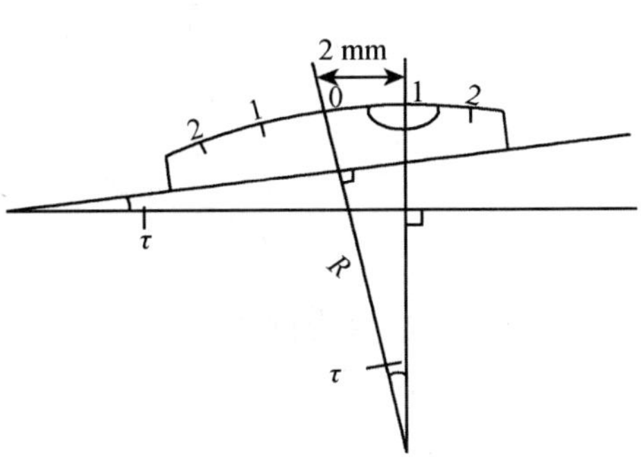

图 2-5 管水准器分划值

水准器越灵敏，仪器的整平精度越高。工程上常用水准仪的管水准器分划值有 20″、30″和 60″ 3 种，DS_3 型水准仪的管水准器分划值为 20″，记为 20″/(2 mm)。

(3)基座

基座主要由轴座、脚螺旋和连接板组成，用于支承仪器的上部。可通过连接螺旋将仪器安置在三脚架上，转动脚螺旋，使圆水准器气泡居中。

2.2.2 水准尺和尺垫

(1)水准尺

水准尺是进行水准测量时用于配合水准仪读数的工具。常用的水准尺有塔尺、折尺和双面尺等，如图 2-6 所示。

(a) 塔尺　(b) 折尺　(c) 双面尺　(d) 尺垫

图 2-6　水准尺及尺垫

①塔尺：是一种套接的组合尺，长度为 3～5 m，尺底部为零点。塔尺由 2 段尺或 3 段尺套接在一起，尺面上黑白相间，通常每格代表 1 cm，有的代表 0.5 cm，在米和分米处有数字标记。

②折尺：与塔尺的分划标注基本相同，但尺子可以对折，携带方便。

③双面尺：长度有 2 m 和 3 m 两种，侧面装水准器。尺的一面是黑白分划，尺底为零点；另一面是红白分划，尺底为 4.687 m 或 4.787 m。双面尺在观测时需要成对使用。

(2)尺垫

尺垫一般由生铁铸成，呈三角形，下方有 3 个脚，中央有个凸起的半圆球体。立尺前需用脚踩实尺垫，竖立水准尺于半圆球体顶端，用于防止尺子下沉及传递高程。

2.3　水准仪的操作

以微倾式水准仪为例介绍水准仪，水准仪的基本操作程序为：安置仪器、粗略整平、瞄准水准尺、精确整平和读数。

(1)安置仪器

在距前后水准尺等距离处设测站。在测站上打开三脚架，使其高度适当(与观测者齐肩高)，架头大致水平，并牢固架设在地面上，遇地面松软时需踩实架腿。从箱中取出水准仪，用连接螺旋将其架头居中，固定在三脚架上。

(2)粗略整平

通过调节脚螺旋使圆水准器气泡居中来粗略整平水准仪，圆水准器粗略整平如图 2-7 所示，具体操作步骤如下：

先选择脚螺旋①和②，按照箭头所指方向转动脚螺旋，使气泡由 a 处沿着①和②的连线方向移动；当气泡移动至 b 处，单手旋转脚螺旋③，最终使气泡居中。脚螺旋在旋转过程中，使基座沿该方向升高或降低，并利用气泡靠近高处来完成粗略整平。

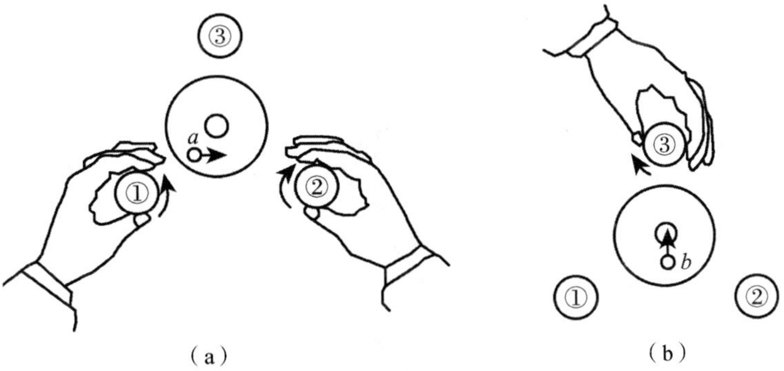

图 2-7 圆水准器粗略整平

(3)瞄准水准尺

①调焦目镜：松开水平制动螺旋，转动目镜对光螺旋，使十字丝成像清晰。

②初步瞄准：利用望远镜镜筒上的照门和准星粗略瞄准目标，旋紧水平制动螺旋。

③调焦物镜：转动物镜对光螺旋，使水准尺的成像变得清晰。

④精确瞄准：转动水平微动螺旋，使十字丝的竖丝落在尺面中央。

⑤消除视差：让眼睛在目镜附近上下移动，如果发现十字丝的横丝与尺面之间发生相对移动，即出现视差现象。视差是由于水准尺的成像与十字丝平面不重合而产生的，应予以消除，否则会影响读数的准确性。消除视差的方法是反复转动物镜对光螺旋和目镜调焦螺旋，直至尺像与十字丝平面重合。

(4)精确整平

管水准器的整平工作称为精确整平。观测管水准器气泡窗内的影像，同时转动微倾螺旋，使气泡影像对齐，此时望远镜提供的视线处于精确水平状态。图 2-8 中左侧半气泡影像的移动方向与微倾螺旋的转动方向保持一致。

(5)读数

管水准器气泡居中后，应立即进行横丝在水准尺上的读数，读取米、分米和厘米位数值，估读至毫米位，共 4 位数。无论看到正像还是倒像的水准尺，读数时均遵循“从小到大”的原则。读数完成后，再次检核管水准器气泡是否保持居中；若不居中，应重新整平和读数。水准尺读数如图 2-9 所示。

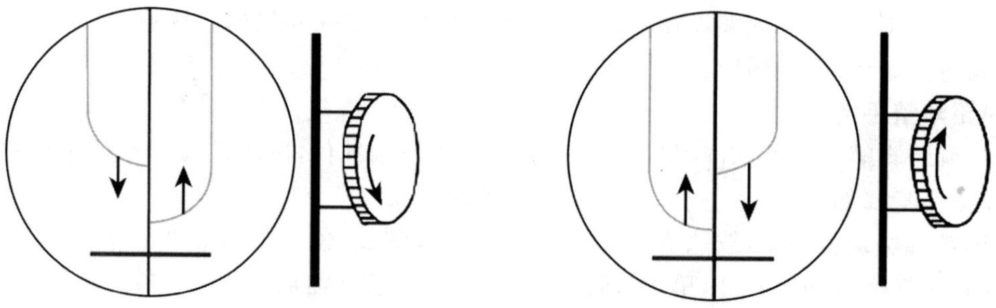

（a）　　　　（b）

图 2-8　管水准器精确整平

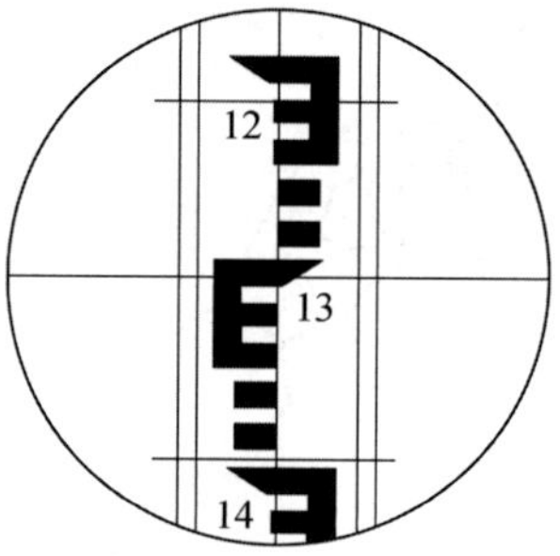

图 2-9　水准尺读数

2.4　水准测量的方法

2.4.1　水准点

用水准测量方法测定的高程控制点，称为水准点，常用 BM(Bench Mark)表示。测绘单位在全国各地埋设过很多高程标志，不同等级和用途的水准点，其标示和埋设的方法不一样。水准点主要分为永久性水准点和临时性水准点两种。

(1)永久性水准点

国家等级的永久性水准点应埋设永久性标志。永久性标志一般用混凝土制成，顶端嵌入不锈钢制成的半球状标志，顶点为测量点位置，其上有护盖起保护作用。工程现场设置水准点标志，可采用水准标石、混凝土桩、大木桩及坚固的地表物等不同形式。有些永久性水准点的金属标志也可埋设在基础稳固的墙角上，称为墙上水准点。水准标志分类如图 2-10 所示。

(2)临时性水准点

对于保存时间要求不长的临时性水准点，可在地面凸起的坚硬岩石上用红漆标示或将木桩打入地面标示，桩顶钉入球形铁钉，作为水准点标志。

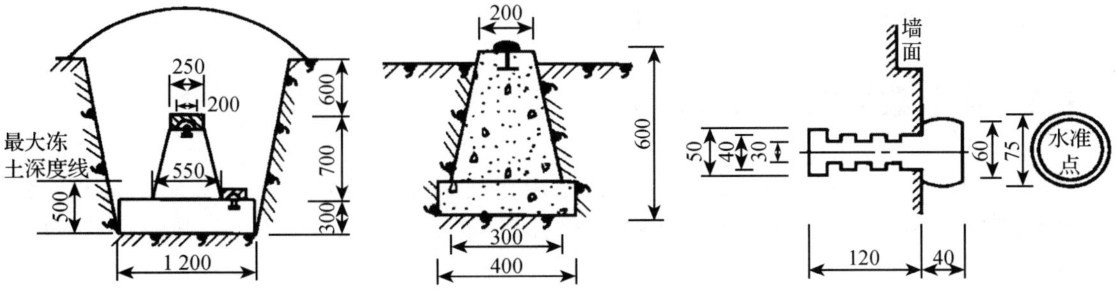

(a) 国家等级水准点　(b) 埋石水准点　(c) 墙上水准点

图 2-10　水准标志分类

2.4.2　水准测量的过程

当已知水准点与待测点之间距离较远或高差较大，通过架设一次水准仪无法完成测量时，需要利用一些过渡点来传递高程，这些过渡点称为转点，记作 TP。如图 2-11 所示，已知水准点 A 的高程为 H_A，现欲测定未知点 B 的高程 H_B，普通水准测量的观测过程如下。

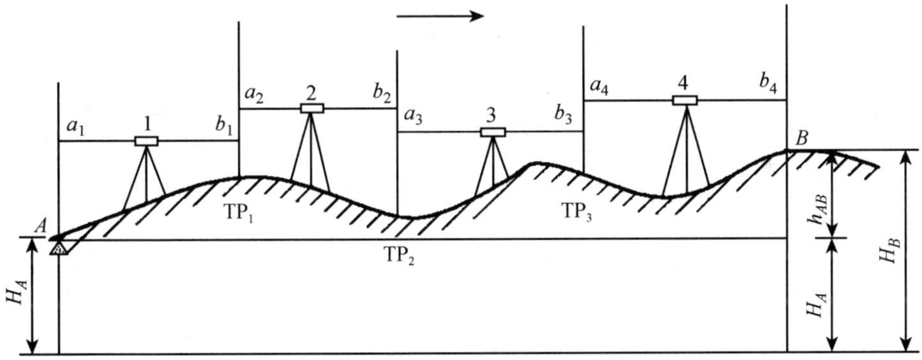

图 2-11　普通水准测量过程

由水准测量原理可知，每个测站上的高差为：

$$h_1 = a_1 - b_1$$
$$h_2 = a_2 - b_2$$
$$h_3 = a_3 - b_3$$
$$h_4 = a_4 - b_4$$

将式子两边分别相加，得：

$$h_{AB} = \sum h = \sum a - \sum b \tag{2-4}$$

则 B 点的高程为：

$$H_B = H_A + h_{AB} \tag{2-5}$$

当两点之间测站数较多时，高差计算方法相同。

2.4.3 水准数据的记录与计算

如图 2-12 所示，从已知水准点 A 开始，采用普通水准测量方法测定 P 点的高程，将外业观测数据记入表 2-1 中，推算 P 点的高程并进行计算检核。已知 A 点的高程 $H_A=88.262$ m。

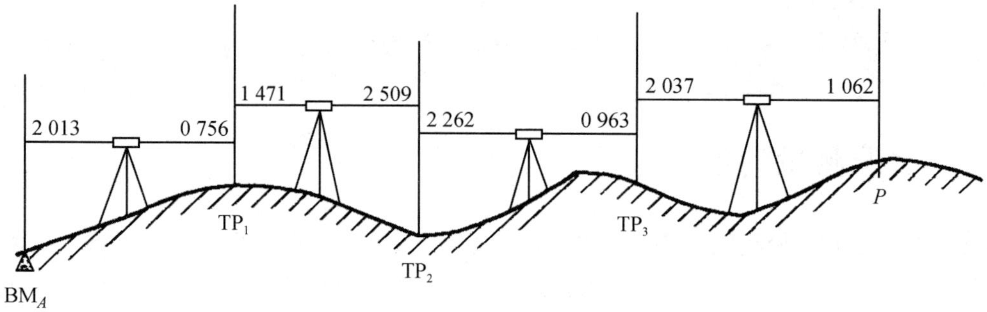

图 2-12 外业实测

表 2-1 水准测量记录手簿

仪器型号：__________ 天气：__________
观测者：__________ 记录者：__________

测站	点名	后视读数 a/mm	前视读数 b/mm	高差 h/m	高程 H/m	备注
	BM_A	2 013			88.262	
1				1.257		
	TP_1	1 471	0 756		89.519	
2				−1.038		
	TP_2	2 262	2 509		88.481	
3				1.299		
	TP_3	2 037	0 963		89.780	
4				0.975		
	P		1 062		90.755	
$\sum$		7 783	5 290	2.493		
计算检核	$\sum a-\sum b=2.493(\text{m})=\sum h$，$H_P-H_A=\sum h$，计算检核正确					

为确保水准测量记录手簿数据的正确，应将后视读数总和减去前视读数总和，将该值与测站高差总和、P 点高程与 A 点高程之差进行比较，如果数值相等，则表明数据正确。

2.4.4 水准测量成果检核

1. 测站检核

水准测量中安置仪器的位置称为测站。任一测站的后视读数或前视读数不正确，或者观测质量太差，都将影响高程的精度，因此应在每个测站进行测站检核。

①变动仪器高法：在测站上采用两次不同的仪器高度，对测得的两次高差进行检核。要求两次仪器高差大于 10 cm，所测高差之差满足限差要求，最终取其平均值作为该测站的测量结果，否则要重测。

②双面尺法：使用双面尺观测时，可分别测出前、后视的黑面高差和红面高差，当两个高差之差满足限差要求（例如，四等水准测量的精度要求不大于 5 mm）时，取其平均值作为最终结果，否则要重测。

2. 路线检核

测站检核仅能发现测站上的问题（如读数错误），但不能发现整个水准路线测量过程中是否存在错误，而且随着测站数增多所产生的误差也会累积，因此应根据实际情况将水准路线布设成具备检核条件的形式，以提高测量成果的精度。

对若干水准点进行水准测量所经过的路线，称为水准路线。相邻两个水准点间的路线，称为测段。开展一般水准测量时，将水准路线都布设成单一路线，主要有附合水准路线、闭合水准路线、支水准路线 3 种形式。

①附合水准路线：从已知水准点 A 出发，沿待定点 P_1、P_2、P_3 进行水准测量，最后附合到另一个已知水准点 B 上所构成的水准路线，如图 2-13 所示。

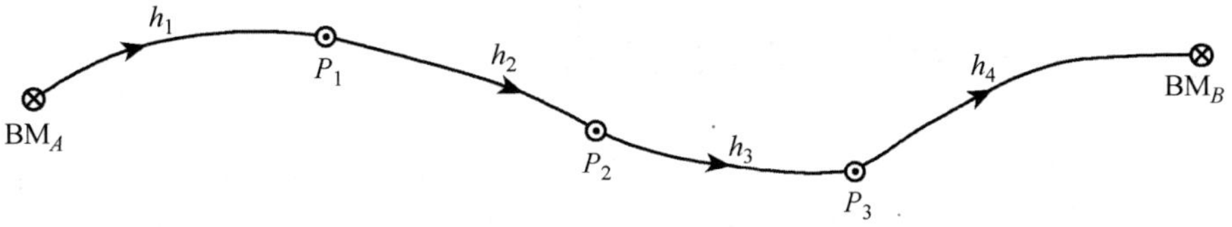

图 2-13 附合水准路线

理论上，各测段高差的代数和等于两个已知水准点的高程之差，即

$$\sum h = H_B - H_A \tag{2-6}$$

但是实际测量中会引入各种误差，实测高差 $\sum h$ 与理论高差 $H_B - H_A$ 并不相等，二者的差值称为高差闭合差，记作：

$$f_h = \sum h - (H_B - H_A) = \sum h - (H_{终} - H_{始}) \tag{2-7}$$

不同等级的水准测量需要按照适用的测量规范，参考相应高差闭合差的允许值完成施测。当 $|f_h| \leqslant |f_{h允}|$ 时，成果符合要求；否则需重测，并分析原因。如进行图根等级水准测量时，高差闭合差的允许值在平地条件下为 $\pm 40\sqrt{L}$ mm，在山地条件下为 $\pm 12\sqrt{n}$ mm。其中，L 为水准路线的长度，n 为测站数。

②闭合水准路线：从已知水准点 A 出发，沿待定点 P_1、P_2、P_3、P_4 进行水准测量，最后又返回至原出发点 A 的闭合环形路线，称为闭合水准路线，如图 2-14 所示。

闭合水准路线的各测段高差代数和理论上应为 0，即 $\sum h_{理} = 0$。由于测量中无法避免误差带来的影响，实测高差之和并不等于 0，其高差闭合差为：

$$f_h = \sum h_{测} - \sum h_{理} = \sum h_{测} \tag{2-8}$$

③支水准路线：从已知水准点 A 出发，测量至待定点 P 后返回，这种非闭合又非附合的水准路线，称为支水准路线，如图 2-15 所示。

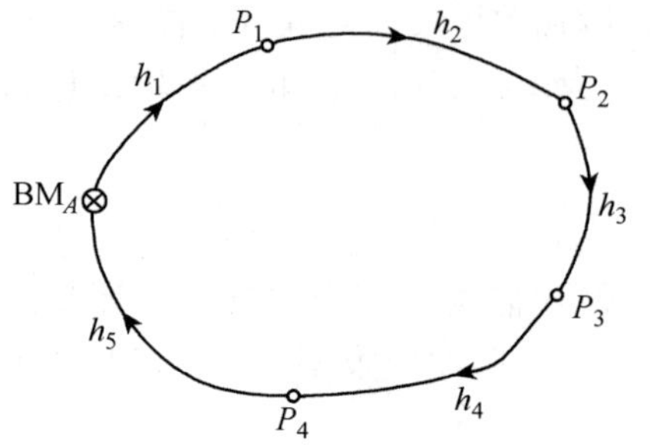

图 2-14　闭合水准路线

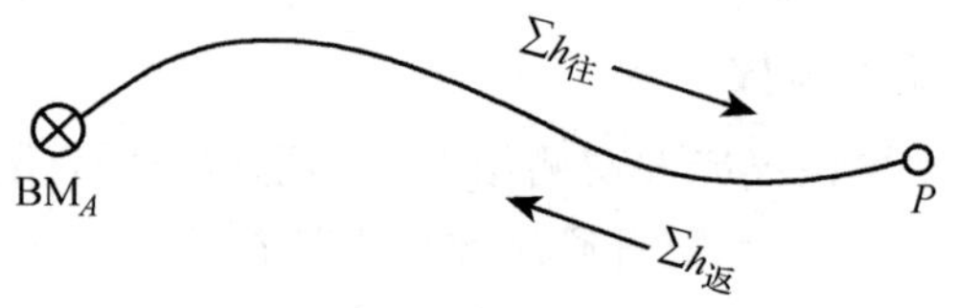

图 2-15　支水准路线

支水准路线要通过进行往返测量，产生多余观测数据来检核。其往测高差与返测高差的理论代数和应等于 0，由于测量误差的影响，高差闭合差为：

$$f_h = \left| \sum h_{往} \right| - \left| \sum h_{返} \right| \tag{2-9}$$

2.4.5　高差闭合差的调整和高程计算

同一条水准路线的高差闭合差在允许值范围内，说明外业观测成果满足要求，这时就可调整高差闭合差，即在每测段的实测高差上加上一个高差改正数，这个过程也称为平差。一般认为，水准测量的每个测站都是等精度观测，测站越多或实测距离越长，观测所产生的误差累积就越大。因此，根据误差理论，可将高差闭合差按照与测站数或测段距离成正比例的原则，分配到各相应测段的实测高差上，高差改正数的符号与高差闭合差的符号相反。各测段的高差改正数可由式(2-10)计算：

$$v_i = \frac{-f_h}{\sum L} \times L_i \text{或} v_i = \frac{-f_h}{\sum n} \times n_i \tag{2-10}$$

式中，v_i 为第 i 测段的高差改正数，n_i 和 L_i 分别为第 i 测段的测站数和测段距离，$\sum n$ 和 $\sum L$ 分别为总测站数和总距离。

改正数计算至毫米位，不能整除时，可按四舍六入凑整；遇五时按照“前位是奇数进位，是偶数不进位”的原则处理（“奇进偶不进”原则）；最后要注意保证 $\Sigma v_i = -f_h$，由于计算取位凑整误差的影响，不满足该式时，可将余数凑至测段距离较长或测站较多的测段高差上。

计算高程时，根据改正后的高差，由测量起始点的高程，逐个推算其他待定点的高程。如果计算无误，则最终推算出起始点的高程应与其已知的高程相等，以此作为检核。

下面给出某附合水准路线图根水准测量等级下的高差闭合差的计算与调整实例。A、B 为已知高程的水准点，其中 $H_A = 105.376$ m，$H_B = 108.623$ m。P_1、P_2、P_3 为待定高程的水准点，h_i 为各测段的实测高差，n_i 为各测段的测站数，L_i 为各测段的距离，相关数据均标注于图 2-16 中。

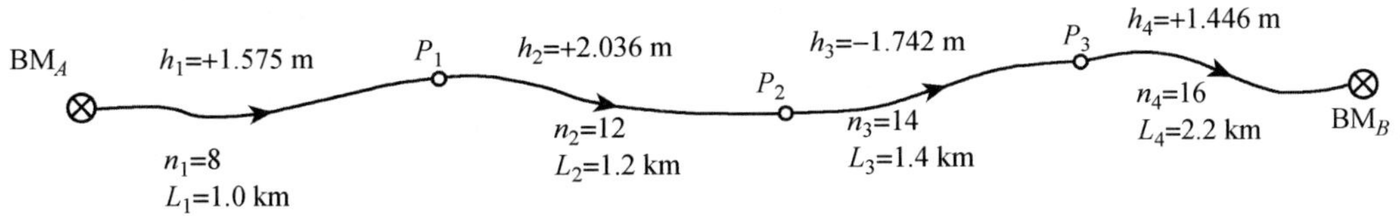

图 2-16 附合水准路线实例

(1)填写已知数据

将点号、测段距离、测站数、实测高差及已知水准点的高程填入表 2-2 内。

(2)计算高差闭合差

高差闭合差：$f_h=\sum h-(H_B-H_A)=3.315-(108.623-105.376)=0.068(\text{m})$；

允许误差(限差)：$f_{h允}=\pm 40\sqrt{L}=\pm 40\times\sqrt{5.8}=\pm 96(\text{mm})$。

因为$|f_h|\leqslant|f_{h允}|$，说明本次水准测量外业观测成果精度符合要求，可以对高差闭合差进行调整。

(3)调整高差闭合差

将高差闭合差反号分配到各测段上，得各测段的高差改正数为：

$$v_i=\frac{-f_h}{\sum L}\times L_i=\frac{-68}{\sum L}\times L_i(\text{mm})$$

计算检核 $\sum v_i=-f_h$，若不满足该式，还需将余数凑至长测段的高差上。

(4)计算改正后高差

各测段的改正后高差等于实测高差加上对应的高差改正数，即

$$\overline{h}_i=h_i+v_i$$

式中，$\overline{h}_i$ 为第 i 段的改正后高差。

(5)计算待定点高程

将已知水准点 A 的高程加上改正后高差 $\overline{h}_1$ 可推算出 P_1 点的高程。由 P_1 点的高程加上改正后高差 $\overline{h}_2$，可推算出 P_2 点的高程。依此类推，可推算出各待定点的高程：

$$H_{P_1}=H_A+\overline{h}_1$$
$$H_{P_2}=H_{P_1}+\overline{h}_2$$
$$H_{P_3}=H_{P_2}+\overline{h}_3$$

若推算出的 B 点高程与已知水准点 B 的高程相等，则计算无误。

(6)完成计算成果表

完成表 2-2。

表 2-2 附合水准路线测量计算成果表

点号	测段距离 L/km	测站数 n/个	实测高差 h/m	改正数 v/mm	改正后高差 $\bar{h}$/m	高程 H/m	备注
BM_A						105.376	
	1.0	8	1.575	−12	1.563		
P_1						106.939	
	1.2	12	2.036	−14	2.022		
P_2						108.961	
	1.4	14	−1.742	−16	−1.758		
P_3						107.203	
	2.2	16	1.446	−26	1.420		
BM_B						108.623	
$\sum$	5.8	50	3.315	−68	3.247		
计算检核	$f_h=\sum h-(H_B-H_A)=3.315-(108.623-105.376)=0.068$ (m)， $f_{h允}=\pm 40\sqrt{L}=\pm 40\times\sqrt{5.8}=\pm 96$(mm)，即$\lvert f_h\rvert \leqslant \lvert f_{h允}\rvert$，成果合格						

闭合水准路线、支水准路线的高差闭合差允许值和调整方法与附合水准路线基本相同。但应注意，支水准路线的路线长度或测站数按单程计算，如果满足限差要求，可进行高差闭合差调整，取往返高差绝对值的平均值作为两点间的最终高差，其高差符号与往测高差符号相同，然后根据平均高差推算各点高程。

2.5 水准测量的误差与注意事项

2.5.1 水准测量的误差

在水准测量中，由于仪器、观测者熟练度和自然因素的影响，不可避免地会产生一些误差，主要分为仪器误差、观测误差和外界环境影响的误差 3 个方面。

1. 仪器误差

仪器误差主要是指水准仪的管水准器轴无法与视准轴保证绝对平行，即使经过多次校正，仍然存在少量的残余误差。这种误差在水准测量中所引起的读数误差的大小，与仪器距水准尺的距离成正比。在同一测站上，如果前、后视距相等，则在前、后视读数中的仪器误差也相等。通过后视读数减去前视读数来求高差，便可消除此项误差对测量结果的影响。

水准尺本身有分划不准确、尺长变化、尺身弯曲等现象，会影响水准测量的精度。因此，应对水准尺进行检核。在施测过程中，应保证水准尺竖直气泡居中，否则对读数影响较大。

2. 观测误差

(1)管水准器气泡居中误差

在水准测量中，视线水平要以气泡居中作为根据。气泡居中存在误差，致使视线偏离水平位置，从而带来读数误差。每次读数时，应转动微倾螺旋，使气泡的两个半像严格重合。

(2)水准尺估读误差

水准尺估读毫米数的误差大小与人眼的视力好坏、望远镜的放大倍率及视线距离有关。为了减少此误差的影响，在测量作业中，应遵循不同等级的水准测量对望远镜的放大倍率和最大视线距离的规范要求，以保证估读精度。

(3)视差影响的误差

水准尺影像与十字丝平面不重合会产生视差现象，若眼睛的位置不同，便会读出不同的读数，进而产生读数误差。因此，在观测时要反复调节目镜和物镜对光螺旋，严格消除视差影响。

(4)水准尺倾斜误差

在测量时，由于水准尺未能被严格扶直，会使尺子读数增大，从而带来误差。例如，水准尺倾斜 3°30′，在水准尺 1 m 处的读数将产生 2 mm 的误差。特别是在地面坡度较大时，水准尺更要严格被扶直。

3. 外界环境影响的误差

(1)水准仪下沉误差

当施测地段土质松软，读完后视读数尚未读取前视读数时，会出现水准仪下沉现象，使视线降低，这时前视读数偏小，从而引起观测高差增大。采用“后—前—前—后”的观测顺序，可减弱水准仪下沉的影响。

(2)尺垫下沉误差

在迁站过程中，转点的尺垫可能会下沉，这将使下一站的后视读数增大，观测高差也会增大。转点尺垫(或仪器脚架)下沉的误差还会随着测站的增加而累积。为了减少这类误差，应选择土质坚硬的地面安置仪器和转点尺垫，踩紧脚架，踏实尺垫，防止碰动。同时，采用往返观测的方法，测量结果取往返测量结果的平均值，可减弱尺垫下沉的影响。

(3)地球曲率及大气折光影响的误差

观测时水准仪会提供水平视线，但是受地球曲率和大气折光的影响，视线会发生弯曲。采用前、后视距尽量相等的方法可以减弱其影响。

(4)温度影响的误差

温度的变化会引起大气折光的变化，从而改变视线角度，带来读数误差。同时，当烈日长久直射仪器时，部分光学透镜及金属部件因温度急剧变化而产生形变，影响测量成果；水准管及内部液体温度升高，导致气泡向温度高的方向偏移，产生气泡居中误差。因此，应及时为仪器打伞，避免烈日直射。

2.5.2 水准测量的注意事项

在水准测量过程中，应尽量用目估或步测的方法来保持前、后视距基本相等，消除或减弱管水准器轴与视准轴不平行所产生的误差；选择合适的观测时间，通过控制视线距离和高度来减弱地球曲率、大气折光的影响。

仪器脚架要踩牢，观测工作要快，以减轻仪器下沉的影响。转点处要根据测量等级选用对应质量的尺垫，测量结果取往返测量结果的平均值来消除转点下沉的影响。

估读要细致，读数时做到仔细对光，消除视差，保证管水准器气泡居中。读数完成后，再次检查气泡是否居中。

使用塔尺时，检查相接处是否严密，清除尺底泥土。扶尺员要身体站正、双手扶尺，保证尺身竖直。为了消除两尺零点不一致对观测成果的影响，应在起始点、终点上使用同一把水准尺，即扶尺员为同一人。

避免在极端天气条件下开展测量工作。遇到较强的阳光时，及时给仪器撑伞，避免高温照射带来的误差。

记录、保留原始数据，并于现场将数据填写清楚；在记错或算错数据时，应在错误处画斜线，将正确内容写在旁边。读数时，记录员要回报，以方便检核，并按规范格式填写，字迹要整齐、清楚。所有计算成果必须经检核后方可使用。

测量人员要严格执行规范要求，养成良好的职业习惯，加强数据记录与检核，增强数据保密意识。

2.6 工程测量中常用的水准仪

随着科技水平的提高，市场上水准仪的种类逐渐变多。工程测量中常用的 3 种水准仪为：自动安平水准仪、精密水准仪和数字水准仪。

2.6.1 自动安平水准仪

与微倾式水准仪不同，自动安平水准仪没有管水准器和微倾螺旋，它在望远镜的光学装置中增加了补偿器。

1. 视线自动安平的原理

在圆水准器气泡居中后，仪器视准轴仍然存在一个微小倾角 α。在望远镜的光路上增加一个补偿器，使通过物镜光心的光线经过补偿器后偏转一个 β 角，仍能通过十字丝交点，这时候的水准尺读数就是视线水平状态应读出的水准尺读数。

自动安平水准仪操作中省去精平步骤，不仅缩短了水准测量的观测时间，还避免了因场地施工的微小振动、土地松软造成仪器下沉等引起的视线微小倾斜。水准仪能够自动进行安平，以提高水准测量的观测精度。图 2-17 为自动安平水准仪及其光学构造。

2. 自动安平水准仪的使用

先用脚螺旋使圆水准器气泡居中，然后瞄准水准尺，等待 1～2 s 后，即可读数。有的自动安平水准仪配有一个补偿器检查按钮，每次读数前按一下该按钮，确认补偿器能正常作用后再读数。

2.6.2 精密水准仪

精密水准仪是一种能提供精确水平视线、精密照准与读数的水准仪，主要用于国家一、二等水准测量及沉降变形监测等高精度水准测量工程。它的构造与普通光学水准仪基本相同，但其望远镜性能好，各轴关系稳定，受温度变化影响小。为了提高读数精度，精密水准仪设有

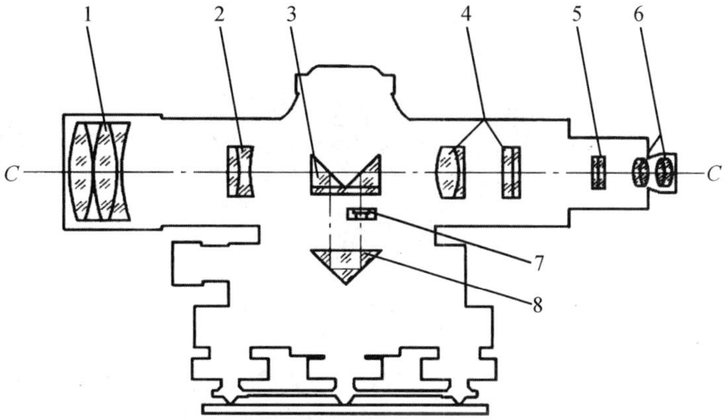

图 2-17 自动安平水准仪及其光学构造

1—物镜；2—物镜调焦透镜；3—补偿棱镜组；4—转向物镜；5—十字丝分划板；6—目镜；7—补偿器警告指示板；8—底物镜

光学测微器，配套水准尺采用膨胀系数小、分划精确的铟钢带水准尺。

国产 DS_1 级精密水准仪的构造如图 2-18 所示，光学测微器最小读数为 0.05 mm，可用于国家一、二等水准测量。

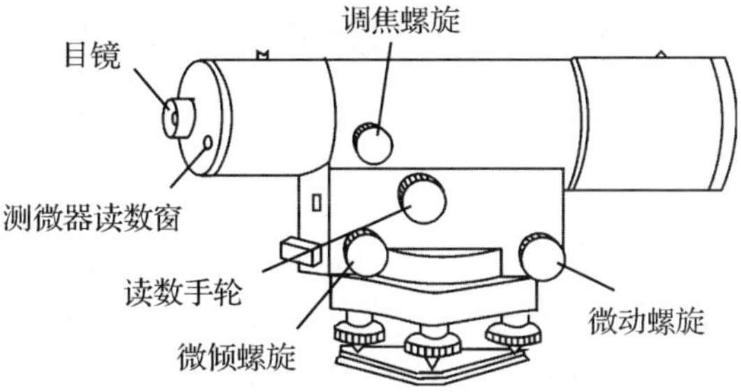

图 2-18 国产 DS_1 级精密水准仪的构造

2.6.3 数字水准仪

数字水准仪又叫作电子水准仪，它是在自动安平水准仪的基础上，利用影像处理技术，实现数据采集、处理和记录自动化的水准测量仪器。它在仪器望远镜光路中增加了分光镜和光电探测器（CCD 阵列）等部件，采用条形码分划水准尺和图像处理系统，构成光、机、电及信息存储与处理的一体化水准测量系统。配套使用的水准尺由玻璃钢或铟钢材料制成，尺面由宽窄不同、间隔不等的条形码组成。目前各厂家生产的仪器配套水准尺的条形码图案不同，无法互换使用。

数字水准仪主要有以下特点：

①自动电子读数，避免人工读数错误；

②自动记录、检核、处理和存储，实现从外业数据采集到内业成果处理一体化，测量效率高；

③自动识别多个条形码测量图案，减弱标尺分划误差，自动多次测量，观测精度高；

④配合普通水准尺可作自动安平水准仪使用。

常见的数字水准仪型号有瑞士徕卡（Leica）的 NA 系列、德国蔡司（Zeiss）的 DiNi 系列、日本拓普康（Topcon）的 DL 系列，国产苏州一光（FOIF）的 EL 系列、南方测绘（SOUTH）的 DL 系列等。Leica 数字水准仪如图 2-19 所示，南方测绘数字水准仪如图 2-20 所示。

数字水准仪的自动读数原理分为相关法、几何法、相位法 3 种，以相关法为例进行说明。在望远镜调焦并精确照准水准尺的条形码后，标尺上的条形码影像入射到分光镜上。分光镜将其分为可见光和红外光两部分，可见光成像在分划板上，供人眼目镜观测；红外光成像在光

图 2-19　Leica 数字水准仪

图 2-20　南方测绘数字水准仪

电探测器上。光电探测器将收到的光图像先转换成模拟信号，再转换为数字信号传送给处理器，并将其与机内存储的标尺条形码数字信息进行对比分析，当两个信号处于最佳相关位置时，可以得到水准尺上的水平视线读数和视距信息，最后将处理结果存储并在电子屏幕上显示。

任务 1　水准仪的构造与使用

1. 学习目的

①了解 DS_3 型微倾式水准仪的基本构造、部件作用；

②掌握 DS_3 型微倾式水准仪的整平、照准和读数；

③练习测量地面两点间的高差。

2. 仪器及工具

3～5 名学生为一组，每组配备 DS_3 型微倾式水准仪 1 台、三脚架 1 个、水准尺 1 副(2 根)、尺垫 1 对及记录簿。

3. 操作流程

①认识 DS_3 型微倾式水准仪各部件的名称和功能，熟悉其使用方法。辨识水准尺的分划注记，读数时要估读至毫米位；

②掌握 DS_3 型微倾式水准仪在测站上的基本操作程序；

③使用 DS_3 型微倾式水准仪进行高程测量，测出两地面点之间的高差。

4. 任务练习

DS_3 型微倾式水准仪的构造与使用

仪器型号/编号：________　班组：________　日期：________

DS_3 型微倾式水准仪由________、________和________ 3 部分组成。

测站上水准仪的基本操作程序为：

①安置仪器：____

②粗略整平：____

③瞄准水准尺：____

____

④精确整平：____

⑤读数：____

____

对光消除视差的方法：转动________使________清晰，再转动________螺旋使________清晰；若发现________现象，说明存在________，必须再转动________，直至________和十字丝平面重合。

⑥数据记录：每组学生依次完成一个测站的读数和记录。假设后视点高程为 100 m，前视点（待定点）高程未知，以水准测量原理为依据，计算出前视点的高程。水准测量记录表见表 2-3。

表 2-3 水准测量记录表

测站	后视读数 a/mm	前视读数 b/mm	高差 h /m	前视点高程 $H_{前}$/m	备注
					$H_{后}=100$ m

任务 2 水准路线的测量及成果整理

1. 学习目的

①熟悉闭合水准路线的布设方法、测站和转点的设置标准；

②掌握普通水准测量的外业观测方法；

③掌握水准测量数据的记录、计算，闭合差调整和成果整理。

2. 仪器及工具

3～5 名学生为一组，每组配备 DS_3 型微倾式水准仪 1 台、三脚架 1 个、水准尺 1 副（2 根）、尺垫 1 对及记录簿。

3. 操作流程

①在校园的待测区域内，每组学生经踏勘、讨论选点，设定一条闭合水准路线，其长度以设置 3～6 个测站为宜；确定起始点及水准路线的前进方向，待定点为点 1、2、3，如图 2-21 所示。

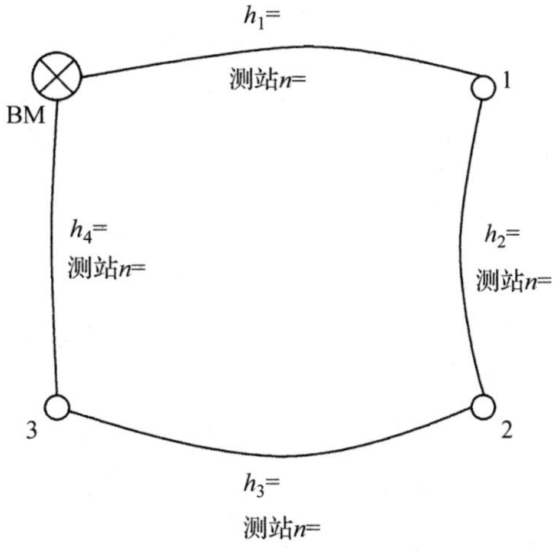

图 2-21 闭合水准路线

②在起始点 BM 和待定点 1 处分别立水准尺，在与两个点大致等距离处安置水准仪，照准

起始点水准尺，消除视差，精平，然后读取后视读数 a_1；用相同的方法照准待定点 1 上的水准尺，读取前视读数 b_1，计算高差 h'_1；改变仪器高度，再读取后、前视读数，计算高差 h''_1。在互差(即所求高差之间的差值)不超限时，计算平均高差 h_1。本站测量完毕后，迁站继续测出 h_2、h_3、h_4，直至测回起始点 BM。注意，当两个待定点间的距离较长或视线受阻时，无法从一个测站直接观测，需要通过转点(尺垫上立尺)观测至待测点。

③根据已知点 BM 的高程和各测站的观测高差，计算水准路线的高差闭合差，并进行检核。对高差闭合差进行平差处理，最后推算出待定点高程。

4. 注意事项

①在每个测站安置仪器时，应尽量保证前、后视距大致相等；每次读数前，确保管水准器气泡居中，并消除对光视差。

②扶尺员在仪器照准水准尺时要确保尺子竖直。转点处必须放置尺垫，不可将尺底直接与地面接触。已知点和待定点采用点标志形式，不再放置尺垫。仪器未迁站时，后视点尺垫不要挪动；仪器迁站时，前视点尺垫不要挪动。注意保护好仪器及工具。

③同一测站两次仪器所测高差之差应不大于 5 mm；水准路线高差闭合差应在 $\pm 40\sqrt{L}$ mm 或 $\pm 12\sqrt{n}$ mm 范围内，数据超限需进行返测。将高差闭合差按符号相反、与测站数成正比例的原则分配到各测段的实测高差上，再计算各测段的改正后高差和各待测点的高程。L 为水准路线长度，n 为测站数。

5. 任务练习

各组学生按照操作流程进行任务练习，并以组为单位完成、上交实训报告。普通水准测量记录表见表 2-4。

表 2-4　普通水准测量记录表

日期：________　天气：________　仪器型号/编号：________

观测员：________　记录员：________　扶尺员：________

测段编号	点号	测站数/个	实测高差/m	高差改正数/mm	改正后高差/m	高程/m	备注
	BM						假定起始点高程为 98.278 m
1							
	1						
2							
	2						
3							
	3						
4							
	BM						
$\sum$							
计算检核	高差闭合差：$f_h=\sum h_{测}-\sum h_{理}=\sum h_{测}$； 高差闭合差允许值：$f_h=\pm 12\sqrt{n}$(mm)；各测段改正数：$v_i=\frac{-f_h}{\sum n}\times n_i$； 成果：合格/不合格						

项目3　角度测量

3.1　角度测量的原理

在确定地面点的位置时，需要进行角度测量。角度测量最常用的仪器是经纬仪。角度测量分为水平角测量与竖直角测量。水平角测量用于求待定点的平面位置，竖直角测量用于测定高差或将倾斜距离转化成水平距离。

3.1.1　水平角

水平角是地面上的一个点到两个目标的方向线垂直投影到水平面上所夹的角度 β，也就是过这两条方向线的两个竖直面间的二面角。水平角的取值范围是 0°～360°。

为了测量水平角，经纬仪需有望远镜、水平度盘和读数指标。观测水平角时，水平度盘中心应安放在观测站点的铅垂线上，并使之水平。为了瞄准不同方向，经纬仪的望远镜应既能沿水平方向转动，又能高低俯仰。当望远镜高低俯仰时，其视线应划出一个竖直面，这样才能使在同一竖直面内高低不同的目标有相同的水平度盘读数。

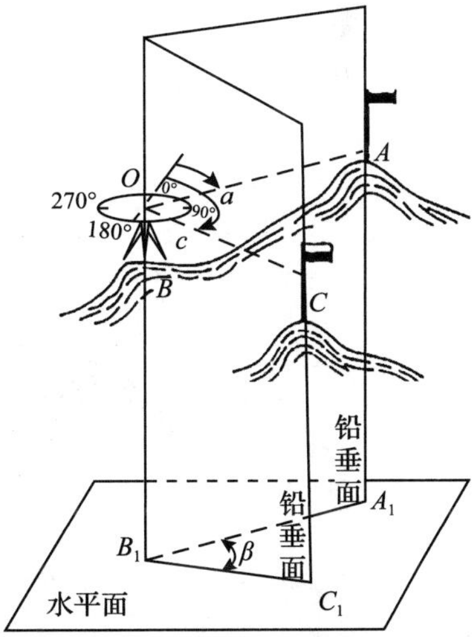

图 3-1　水平角测量原理

水平角测量原理如图 3-1 所示，两条方向线 BA 和 BC 投影在水平度盘上的相应读数分别为 a 和 c，则水平角为：

$$\beta = c - a \tag{3-1}$$

3.1.2　竖直角和天顶距

(1)竖直角

竖直角是指在同一竖直面内视线与水平线的夹角，用 α 表示，角值范围为 0°～±90°。视线在水平线之上称为仰角，角值为正；视线在水平线之下称为俯角，角值为负。

同水平角一样，竖直角的角值也是度盘上两个方向的读数之差。望远镜瞄准目标的视线与水平线分别在竖盘上有对应的读数，两个读数之差即为竖直角的角值。所不同的是，竖直角的两个方向中的一个方向是水平方向。无论对哪一种经纬仪来说，视线水平时的竖盘读数都应为

90°的倍数。所以，观测竖直角时，只要瞄准目标读出竖盘读数，即可计算出竖直角的角值。

(2)天顶距

视线与天顶方向之间的夹角称为天顶距，用 z 表示，$z=90°-\alpha$，角值范围为 0°～180°。

为了测量竖直角，经纬仪需要望远镜、竖直度盘（竖盘）和竖盘读数指标。观测竖直角时，竖盘中心应位于竖直角的角顶 B，竖盘平面应是竖直面，竖盘读数指标位于通过 B 点的铅垂线方向，竖盘与望远镜连成整体。由图 3-2 可得：

$$\alpha=90°-L \tag{3-2}$$

式中，L 为竖盘读数指标在竖盘上的读数。

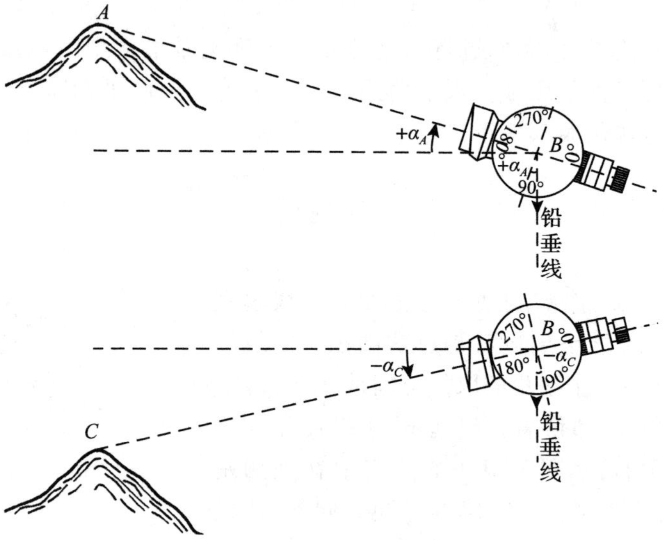

图 3-2　竖直角测量原理

3.2　DJ_6 型光学经纬仪

能完成水平角和竖直角测量的仪器称为经纬仪。

经纬仪的分类方法有多种，按读数系统分为光学经纬仪、电子经纬仪；按测角精度分为 DJ_{07}、DJ_1、DJ_2、DJ_6 型经纬仪，其中，D 为大地测量；J 为经纬仪；脚标数字为一测回的方向中误差，单位为(″)。经纬仪主要由照准部、水平度盘和基座 3 部分组成。DJ_6 型光学经纬仪如图 3-3 所示，DJ_6 型光学经纬仪的主要结构如图 3-4 所示。

3.2.1　照准部

照准部主要由望远镜、旋转轴、支架、横轴、竖盘装置、读数设备等组成。望远镜的构造与水准仪望远镜的构造基本相同，主要用于照准目标，仅十字丝分划板（图 3-5）稍有不同。照准部的旋转轴即为仪器的竖轴，竖轴插入基座内的竖轴轴套中进行旋转。照准部在水平方向的

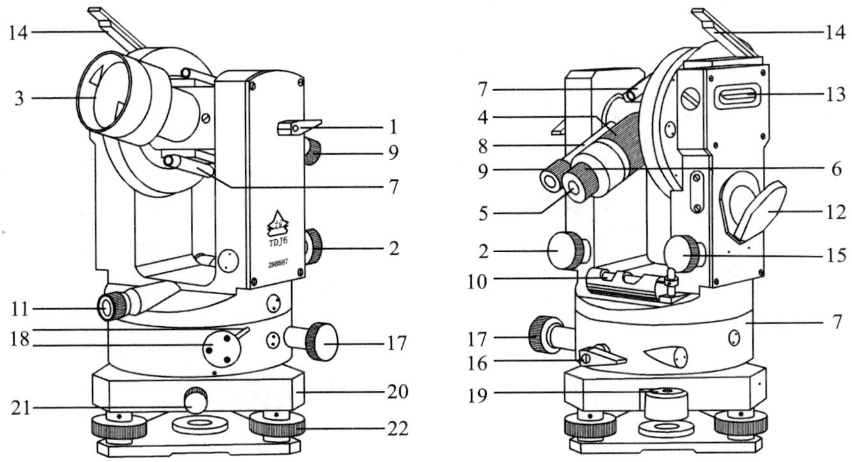

图 3-3 DJ_6 型光学经纬仪

1—望远镜制动螺旋；2—望远镜微动螺旋；3—物镜；4—物镜调焦螺旋；5—目镜；6—目镜调焦螺旋；7—光学瞄准器；8—度盘读数显微镜；9—度盘读数显微镜调焦螺旋；10—照准部管水准器；11—光学对中器；12—度盘照明反光镜；13—竖盘指标管水准器；14—竖盘指标管水准器观察反射镜；15—竖盘指标管水准器微动螺旋；16—水平方向制动螺旋；17—水平方向微动螺旋；18—水平度盘变换螺旋与保护卡；19—基座圆水准器；20—基座；21—轴套固定螺旋；22—脚螺旋

转动由水平方向制动螺旋和水平方向微动螺旋来控制。望远镜的旋转轴称为横轴(也叫水平轴)，它架于照准部的支架上。放松望远镜制动螺旋后，望远镜绕横轴可在竖直面内进行自由旋转；旋紧望远镜制动螺旋后，转动望远镜微动螺旋，可使望远镜在竖直面内进行微小的上下转动。当望远镜制动螺旋放松时，转动望远镜微动螺旋不起作用。照准部上有水准管，用以置平仪器。竖盘固定在望远镜横轴的一端，随望远镜一起转动。竖盘读数指标与竖盘指标管水准器固连在一起，不随望远镜转动。竖盘指标管水准器用于安置竖盘读数指标的正确位置，并借助支架上的竖盘指标管水准器微动螺旋来进行调节。读数设备包括度盘读数显微镜、测微器及光路中一系列的光学棱镜和透镜。有的仪器安有光学对中器，它用于调节仪器，使水平度盘中心与地面点处于同一铅垂线上。

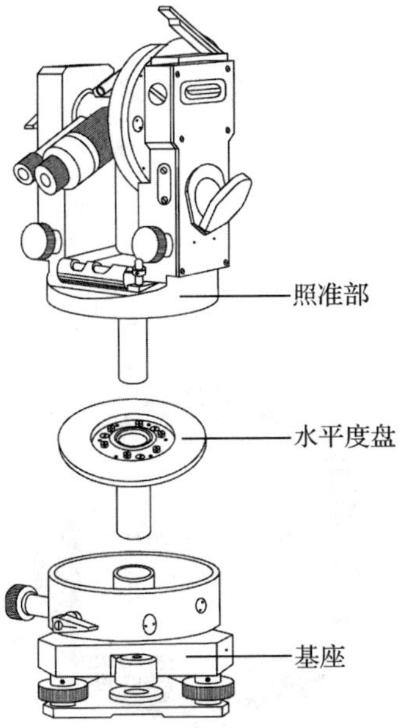

图 3-4 DJ_6 型光学经纬仪的主要结构

3.2.2 水平度盘

水平度盘是一个光学玻璃圆盘，边缘沿顺时针方向刻有0°～360°分划。水平度盘轴套又称外轴，在外轴下方装有一个金属圆盘，称为复测盘，用于带动水平度盘的转动。有些型号的仪器没有复测装置，而装有度盘变换手轮，测量时可利用度盘变换手轮将度盘转到所需的位置上。

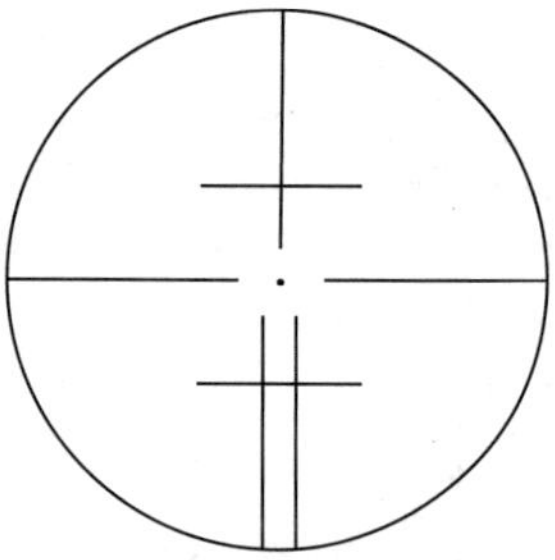

图 3-5 经纬仪十字丝分划板

3.2.3 基座

基座包括轴座、脚螺旋和连接板。轴座是将仪器竖轴与基座连接固定的部件。轴座上有一个固定螺旋，放松这个螺旋，可将经纬仪水平度盘连同照准部从基座中取出，所以平时此螺旋必须拧紧，以防止仪器坠落损坏。脚螺旋用于整平仪器，连接板用于将仪器稳固地连接在三脚架上。

3.3 DJ_6 型光学经纬仪的使用

3.3.1 DJ_6 型光学经纬仪的读数

为了提高读数精度，光学经纬仪采用了显微放大装置和测微装置。DJ_6 型光学经纬仪的测微装置一般有分微尺测微器和单平板玻璃测微器两种类型。下面重点介绍分微尺测微器的读数方法。

(1)读数原理

光学经纬仪的读数 L 由两部分组成：

$$L = L_0 + \Delta L \tag{3-3}$$

式中，L_0 为度盘上得到的读数，ΔL 为分微尺测微器上得到的读数。

(2)读数装置

度盘上的最小分划值为 1°。分微尺测微器的总长也是 1°，把它分成 6 个大格，每一大格为 10′。每一大格再分成 10 个小格，每个小格为 1′。因此，分微尺测微器的读数可以直接读到 1′，估读到 0.1′(0.1′=6″)。

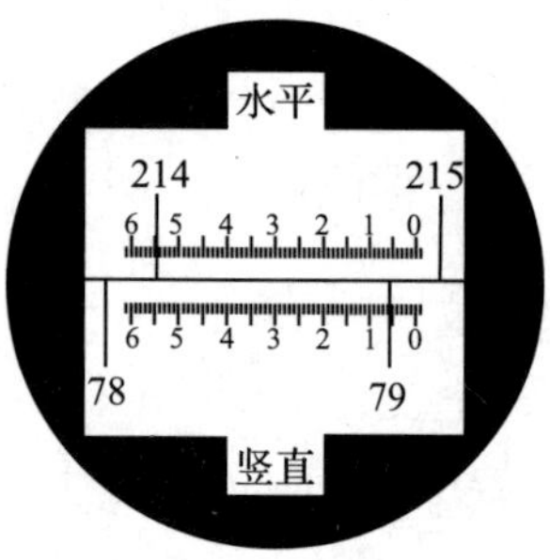

图 3-6 读数窗视场

(3)读数显微镜中看到的图像

上面注记有“水平或 H”字样的图像是水平度盘的读数，如图 3-6 所示，水平度盘的读数为：

$$L_H = 214° + 54.7' = 214°54'42''$$

下面注记有“竖直或 V”字样的图像是竖盘的读数，如图 3-6 所示的竖盘读数为：

$$L_V = 79° + 5.5' = 79°5'30''$$

3.3.2 DJ_6 型光学经纬仪的操作步骤

DJ_6 型光学经纬仪的使用包括对中、整平、瞄准和读数 4 个操作步骤。

(1)对中

对中的目的是使仪器的中心与测站点位于同一条铅垂线上。

先目估三脚架头大致水平，且三脚架中心大致对准地面标志中心，踏紧一条架脚。双手分别握住另两条架腿，使其稍离地面并前后左右地进行摆动；眼睛看对中器的望远镜，直至分划圈中心对准地面标志中心为止，放下两条架腿并踏紧架脚。调节架腿高度使圆水准器气泡基本居中，然后用脚螺旋精确整平。检查地面标志是否位于对中器分划圈的中心，若不居中，可稍微旋松连接螺旋，在架头上移动仪器，使其精确对中。

(2)整平

整平的目的是使经纬仪的竖轴竖直和水平度盘水平。

对中后，先进行粗略整平，即伸缩三脚架使圆水准器气泡居中；然后进行精确整平，即先转动照准部，使照准部管水准器与任一对脚螺旋的连线平行，双手同时向内或向外转动这两个脚螺旋，使管水准器气泡居中。将照准部旋转 90°，转动第 3 个脚螺旋，使管水准器气泡居中。按以上步骤反复操作，直到照准部转至任意位置气泡皆居中为止。管水准器的整平方法如图 3-7 所示。

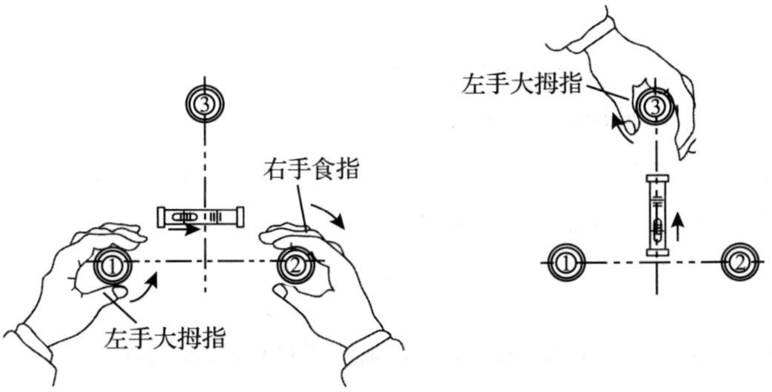

图 3-7 管水准器的整平方法

(3)瞄准

瞄准的过程包括粗瞄、制动、调焦消除视差、水平微动精确瞄准。用水平微动完成瞄准。尽量瞄准目标下部，减少由于目标不垂直引起的方向误差。

(4)读数

先打开反光镜，调整其位置，使读数窗内进光均匀；然后进行度盘读数显微镜调焦，使读数窗内分划清晰；最后进行读数。

3.4 水平角测量

3.4.1 测回法(适用于两个方向)

如图 3-8 所示，经纬仪安置在 B 点，用测回法观测 BA、BC 两个方向的水平角 β($\angle ABC=\beta$)，一测回的操作步骤如下：

图 3-8 测回法观测水平角方法

①经纬仪置于 B 点，在盘左位置精确瞄准左方目标 A，配置水平度盘的读数为稍大于 0°，读数记作 $a_{左}$，记录在表 3-1 的相应栏内。

②松开水平制动螺旋，顺时针转动照准部，瞄准右方目标 C，读取水平度盘读数 $c_{左}$，记录在表 3-1 的相应栏内。以上过程称为上半测回。

$$\beta_{上}=c_{左}-a_{左} \tag{3-4}$$

③松开水平及竖直制动螺旋，倒转望远镜，旋转照准部，在盘右位置瞄准右方目标 C，读取水平度盘的读数 $c_{右}$，记录在表 3-1 的相应栏内；再逆时针旋转照准部，瞄准左方目标 A，读取水平度盘的读数 $a_{右}$，记录在表 3-1 的相应栏内。以上过程称为下半测回。

$$\beta_{下}=c_{右}-a_{右} \tag{3-5}$$

④上、下半测回合称一测回。

$$\beta=\frac{(\beta_{上}+\beta_{下})}{2} \tag{3-6}$$

⑤当测角的精度要求较高时，往往要测几个测回。为了减少度盘分划误差的影响，应根据测回数 n，各测回起始方向按 $180°/n$ 的差值配置水平度盘读数。

⑥DJ_6 型经纬仪观测水平角限差：上、下半测回允许角差 36″，各测回允许角差 24″。

在表 3-1 中，当进行第 2 测回观测时，在盘左位置精确瞄准左方目标 A，配置水平度盘的读数为稍大于 90°。如果第 2 测回的上、下半测回的角差符合要求，则取两个测回角值的平均值作为最后结果。

表 3-1 测回法观测记录

<table>
<tr><th>测站点 B</th><th>竖盘位置</th><th>目标</th><th>水平度盘读数/(° ′ ″)</th><th>半测回角值/(° ′ ″)</th><th>一测回角值/(° ′ ″)</th><th>各测回平均值/(° ′ ″)</th><th>备注</th></tr>
<tr><td rowspan="4">第 1 测回</td><td rowspan="2">左</td><td>A</td><td>0 06 24</td><td rowspan="2">111 39 54</td><td rowspan="4">111 39 51</td><td rowspan="8">111 39 52</td><td rowspan="8"></td></tr>
<tr><td>C</td><td>111 46 18</td></tr>
<tr><td rowspan="2">右</td><td>A</td><td>180 06 48</td><td rowspan="2">111 39 48</td></tr>
<tr><td>C</td><td>291 46 36</td></tr>
<tr><td rowspan="4">第 2 测回</td><td rowspan="2">左</td><td>A</td><td>90 06 18</td><td rowspan="2">111 39 48</td><td rowspan="4">111 39 54</td></tr>
<tr><td>C</td><td>201 46 06</td></tr>
<tr><td rowspan="2">右</td><td>A</td><td>270 06 30</td><td rowspan="2">111 40 00</td></tr>
<tr><td>C</td><td>21 46 30</td></tr>
</table>

3.4.2 方向观测法(适用于两个以上的方向)

方向观测法简称方向法,适用于在一个测站上观测两个以上的方向。

如图 3-9 所示,设 O 为测站点,A、B、C、D 为观测目标,用方向观测法观测各方向间的水平角,具体施测步骤如下:

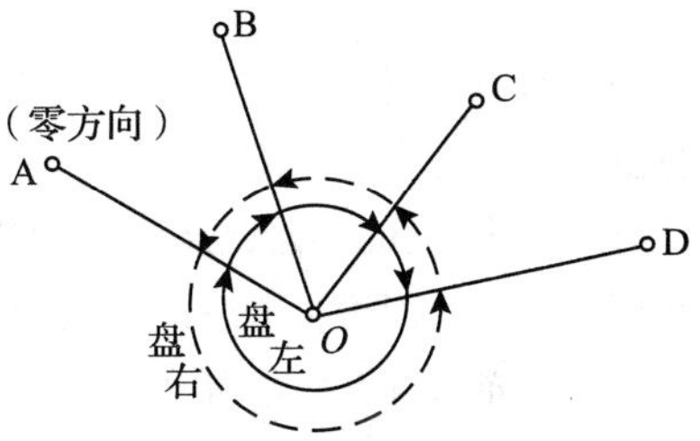

图 3-9 方向观测法

①在测站点 O 安置经纬仪,在 A、B、C、D 观测目标处竖立观测标志。

②盘左位置:选择一个明显目标 A 作为起始方向,瞄准零方向,将水平度盘读数配置在稍大于 0°处,读取水平度盘读数。

松开照准部制动螺旋,沿顺时针方向旋转照准部,依次瞄准目标 B、C、D,分别读取水平度盘读数;为了校核,再次瞄准零方向,称为上半测回归零,读取水平度盘读数。

零方向的两次读数之差的绝对值,称为半测回归零差,如果归零差超限,应重新进行观测。以上过程称为上半测回。

③盘右位置:沿逆时针方向依次照准目标 A、D、C、B、A,并读取水平度盘读数,此过程为下半测回。

上、下两个半测回合称一测回。为了提高精度,有时需要观测 n 个测回,则各测回起始方向仍按 $180°/n$ 的差值配置水平度盘读数。

3.4.3 观测水平角的注意事项

①仪器高度要与观测者的身高相适应;三脚架要踩实,中心连接螺旋要拧紧;操作时不要用手扶三脚架;使用各螺旋时用力要轻。

②要精确对中，边长越短，对中误差的影响越大。

③照准标志要竖直，尽可能用十字丝交点附近去瞄准标志底部。

④应该边观测，边记录，边计算。若发现错误，立即进行重测。

⑤水平角观测过程中，不得再调整照准部管水准器。如果气泡偏离中央超过 1 格时，须重新整平仪器并重新进行观测。

3.5 竖直角测量

3.5.1 竖盘构造

如图 3-10 所示，光学经纬仪竖盘的构造包括竖盘、竖盘读数指标、竖盘指标管水准器和竖盘指标管水准器微动螺旋。

竖盘固定在横轴的一端，当望远镜在竖直面内转动时，竖盘也随之转动，而用于读数的竖盘读数指标则不动。

当竖盘指标管水准器气泡居中时，竖盘读数指标所处的位置称为正确位置。

光学经纬仪的竖盘也是一个玻璃圆环，分划与水平度盘相似，度盘刻度 0°～360°的注记方式有顺时针方向注记和逆时针方向注记两种。图 3-11(a)所示为顺时针方向注记，图 3-11(b)所示为逆时针方向注记。

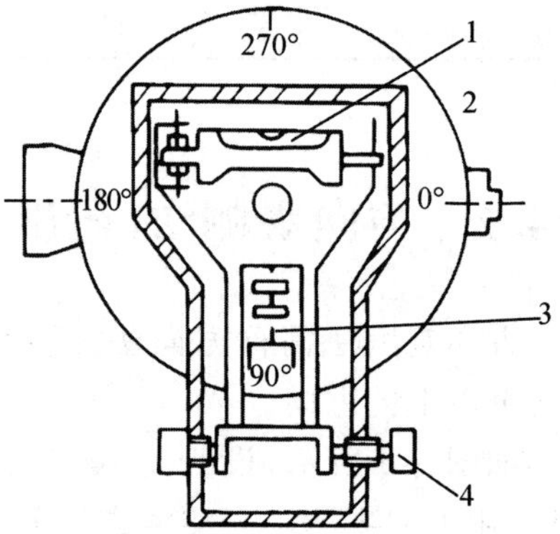

图 3-10 光学经纬仪竖盘的构造

1—竖盘指标管水准器；2—竖盘；3—竖盘读数指标；4—竖盘指标管水准器微动螺旋

竖盘构造的特点是：当望远镜视线水平，竖盘指标管水准器气泡居中时，盘左位置的竖盘读数为 90°，盘右位置的竖盘读数为 270°。

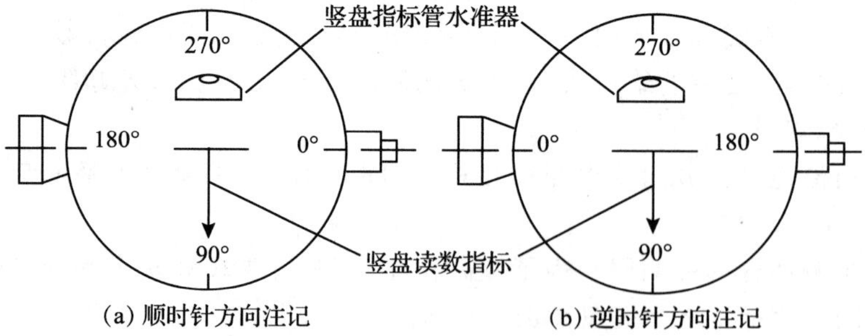

图 3-11 竖盘刻度注记(盘左位置)

3.5.2 竖直角计算公式

由于竖盘的注记形式不同，竖直角的计算公式也不同。现在以顺时针方向注记的竖盘为例，推导竖直角的计算公式。

如图 3-12(a)所示，在盘左位置，当视线水平时，竖盘读数为 90°。当瞄准一个目标时，竖盘读数为 L，则盘左竖直角 α_L 为：

$$\alpha_L = 90° - L \tag{3-7}$$

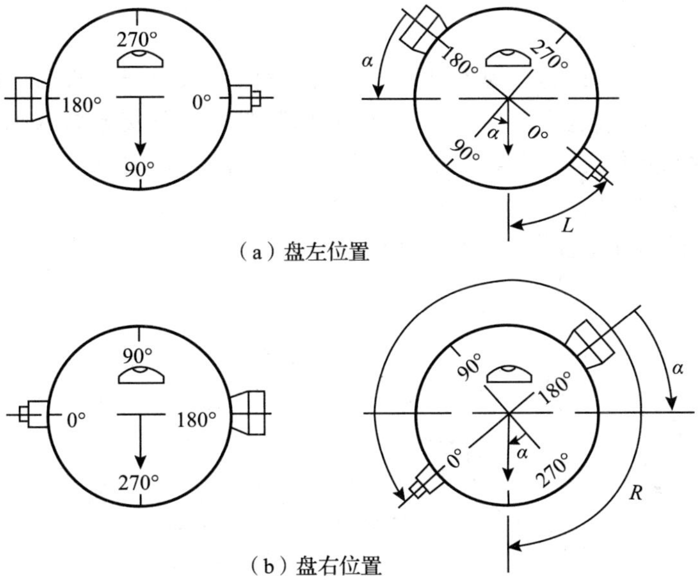

图 3-12 竖盘读数与竖直角

如图 3-12(b)所示，在盘右位置，当视线水平时，竖盘读数为 270°。当瞄准原目标时，竖盘读数为 R，则盘右竖直角 α_R 为：

$$\alpha_R = R - 270° \tag{3-8}$$

将盘左、盘右位置的两个竖直角取平均值，即得竖直角 α 的计算公式：

$$\alpha = \frac{1}{2}(\alpha_L + \alpha_R) \tag{3-9}$$

对于逆时针注记的竖盘，用类似的方法推得竖直角的计算公式为：

$$\left.\begin{aligned} \alpha_L &= L - 90° \\ \alpha_R &= 270° - R \\ \alpha &= \frac{1}{2}(\alpha_L + \alpha_R) \end{aligned}\right\} \tag{3-10}$$

在观测竖直角之前，在盘左位置将望远镜大致调整至水平，观察竖盘读数。先确定视线水平时的读数,然后上仰望远镜,观测竖盘读数是增加还是减少。

①若读数增加,则竖直角的计算公式为:

$$\alpha = \text{瞄准目标时的竖盘读数} - \text{视线水平时的竖盘读数} \tag{3-11}$$

②若读数减少,则竖直角的计算公式为:

$$\alpha = \text{视线水平时的竖盘读数} - \text{瞄准目标时的竖盘读数} \tag{3-12}$$

以上规定,适用于任何竖盘注记形式和盘左、盘右的观测。

3.5.3 竖盘读数指标差

在竖直角计算公式中,认为当视准轴水平、竖盘指标管水准器气泡居中时,竖盘读数应是90°的整数倍。但是实际上这个条件往往不能满足,竖盘读数指标常常偏离正确位置,偏离的差值 x 称为竖盘读数指标差。竖盘读数指标差 x 本身有正、负之分,一般规定当竖盘读数指标偏移方向与竖盘注记方向一致时,x 取正号;反之,x 取负号。

如图 3-13(a)所示,在盘左位置,由于存在竖盘读数指标差,其正确的竖直角计算公式为:

$$\alpha = 90° - L + x = \alpha_L + x \tag{3-13}$$

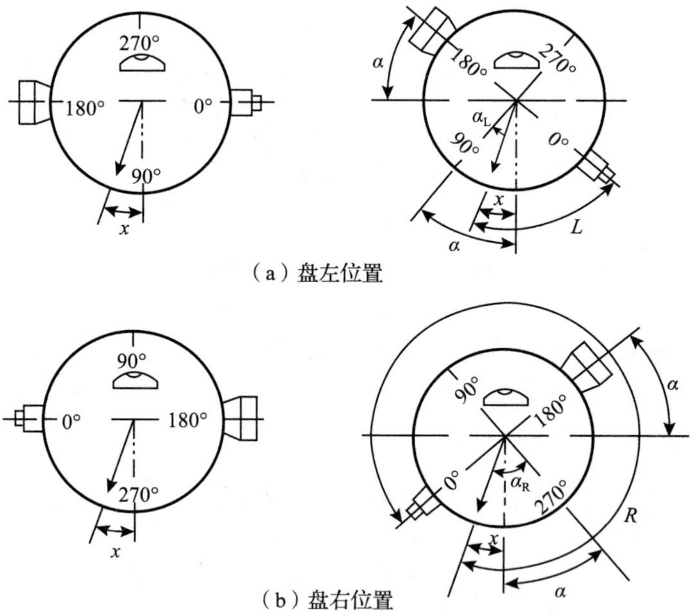

图 3-13 竖盘读数指标差

同样,如图 3-13(b)所示,在盘右位置,正确的竖直角计算公式为:

$$\alpha = R - 270° - x = \alpha_R - x \tag{3-14}$$

将式(3-13)和式(3-14)相加并除以 2,得到式(3-15):

$$\alpha = \frac{1}{2}(\alpha_L + \alpha_R) = \frac{1}{2}(R - L - 180°) \tag{3-15}$$

由此可见，在竖直角测量时，用盘左、盘右观测结果的平均值作为竖直角的观测结果，可以消除竖盘读数指标差的影响。

将式(3-13)和式(3-14)相减并除以2，得到式(3-16)：

$$x=\frac{1}{2}(\alpha_R-\alpha_L)=\frac{1}{2}(L+R-360°) \tag{3-16}$$

式(3-16)为竖盘读数指标差的计算公式，适用于两种不同的竖盘分划。指标差互差(所求指标差之间的差值)可以反映观测成果的精度。进行竖直角观测时，指标差互差的限差为：DJ_2 型经纬仪一般不得超过±15″，DJ_6 型经纬仪一般不得超过±25″。

3.5.4 竖直角观测步骤

竖直角的观测、记录和计算步骤如下：

①在测站点 O 处安置经纬仪，在目标 A 处竖立观测标志，确定该仪器竖直角的计算公式。为方便应用，可将公式记录于表 3-2 的“备注”栏中。

②盘左位置：瞄准目标 A，使十字丝横丝精确地切于目标顶端，如图 3-14 所示。转动竖盘指标管水准器微动螺旋，使管水准器气泡严格居中，然后读取竖盘读数 L，设为 95°22′00″，记入表 3-2 的相应栏内。

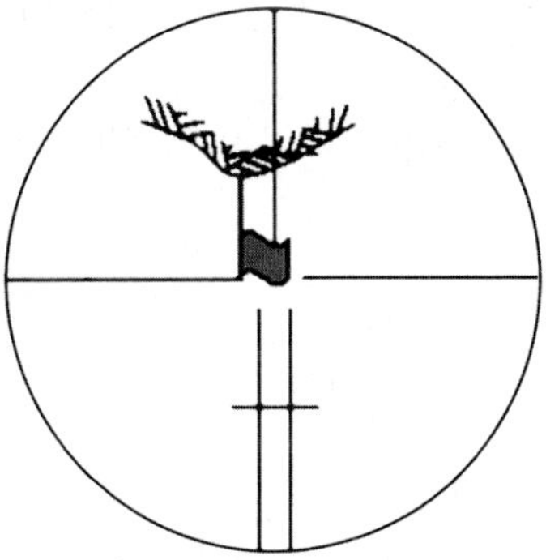

图 3-14 竖直角观测瞄准

③盘右位置：重复步骤②，设其竖盘读数 R 为 264°36′48″，记入表 3-2 的相应栏内。

表 3-2 竖直角观测手簿

测站点	目标	竖盘位置	竖盘读数/(° ′ ″)	半测回竖直角/(° ′ ″)	竖盘读数指标差/(″)	一测回竖直角/(° ′ ″)	备注
O	A	左	95 22 00	−5 22 00	−36	−5 22 36	
		右	264 36 48	−5 23 12			
O	B	左	81 12 36	+8 47 24	−45	+8 46 39	
		右	278 45 54	+8 45 54			

④根据竖直角计算公式计算：

$$\alpha_L=90°-L=90°-95°22'00''=-5°22'00''$$
$$\alpha_R=R-270°=264°36'48''-270°=-5°23'12''$$

一测回竖直角为：

$$\alpha=\frac{1}{2}(\alpha_L+\alpha_R)=\frac{1}{2}(-5°22'00''-5°23'12'')=-5°22'36''$$

竖盘读数指标差为：

$$x=\frac{1}{2}(L+R-360°)=\frac{1}{2}(95°22'00''+264°36'48''-360°)=-36''$$

将计算结果分别填入表 3-2 的相应栏内。

有些经纬仪采用了竖盘读数指标自动归零装置,其原理与自动安平水准仪补偿器的原理基本相同。当经纬仪整平后,瞄准目标,打开自动补偿器,竖盘读数指标即居于正确位置,从而明显提高了竖直角观测的速度和精度。

3.6 经纬仪的检验

3.6.1 经纬仪的轴线及其应满足的关系

由测角原理可知,观测角度时,经纬仪的水平度盘必须水平,竖盘必须铅直,望远镜上下转动的视准轴应在一个铅垂面内。如图 3-15 所示,经纬仪应满足下列条件:

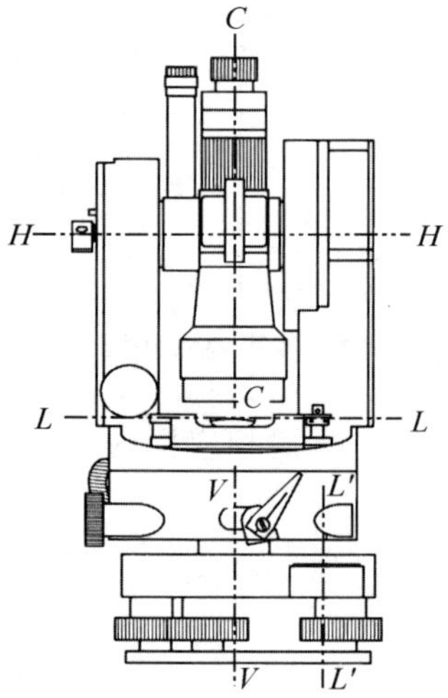

图 3-15 经纬仪的轴线

①管水准器轴垂直于竖轴,即 $LL \perp VV$;

②视准轴垂直于横轴,即 $CC \perp HH$;

③横轴垂直于竖轴,即 $HH \perp VV$;

④十字丝竖丝垂直于横轴,即竖丝 $\perp HH$;

⑤圆水准器轴平行于竖轴,即 $L'L' /\!/ VV$。

3.6.2 经纬仪的检验内容

(1)照准部管水准器轴应垂直于仪器竖轴

将竖轴不垂直于管水准器轴而产生的偏角 α 称为竖轴误差。

如图 3-16 所示,先整平仪器,照准部管水准器平行于任意一对脚螺旋,转动该对脚螺旋使气泡居中,再将照准部旋转 180°。若气泡仍居中,说明此条件满足,否则需要进行校正。

(2)十字丝竖丝应垂直于仪器横轴

如图 3-17 所示,用十字丝竖丝的一端瞄准目标点 P 并转动望远镜微动螺旋,使其移至竖丝的另一端。若目标点始终在竖丝上移动,说明此条件满足,否则需要进行校正。

(3)视准轴应垂直于横轴

将视准轴不垂直于横轴所偏离的角值 c 称为视准轴误差。具有视准轴误差的望远镜绕水平轴旋转时,视准轴将扫过一个圆锥面,而不是一个平面。

视准轴误差的检验方法有盘左盘右读数法和 1/4 法两种,下面具体介绍 1/4 法。

①在平坦地面上,选择相距约 100 m 的 A、B 两点,在 A、B 连线的中点 O 处安置经纬仪,如图 3-18 所示;在 A 点设置一个瞄准标志,在 B 点横放一根刻有毫米分划的直尺,使直尺垂直于视线 OB;A 点的标志、B 点横放的直尺应与仪器大致同高。

②在盘左位置瞄准 A 点,制动照准部,然后纵转望远镜,在 B 点的直尺上读得 B_1,如图 3-18(a)所示。

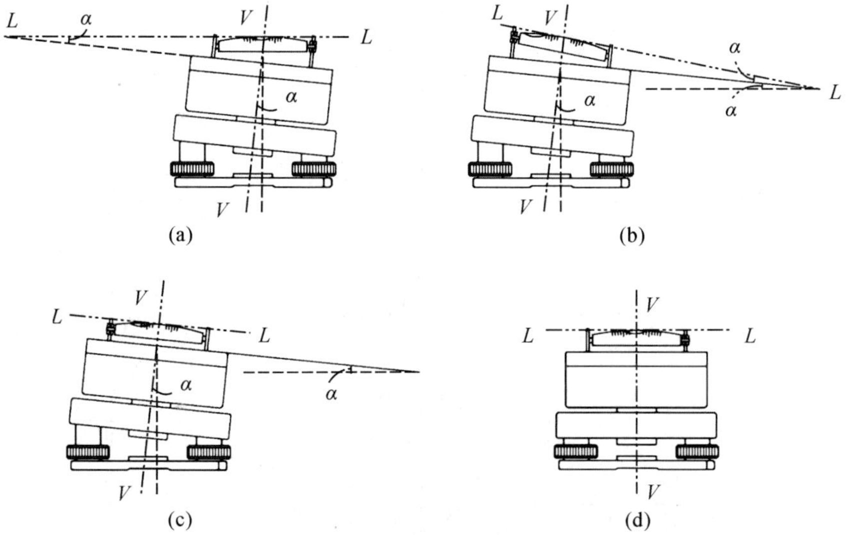

图 3-16 照准部水准管的检验

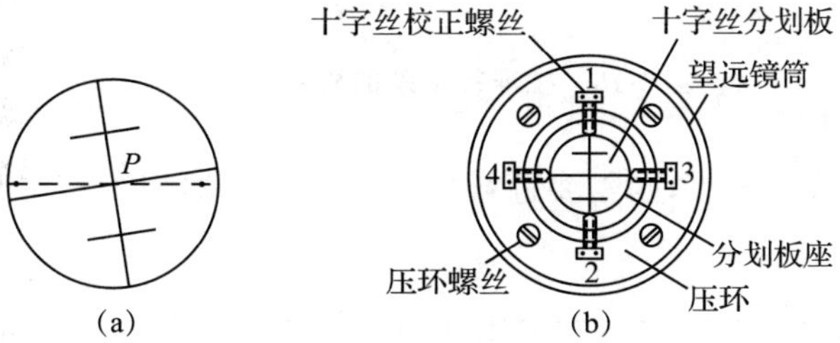

图 3-17 十字丝竖丝的检验

③在盘右位置再瞄准 A 点，制动照准部，然后纵转望远镜，再在 B 点的直尺上读得 B_2，如图 3-18(b)所示。

如果 B_1 与 B_2 的读数相同，说明视准轴垂直于横轴；如果 B_1 与 B_2 的读数不相同，由图 3-18(b)可知，$\angle B_1OB_2=4c$，由此算得：

$$c=\frac{B_1B_2}{4D}\rho \tag{3-17}$$

式中，D 为 O 点到 B 点的水平距离，m；B_1B_2 为 B_1 与 B_2 的读数差值，m；ρ 为 1 弧度秒值，$\rho=206\ 265''$。

对于 DJ_6 型经纬仪，如果 $c>60''$，则需要进行校正。

(4)横轴垂直于竖轴

将横轴不垂直于竖轴而产生的偏角 i 称为横轴误差。

如图 3-19 所示，在离建筑物 20～30 m 处安置仪器，在盘左位置瞄准墙上的高目标点 P（竖直角大于 30°），将望远镜放平，十字丝交点投在墙上定出 P_1 点。在盘右位置瞄准 P 点，用相同的方法定出 P_2 点。若 P_1、P_2 点重合，则说明此条件满足，否则需要进行校正。i 的计算公式为：

$$i=\frac{P_1P_2\times\rho}{2D\tan\alpha} \tag{3-18}$$

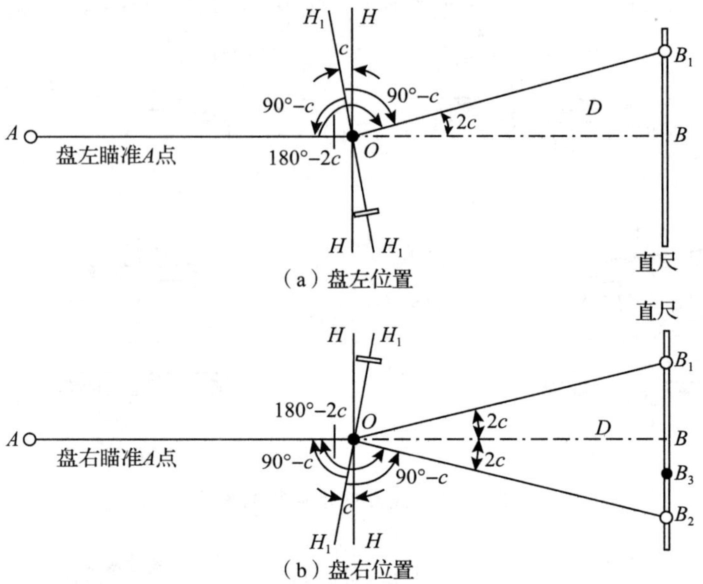

图 3-18 视准轴误差的检验(1/4 法)

对 DJ_6 型经纬仪,若 $i>20''$,则需要进行校正。由于仪器横轴是密封的,该项校正应由专业维修人员进行。

图 3-19 *HH*⊥*VV* 的检验与校正

(5)竖盘管水准器

安置经纬仪,进行仪器整平后,在盘左、盘右位置观测同一目标点 A,分别使竖盘指标管水准器气泡居中,读取竖盘读数 L 和 R,用式(3-16)计算竖盘读数指标差 x。若 x 值超过 $1'$,需要进行校正。

此项检校需反复进行,直至竖盘读数指标差小于规定的限值为止。

3.7 水平角测量的误差分析

角度观测的误差来源有很多种，这些误差来源对角度观测精度的影响又各不相同。现将几种主要误差来源介绍如下。

3.7.1 仪器误差

(1)竖轴误差

将竖轴 VV 不垂直于管水准器轴 LL 而产生的偏角称为竖轴误差。此种误差在盘左、盘右位置观测时保持同样的符号和数值。为了控制它对水平角测量的影响，要求在观测过程中，管水准器气泡偏离正确位置不得超过 1 格。

(2)视准轴误差

将视准轴 CC 不垂直于横轴 HH 而产生的偏角 c 称为视准轴误差，如图 3-20 所示。

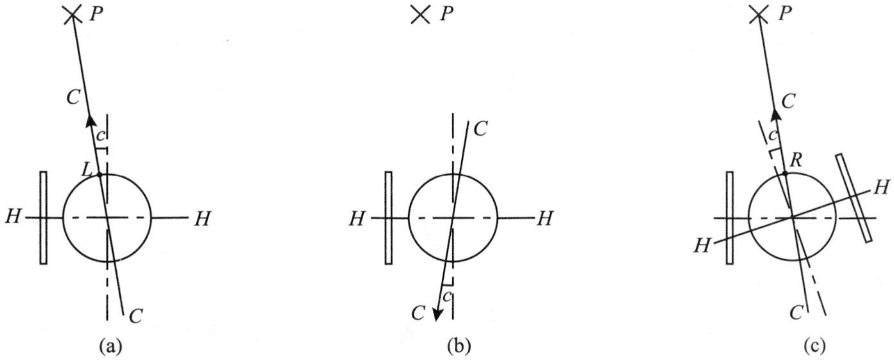

图 3-20 视准轴误差

(3)横轴误差

将横轴 HH 不垂直于竖轴 VV 而产生的偏角称为横轴误差。当竖轴沿铅垂线方向时，横轴与水平面的夹角为 i，如图 3-21 所示。

(4)照准部偏心误差

将照准部旋转中心与水平度盘分划中心不重合而产生的水平角误差称为照准部偏心误差。用盘左、盘右位置观测取平均值的方法可以消除视准轴误差、横轴误差和照准部偏心误差对水平角测量的影响。

(5)水平度盘分划误差

由于制造原因，水平度盘分划有误差。为了减少它对水平角测量的影响，可以采用测回法变换起始方向读数的方法。

消除或减弱上述误差的具体方法如下：

①采用盘左、盘右位置观测取平均值的方法，可以消除视准轴不垂直丁横轴、横轴不垂直于竖轴和照准部偏心误差的影响；

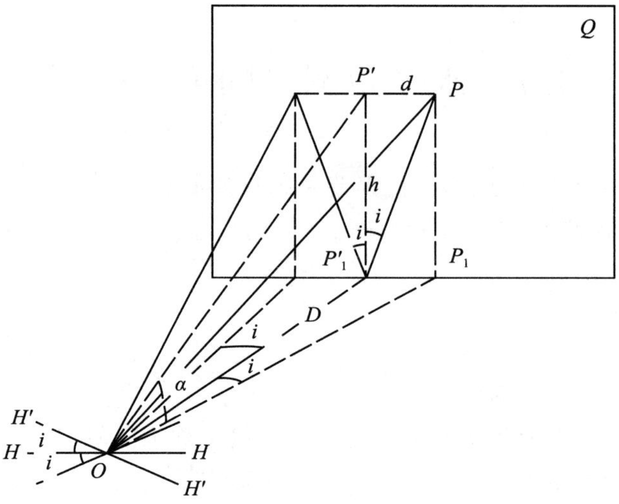

图 3-21　横轴误差

②采用在各测回间变换度盘位置观测，取各测回平均值的方法，可以减弱由于水平度盘分划不均匀给测角带来的影响；

③仪器竖轴倾斜引起的水平角测量误差，无法采用一定的观测方法来消除。因此，在经纬仪使用之前应进行严格检校，确保管水准器轴垂直于竖轴；同时，在观测过程中，应特别注意仪器的严格整平。

3.7.2　观测误差

(1)仪器对中误差

在安置仪器时，由于对中不准确，仪器中心与测站点不在同一铅垂线上产生的误差称为对中误差。如图 3-22 所示，A、B 为两个目标点，O 为测站点，O'为仪器中心，OO'的长度称为测站偏心距，用 e 表示，其方向与 OA 之间的夹角 θ 称为偏心角。β 为正确角值，β'为观测角值，由对中误差引起的角度误差 $\Delta\beta$ 为：

$$\Delta\beta=\beta-\beta'=\delta_1+\delta_2 \tag{3-19}$$

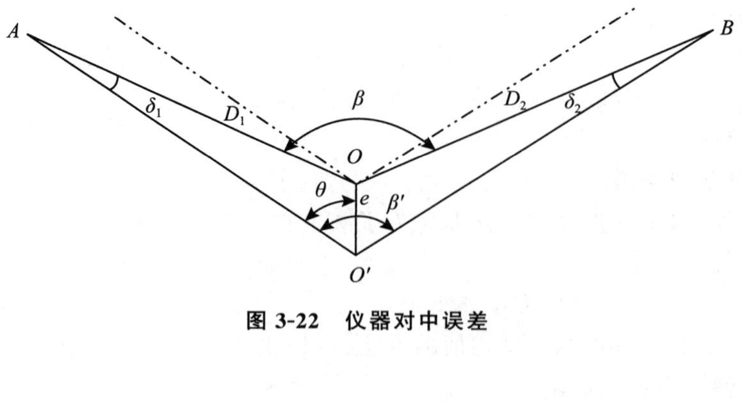

图 3-22　仪器对中误差

因 δ_1 和 δ_2 很小，故：

$$\delta_1 \approx \frac{e\sin\theta}{D_1}\rho$$

$$\delta_2 \approx \frac{e\sin(\beta'-\theta)}{D_2}\rho$$

$$\Delta\beta=\delta_1+\delta_2=e\rho\left[\frac{\sin\theta}{D_1}+\frac{\sin(\beta'-\theta)}{D_2}\right] \tag{3-20}$$

分析上式可知，对中误差对水平角的影响有以下特点：

①$\Delta\beta$ 与偏心距 e 成正比，e 越大，$\Delta\beta$ 越大；

②$\Delta\beta$ 与测站点到目标点的距离 D 成反比，距离越短，误差越大；

③$\Delta\beta$ 与观测角 β' 和偏心角 θ 的大小有关，当 $\beta'=180°$、$\theta=90°$时，$\Delta\beta$ 最大，其值如下：

$$\Delta\beta=e\rho\left(\frac{1}{D_1}+\frac{1}{D_2}\right) \tag{3-21}$$

例如，当 $\beta'=180°$，$\theta=90°$，$e=0.003$ m，$D_1=D_2=100$ m 时：

$$\Delta\beta=0.003\ \text{m}\times 206\ 265''\times\left(\frac{1}{100\ \text{m}}+\frac{1}{100\ \text{m}}\right)=12.4''$$

由对中误差引起的角度误差不能通过观测方法消除，所以观测水平角时应仔细进行对中。当边长较短或两个目标点与仪器接近在一条直线上时，要特别注意仪器的对中，避免引起较大的误差。一般规定对中误差不得超过 3 mm。

(2)目标偏心误差

水平角观测时，常将测钎、测杆或觇牌等立于目标点上作为观测标志。当观测标志倾斜或没有立在目标点的中心时，将产生目标偏心误差。如图 3-23 所示，O 为测站点，A 为地面目标点，AA'为测杆，测杆长度为 L，倾斜角度为 α（α 很小），则目标偏心距 e 为：

$$e=L\sin\alpha \tag{3-22}$$

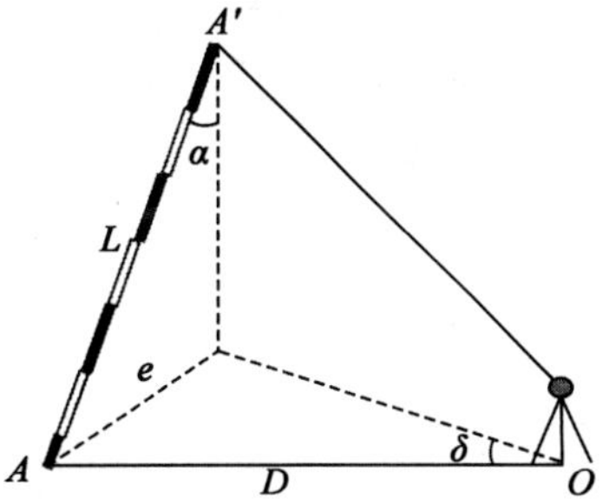

图 3-23 目标偏心误差

目标偏心误差对观测方向的影响为：

$$\delta=\frac{e}{D}\rho=\frac{L\sin\alpha}{D}\rho \tag{3-23}$$

目标偏心误差对水平角观测的影响与目标偏心距 e 成正比，与距离 D 成反比。为了减小目标偏心误差，瞄准测杆时，测杆应立直，并尽可能瞄准测杆的底部。当目标较近，又不能瞄准目标的底部时，可采用悬吊垂线或选用专用觇牌作为目标。

(3)整平误差

整平误差是指安置仪器时竖轴不竖直而产生的误差。倾角越大，影响越大。一般规定在观测过程中，管水准器偏离零点不得超过 1 格。

(4)瞄准误差

瞄准误差主要与人眼的分辨能力和望远镜的放大倍率有关，人眼分辨两点的最小视角一般为 60″。设经纬仪望远镜的放大倍率为 V，则用该仪器进行观测时，其瞄准误差为：

$$m_V=\pm\frac{60''}{V} \tag{3-24}$$

一般 DJ_6 型光学经纬仪望远镜的放大倍率 V 为 25～30 倍，因此瞄准误差 m_V 一般为 2.0″～2.4″。

另外，瞄准误差与目标的大小、形状、颜色和大气的透明度等也有关。因此，在观测中应尽量消除视差，选择适宜的照准标志，熟练操作仪器，掌握瞄准方法，并仔细进行瞄准以减小误差。

(5)读数误差

读数误差主要取决于仪器的读数设备，同时也与照明情况和观测者的经验有关。对于 DJ_6 型光学经纬仪，用分微尺测微器读数，一般估读误差不超过分微尺最小分划的 1/10，即不超过±6″；对于 DJ_2 型光学经纬仪，一般不超过±1″。如果反光镜进光情况不佳，读数显微镜调焦不好，以及观测者的操作不熟练，则估读的误差可能会超过上述数值。因此，读数时必须仔细调节读数显微镜，使度盘与测微尺的影像清晰；也要仔细调整反光镜，使影像亮度适中，然后仔细读数。使用测微轮时，一定要使度盘分划线位于双指标线的正中央。

3.7.3 外界条件的影响

外界条件的影响因素有很多，如大风、松软的土质会影响仪器的稳定，地面的热辐射会引起物像的跳动，观测时大气透明度和光线的不足会影响瞄准精度，温度变化会影响仪器的正常状态等，这些因素都直接影响测角的精度。因此，要选择有利的观测时间和避开不利的观测条件，使这些外界条件的影响降低到较小的程度。

3.8 电子经纬仪的使用

电子经纬仪与光学经纬仪的根本区别在于，它用微机控制的电子测角系统代替光学读数系统。其主要特点是：

①使用电子测角系统，能将测量结果自动显示出来，实现了读数的自动化和数字化；

②采用积木式结构，可和光电测距仪组合成全站型电子速测仪，配合适当的接口可将电子手簿记录的数据输入计算机，以进行数据处理和绘图。

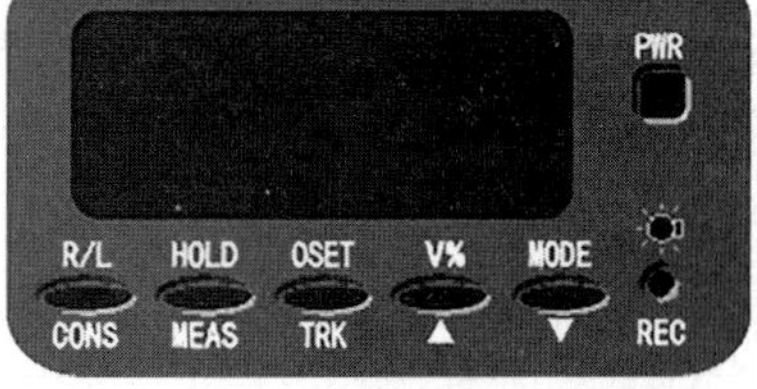

图 3-24　ET-05 型电子经纬仪的操作键盘

3.8.1 ET-05 型电子经纬仪介绍

ET-05 型电子经纬仪各部件的名称与光学经纬仪类似。ET-05 型电子经纬仪的操作键盘如图 3-24 所示。电子经纬仪主要由照准部和基座两部分组成。该仪器的键盘具有一键双重功能。ET-05 型电子经纬仪的操作键功能见表 3-3(表中字母按仪器实际显示形式书写)。

表 3-3　ET-05 型电子经纬仪的操作键功能

操作键	第 1 功能(角度测量模式:单独按下)	第 2 功能(距离测量模式:+ CONS 键)
PWR	电源开关,开机后持续按键超过 2 s 则关机	
☼ REC	显示屏和十字丝照明键,按键一次,开灯照明;再按则关灯;10 s 内不按,则自动熄灭	记录键,命令电子手簿执行记录功能
MODE ▼	角度测量模式切换到距离测量模式	在特种功能模式中为减量键
V% ▲	竖直角和斜率百分比显示切换键	按该键交替显示斜距(◢)、平距(◢)、高差(◢)。在特种功能模式中为增量键
OSET TRK	连按两次水平方向置零	跟踪测距键,按此键每秒跟踪测距一次,精度达±0.01 m(只限测距)
HOLD MEAS	连按两次水平方向读数被锁定,再按一次被解除	测距键,按此键可连续精确测距
R/L CONS	选择水平方向值向右旋转增大或向左旋转增大	专项特种功能模式
特种功能模式 CONS MEAS 同时按下	听到 3 声蜂鸣后,松开 CONS 键,仪器进入初始设置状态,屏幕显示“ND　3000 101　11111”。下面一行 8 个数位对应初始设置的 7 项内容(所连接测距仪的型号、象限蜂鸣设置、竖盘自动补偿开关、角度最小显示单位、自动关机时间、竖盘零位、角度单位),可按仪器说明书提供的代码对有关项目进行设置。在该功能模式下,按 MEAS 键使闪烁的光标向左移动到要改变的数字位,按 TRK 键使闪烁的光标向右移动到要改变的数字位,按 ▼ 或 ▲ 键改变数字大小	

(1)安置仪器

在给定的测站点上架设仪器。从箱中取出经纬仪时,应注意仪器的装箱位置,以便用后装箱。

(2)认识仪器

ET-05 型电子经纬仪的组成部分、各螺旋的名称及作用与光学经纬仪基本相同。

(3)对中、整平

与光学经纬仪的相应步骤完全相同。

(4)在前述过程完成后,即可按 PWR 键开机

开机显示屏显示如图 3-25 所示的全部符号。ET-05 型电子经纬仪显示符号信息见表 3-4(表中符号均按仪器实际显示的形式书写)。

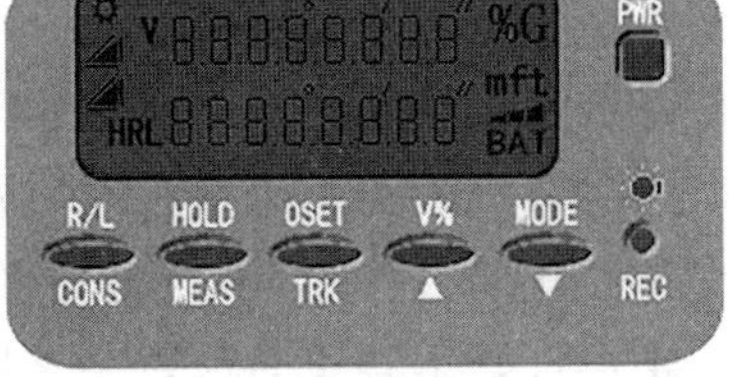

图 3-25　开机显示屏的显示界面

表 3-4　ET-05 型电子经纬仪显示符号信息

符号	含义	符号	含义
	照明状态	**HL**	左旋(逆时针)水平角
	电池电量		斜距
V	竖盘读数或天顶距		平距
%	斜率百分比		高差
H	水平度盘读数	**m**	距离单位:米
G	角度单位:格(角度采用“度”及“密度”作单位时无符号显示)	**ft**	距离单位:英尺
HR	右旋(顺时针)水平角		

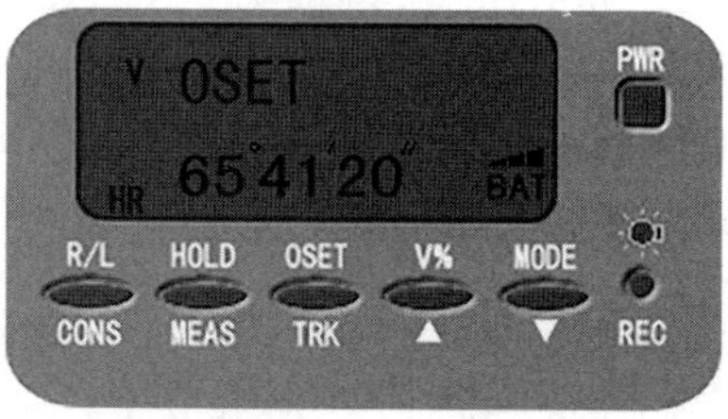

图 3-26　显示屏的显示界面

上述信息显示 2 s 后,出现如图 3-26 所示的界面。显示“**V 0SET**”,表明应进行竖盘初始化(使竖盘读数指标归零),此时应将望远镜进行上下转动。当屏幕上“**0SET**”的位置显示竖直角值时,就可以进入角度测量状态。

(5)瞄准

取下望远镜的镜盖,将望远镜对准天空(或远处明亮背景),转动望远镜的目镜调焦螺旋,使十字丝最清晰;用望远镜上的照门和准星瞄准远处一个线状目标(如远处的避雷针),旋紧经纬仪照准部和望远镜的制动螺旋,转动物镜调焦螺旋(对光螺旋),使目标影像清晰(注意消除视差);再转动望远镜和照准部的微动螺旋,使目标被十字丝的纵向单丝平分,或被纵向双丝夹在中央。开机后屏幕显示的水平方向读数“**HR　65°41′20″**”为仪器内存的原始水平方向值,若不需要此值,可以连续按两次键,使显示的水平方向读数为“**HR　0°00′00″**”(有时出现的角值可能与该值略有差异)。

(6)读数

利用远处较高的建(构)筑物(如水塔、楼房)上的避雷针、天线等作为确定的两个方向目标,分别瞄准后,在显示屏幕上读取水平方向读数、竖直方向读数。

(7)记录

用 2H 或 3H 铅笔将各水平方向的观测读数记录在表格中,利用不同水平方向值进行水平角的计算。

3.8.2　使用电子经纬仪的注意事项

①尽量使用光学对中器进行对中,对中误差应小于 3 mm;

②测量水平角瞄准目标时,应尽可能瞄准其底部,以减少目标倾斜所引起的误差;

③一测回过程中,不能再整平仪器;

④在日光下测量时应避免将物镜直接瞄准太阳;

⑤仪器安放到三脚架上或取下时,要一只手先握住仪器,以防仪器摔落;

⑥电子经纬仪在装卸电池时，必须先关掉仪器的电源开关(关机)；

⑦勿用有机溶液擦拭镜头、显示窗和键盘等。

任务1 经纬仪的认识与使用

1. 学习目的

①了解 DJ_6 型光学经纬仪或电子经纬仪的基本构造，以及主要部件的名称与功能；

②掌握经纬仪的安置方法，学会使用经纬仪。

2. 仪器及工具

3～5名学生为一组，每小组配备 DJ_6 型光学经纬仪(或电子经纬仪)1台、记录板1块、测伞1把，自备铅笔、计算器。

3. 操作流程

①仪器讲解：指导教师现场讲解 DJ_6 型光学经纬仪的构造，各螺旋的名称、功能及操作方法，仪器的安置及使用方法。

②安置仪器：各小组在给定的测站点上架设仪器(从箱中取出经纬仪时，应注意仪器的装箱位置，以便用后装箱)。在测站点上撑开三脚架，高度应适中，架头应大致水平，然后把经纬仪安放到三脚架的架头上。安放仪器时，一只手扶住仪器，另一只手旋转位于架头底部的连接螺旋，使连接螺旋穿入经纬仪基座压板螺孔，并旋紧连接螺旋。

③认识仪器：对照实物正确说出仪器的组成部分、各螺旋的名称及功能。

④对中：有垂球对中和光学对中器对中两种方法。

A. 方法一　垂球对中(基本不用)。

a. 在架头底部的连接螺旋的小挂钩上挂上垂球。

b. 平移三脚架，使垂球尖大致对准地面上的测站点，并注意使架头大致水平，踩紧三脚架。

c. 稍微旋松底座下的连接螺旋，在架头上平移仪器，使垂球尖精确对准测站点(对中误差应≤3 mm)，最后旋紧连接螺旋。

B. 方法二　光学对中器对中。

a. 将仪器中心大致对准地面测站点。

b. 通过旋转光学对中器的目镜调焦螺旋，使分划板对中圈清晰；通过推拉光学对中器的镜管进行对光，使对中圈和地面测站点的标志都清晰显示。

c. 调整脚螺旋，使地面测站点的标志位于对中圈内。

d. 逐一松开三脚架架腿制动螺旋，并利用伸缩架腿(架脚点不得移位)使圆水准器气泡居中，大致整平仪器。

e. 用脚螺旋使照准部管水准器气泡居中，整平仪器。

f. 检查对中器中的地面测站点是否偏离分划板的对中圈。若发生偏离，则松开底座下的连接螺旋，在架头上轻轻平移仪器，使地面测站点回到对中器分划板对中圈内。

g. 检查照准部管水准器气泡是否居中。若气泡发生偏离，需再次进行整平，即重复前面过程，最后旋紧连接螺旋。注意：按方法二对中仪器后，可直接进入步骤⑥。

⑤整平：转动照准部，使管水准器平行于任意一对脚螺旋，同时相对（或相反）地旋转这两只脚螺旋（气泡移动的方向与左手大拇指行进的方向一致），使管水准器气泡居中；然后将照准部绕竖轴转动 90°，再转动第 3 只脚螺旋，使气泡居中。如此反复进行，直到照准部转到任何方向，气泡在管水准器内的偏移都不超过分划线的 1 格为止。

⑥瞄准：取下望远镜的镜盖，将望远镜对准天空（或远处明亮背景），转动望远镜的目镜调焦螺旋，使十字丝最清晰；然后用望远镜上的照门和准星瞄准远处一个线状目标（如远处的避雷针、天线等），旋紧望远镜和照准部的制动螺旋，转动对光螺旋（物镜调焦螺旋），使目标影像清晰；再转动望远镜和照准部的微动螺旋，使目标被十字丝的纵向单丝平分，或被纵向双丝夹在中央。

⑦读数：瞄准目标后，调节反光镜的位置，使读数显微镜的读数窗亮度适当；旋转显微镜的目镜调焦螺旋，使度盘及分微尺的分划线清晰。读取落在分微尺上的度盘分划线所示的度数，然后读出分微尺上“0”分划线到这条度盘分划线之间的分数，最后估读至 0.1′。如图 3-27 所示，水平度盘读数为 117°01′54″，竖盘读数为 90°36′12″。

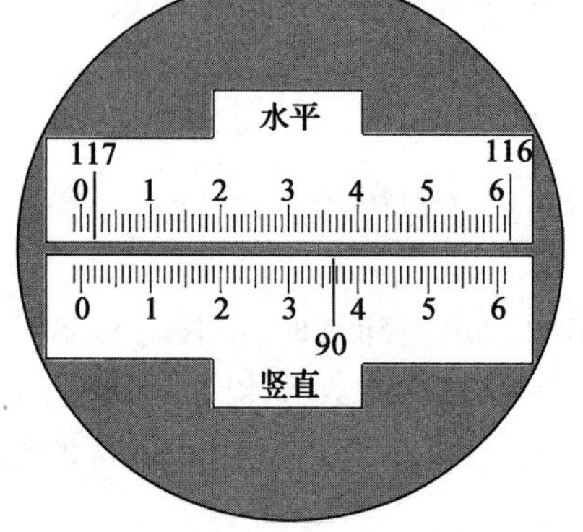

图 3-27　DJ_6 型光学经纬仪读数窗（实训）

⑧设置度盘读数：可利用光学经纬仪的水平度盘读数变换手轮改变水平度盘的读数。做法是打开基座上的水平度盘的读数变换手轮的护盖，拨动水平度盘读数变换手轮，观察水平度盘读数的变化，使水平度盘读数为一个定值，关上护盖。

有些仪器配置的是复测扳手。要改变水平度盘的读数，需先旋转照准部，观察水平度盘读数的变化，使水平度盘读数为一个定值，按下复测扳手将照准部和水平度盘卡住；再将照准部（带着水平度盘）转到需瞄准的方向上，打开复测扳手，使其复位。

⑨记录：用 2H 或 3H 铅笔将观测的水平方向读数记录在表格中，用不同的方向值计算水平角。

4. 注意事项

①仪器进行对中时，应确保经纬仪的水平度盘中心与测站的标志中心在同一条铅垂线上，对中误差应小于规定值（如 3 mm）。在整平过程中，需反复调整脚螺旋和架腿，使管水准器气泡居中，确保仪器竖轴竖直、水平度盘水平。整平结束后，应再次检查对中结果，必要时进行微调。

②旋转经纬仪各螺旋（如水平制动螺旋、水平微动螺旋、望远镜制动螺旋等）时，动作应缓慢、均匀，避免用力过猛导致仪器损坏或测量误差增大。

③使用望远镜瞄准目标时，应先大致瞄准，再调节目镜和物镜对光螺旋，使十字丝和目标影像清晰，最后通过微动螺旋精确瞄准目标底部。

④读取水平度盘和竖盘读数时，应打开反光镜调节亮度，旋转读数显微镜调焦螺旋，使读数窗内的分划清晰。读数时应准确记录，并按规定单位（度、分、秒）进行换算。

⑤使用经纬仪测量时，应避免阳光直射望远镜镜头，以免损伤仪器或影响测量精度。若必须在阳光下操作，可使用遮阳伞或防雨罩等遮挡物。

⑥光学经纬仪是精密测量仪器,应保持干燥、清洁。使用前后应检查仪器表面是否有水渍、灰尘等污染物,并及时进行清理。存放时应将光学经纬仪置于干燥通风处,避免其受潮发霉。

⑦在运输仪器时,应将其妥善固定在仪器箱内,避免剧烈震动和碰撞。存放时应避免仪器与腐蚀性物质相接触,以免损坏仪器表面或内部结构。仪器长期不用时,应定期取出检查并进行保养。

5. 上交资料

实训结束后,将测量实训报告(经纬仪观测记录表)以小组为单位上交,经纬仪观测记录表见表 3-5。

6. 任务练习

各组学生按照操作流程进行任务练习。

表 3-5　经纬仪观测记录表

姓名:＿＿＿＿　学号:＿＿＿＿　班级:＿＿＿＿　指导教师:＿＿＿＿　日期:＿＿＿＿
仪器型号:＿＿＿　天气:＿＿＿＿　班组:＿＿＿＿　观测者:＿＿＿＿　记录者:＿＿＿

测站	目标	竖盘位置	水平度盘读数/(° ′ ″)	水平角值/(° ′ ″)	竖盘读数/(° ′ ″)	备注
		左				
		右				
		左				
		右				

任务 2　测回法观测水平角

1. 学习目的

①进一步熟悉 DJ_6 型光学经纬仪或电子经纬仪的使用方法;

②掌握测回法观测水平角的观测、记录和计算方法;

③了解用 DJ_6 型光学经纬仪或电子经纬仪按测回法观测水平角的各项技术指标。

2. 仪器及工具

3～5 名学生为一组,每小组配备 DJ_6 型光学经纬仪(或电子经纬仪)1 台、记录板 1 块、测伞1把、测钎2根，自备2H铅笔、计算器。

3. 操作流程

①在指定的场地内，选择边长大致相等的3个点打桩，在桩顶钉上小钉作为点的标志，分别以A、B、O命名。

②在A、B两点插上测钎。

③将O点作为测站点，安置经纬仪，并进行对中、整平。

④使望远镜位于盘左位置(观测员用望远镜瞄准目标时，竖盘在望远镜的左边，也称正镜位置)，瞄准左边第1个目标点A，即瞄准A点，用光学经纬仪的度盘读数变换手轮将水平度盘读数拨到0°或略大于0°的位置上，读数并作好记录。

⑤按顺时针方向转动望远镜，瞄准右边第2个目标点B，读取水平度盘读数，记录并在观测记录表格中计算盘左位置上半测回的水平角值($b_{左}-a_{左}$)。

⑥将望远镜的盘左位置换为盘右位置(观测员用望远镜瞄准目标时，竖盘在望远镜的右边，也称倒镜位置)，先瞄准右边第2个目标点B，读取水平度盘读数并进行记录。

⑦按逆时针方向转动望远镜，瞄准左边第1个目标点A，读取水平度盘读数，记录并在观测记录表格中计算出盘右位置下半测回的水平角值($b_{右}-a_{右}$)。

⑧比较上、下半测回的水平角值，若限差≤36″，则满足要求，求出一测回的平均水平角值。

⑨如果需要对一个水平角测量n个测回，则每个测回在盘左位置瞄准第1个目标点A时，都需要配置水平度盘。每个测回水平度盘的读数需变化180°/n(n为测回数)。例如，要对一个水平角测量3个测回，则每个测回水平度盘的读数需变化180°/3=60°。3个测回在盘左位置瞄准左边第1个目标点A时，配置水平度盘的读数分别为0°、60°、120°或略大于这些读数。

采用复测扳手的经纬仪在配置度盘时，可先转动照准部，在读数显微镜中观测读数的变化，当需配置的水平度盘读数确定后，扳下复测扳手，在瞄准起始目标点后，扳上复测扳手即可。

⑩除需要配置水平度盘读数外，各测回的观测方法与第1测回水平角的观测方法相同。比较各测回所测角值，若限差≤24″，则满足要求，求出各测回的平均水平角值。

4. 注意事项

①在观测过程中，若发现气泡偏移超过1格时，应重新整平仪器并重新观测该测回；

②光学经纬仪在一测回观测过程中，注意避免碰动复测扳手或度盘读数变换手轮，以免发生读数错误；

③计算半测回角值时，当第1目标点的读数a大于第2目标点的读数b时，则应在第1目标点读数a上加360°；

④上、下半测回角值互差不应超过±36″，超限需重新进行观测；

⑤各测回角值互差不应超过±24″，超限需重新进行观测；

⑥仪器迁站时必须先关机，然后装箱搬运，严禁将仪器装在三脚架上进行迁站；

⑦在仪器使用过程中，若发现仪器功能异常，不可擅自拆卸仪器，应及时报告实验指导教师或实验室工作人员。

5. 上交资料

实训结束后，将测量实训报告(测回法观测记录表)以小组为单位上交，测回法观测记录表见表 3-6。

6. 任务练习

各组学生按照操作流程进行任务练习。

表 3-6 测回法观测记录表

姓名:__________ 学号:________ 班级:________ 指导教师:________ 日期:__________
仪器型号:______ 天气:________ 班组:________ 观测者:__________ 记录者:________

测站点	测回	目标点	竖盘位置	水平度盘读数/(° ′ ″)	半测回角值/(° ′ ″)	一测回角值/(° ′ ″)	各测回平均角值/(° ′ ″)	备注

任务3 竖直角观测

1. 学习目的

①了解 DJ_6 型光学经纬仪的竖盘构造、竖盘注记形式；弄清竖盘、竖盘读数指标与竖盘指标管水准器之间的关系；了解电子经纬仪竖盘零位的设置。

②能够正确判断出所使用的经纬仪竖直角的计算公式。

③掌握竖直角观测、记录、计算的方法。

④了解竖盘读数指标差检验和校正的方法。

2. 仪器及工具

3～5 名学生为一组，每小组配备 DJ_6 型光学经纬仪（或电子经纬仪）1 台、记录板 1 块、测伞 1 把，自备 2H 铅笔、计算器。

3. 操作流程

①领取仪器后，在各组给定的测站点上安置经纬仪，对中、整平，对照实物说出竖盘部分各部件的名称与作用。

②上下转动望远镜，观察竖盘读数的变化规律，确定出竖直角的计算公式，并在记录表格的备注栏内注明。

③选定远处较高的建(构)筑物，如水塔、楼房上的避雷针、天线等作为目标。

④在望远镜的盘左位置瞄准目标，用十字丝中丝切于目标顶端。

⑤转动竖盘指标管水准器微倾螺旋，使竖盘指标管水准器气泡居中(有竖盘读数指标自动归零补偿装置的光学经纬仪无此步骤)。

⑥读取竖盘读数 L，在记录表格中作好记录，并计算盘左位置上半测回的竖直角值 $\alpha_{左}$。

⑦再在望远镜的盘右位置瞄准同一目标，用相同的方法进行观测，读取竖盘读数 R，记录并计算盘右位置下半测回的竖直角值 $\alpha_{右}$。

⑧计算竖盘读数指标差 $x=1/2(\alpha_{右}-\alpha_{左})=1/2(R+L-360°)$，在满足限差($|x|\leqslant 25''$)要求的情况下，计算上、下半测回竖直角的平均值 $\alpha=1/2(\alpha_{左}+\alpha_{右})$，即一测回竖直角值。

⑨用相同的方法进行第 2 测回的观测。检查各测回竖盘读数指标差的互差(限差 $\pm 25''$)及竖直角值的互差(限差 $\pm 25''$)是否满足要求，如在限差要求之内，则可计算同一目标各测回竖直角的平均值。

4. 上交资料

实训结束后，测量实训报告(竖直角观测记录表)以小组为单位上交，竖直角观测记录表见表 3-7。

5. 任务练习

各组学生按照操作流程进行任务练习。

表 3-7 竖直角观测记录表

姓名：＿＿＿＿＿ 学号：＿＿＿＿ 班级：＿＿＿＿ 指导教师：＿＿＿＿ 日期：＿＿＿＿＿

仪器型号：＿＿＿ 天气：＿＿＿＿ 班组：＿＿＿＿ 观测者：＿＿＿＿＿ 记录者：＿＿＿＿＿

测站点	目标	竖盘位置	竖盘读数/(° ′ ″)	半测回竖直角/(° ′ ″)	指标差/(′ ″)	一测回竖直角/(° ′ ″)	各测回竖直角平均值/(° ′ ″)	备注
		左						
		右						
		左						
		右						
		左						
		右						

项目4　距离测量和直线定向

距离是地面上的两点投影到水平面上的投影长度。按照测量仪器和施测方法的不同，距离测量分为钢尺量距、视距测量和电磁波测距等。确定一条直线与基本方向之间的夹角关系称为直线定向。本项目主要讲述一般钢尺量距、精密钢尺量距、视距测量的原理、视距测量的方法、电磁波测距的基本原理、电磁波测距仪及其使用、基本方向的种类、直线方向的表示方法、罗盘仪的构造、罗盘仪测定磁方位角等内容。

4.1　钢尺量距

地面两点间的水平距离是指地面两点沿铅垂线方向在水准面上的投影长度，在小区域范围内可以看成是在水平面上的投影长度。地面上 A、B 两点沿铅垂线方向投影到水平面上的投影点间的直线长度 D 即为 A、B 两点的水平距离，如图 4-1 所示。

钢尺量距是指利用具有标准长度的钢尺直接测量地面两点间的距离，又称为距离丈量。

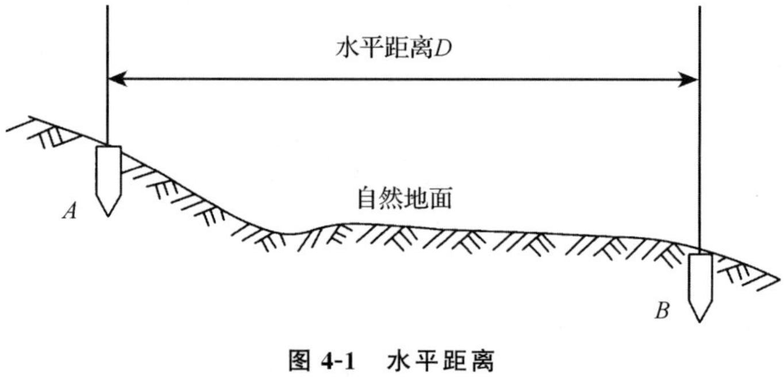

图 4-1　水平距离

4.1.1　钢尺量距的工具

1. 钢尺及其种类

钢尺是由薄钢片制成的带状尺，一般卷放在金属架上，如图 4-2(a)所示；也可卷入圆盒内，又称钢卷尺，如图 4-2(b)所示。钢尺尺面的最小分划通常为毫米，并在厘米、分米、米处进行标注，一般尺宽 10～15 mm、厚 0.2～0.4 mm，常用的尺长有 5、20、30、50 m 等。由于“0 m”分划线的位置不同，钢尺分为端点尺和刻线尺两种。端点尺是以尺的最外端作为尺长的零点，如图 4-3(a)所示，当从目标物开始丈量时，用此种尺较为方便；而刻线尺的零点刻在尺身前端的某一位置，如图 4-3(b)所示，用此种尺进行丈量时，用零点分划线对准丈量的起始点位较为准确、便利。

钢尺的抗拉强度高，使用时不易伸缩，因此量距精度较高，多用于导线测量、工程测设等。

另外，在粗略量距等精度要求较低的量距中，也常用皮尺作为丈量工具。皮尺多由麻线及细金属丝编织而成，往往呈带状，卷放在圆盒内。皮尺的一般尺长为 5、20、30、50 m 等，最小分划为厘米，在米、分米处有标注，两面涂有防腐油漆。

（a）放在金属架上的钢尺　　（b）钢卷尺

图 4-2　卷尺

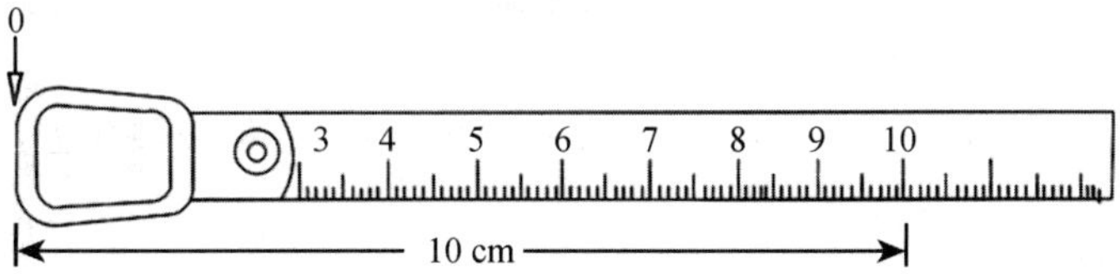

（a）端点尺

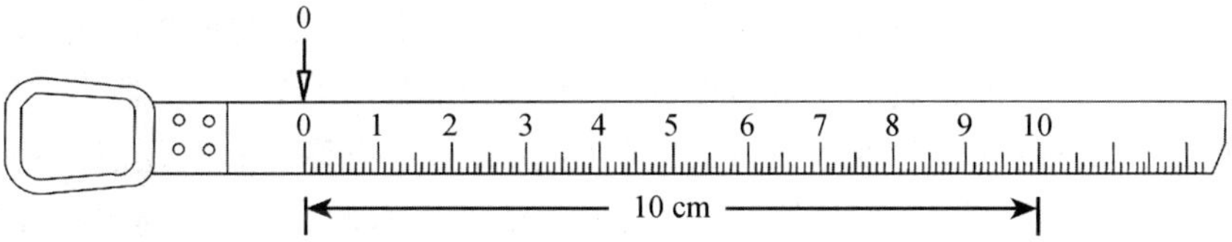

（b）刻线尺

图 4-3　端点尺和刻线尺

2. 钢尺量距的辅助工具

距离丈量需要标杆、测钎和垂球等辅助工具。

(1)标杆

标杆又称花杆，多由直径为 3～4 cm 的木杆或铝合金制成，一般长为 2～4 m。杆身涂有红白相间的 20 cm 色段，以便于在远处清晰可见；杆底部装有铁脚，以便插在地面上或对准点位，用以标定直线点位或作为照准标志。标杆如图 4-4(a)所示。

(2)测钎

测钎由长为 30～40 cm、直径为 3～6 mm 的钢筋制成，下部磨削成尖锥状，上部弯一个小圈，可套入另一个大铁环内。6～11 根测钎组成一组。测钎上可用油漆涂成红白相间的色段。量距时，将测钎插入地面，用于标定所量尺段的起始点、终点和计算已量过的整尺段数，也可作为近处目标的照准标志。测钎如图 4-4(b)所示。

(3)垂球

垂球是用钢或铁制成的金属锤，上大下尖，呈倒圆锥形，一般质量为 0.05～0.50 kg。垂球上端系有细绳，常悬于由标杆组成的垂球架上；悬吊后，垂球尖与细绳在同一条铅垂线上。它是测量工作中投影对点或检验物体是否铅垂的器具，也常用于在斜坡上丈量水平距离。垂球如图 4-4(c)所示。

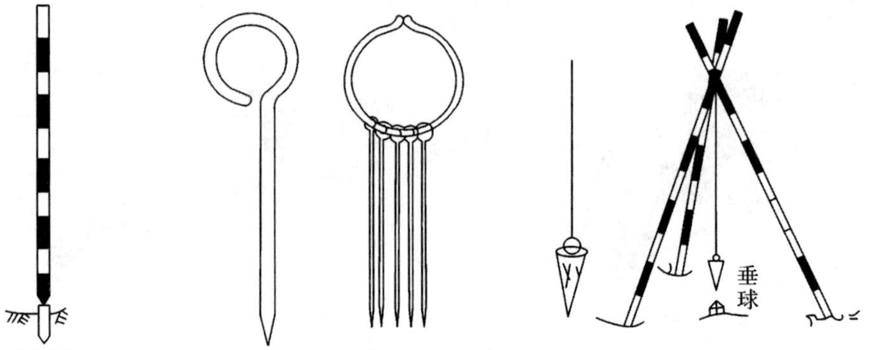

(a)标杆　(b)测钎　(c)垂球

图 4-4　量距辅助工具

进行钢尺精密量距时，还需配备温度计、弹簧秤等辅助工具，以测定温度和控制拉力。

4.1.2　直线定线

在丈量地面两点之间的距离时，如果距离大于一个钢尺的尺长或地势起伏较大，致使一个尺段不能完成测量工作，那么就需要沿直线的方向标定出若干分段点。分段点既能标定直线，又可作为分段丈量的依据，这种在直线方向上标定点位的工作称为直线定线。钢尺的一般量距常采用目估法进行直线定线，但当距离较远、量距精度要求较高时，应利用经纬仪等仪器进行定线。

(1)平坦地面目估定线

如图 4-5 所示，设 A、B 为地面上相互通视的两点，若要在这两点的连线上定出分段点 1、2，可由甲、乙、丙 3 人共同完成。在 A、B 两点上各竖立一根标杆，甲站在 A 点标杆后 1～2 m 处，通过 A 点标杆瞄准乙处的 B 点标杆；丙将第 3 根标杆立于距 B 点大约一个尺段长的点 1 附近，并按照甲的指挥左右移动标杆，直到甲从 A 点沿标杆的同一侧看到 A、1、B 处的 3 根标杆在同一条方向线上，即定出点 1。用相同的方法可以定出直线上的点 2。

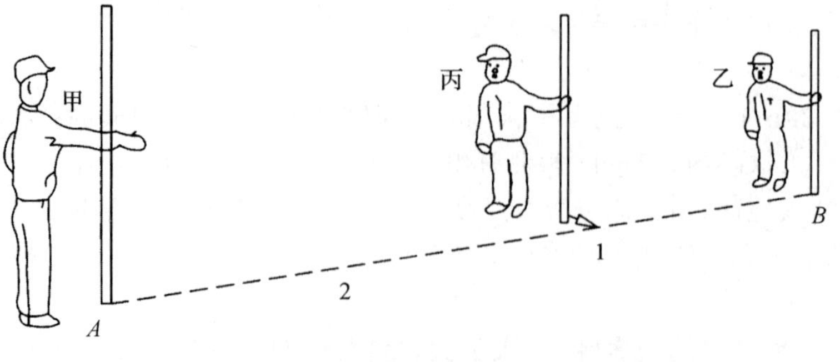

图 4-5　平坦地面目估定线

(2)过山头目估定线

如图 4-6 所示,地面上 A、B 两点位于一个山头的两侧,且互不通视。若要在 A、B 的连线上标定出 C、D 点,可采用逐渐趋近法进行目估定线。

进行直线定线时,甲、乙两人分别在 A、B 两点上竖立标杆,丙、丁两人各持一根标杆站于山顶部,且都能同时看到 A、B 两点。先由丙在 C_1 处立标杆,按照 C_1B 的方向指挥丁在 D_1 点竖立标杆,使 C_1、D_1、B 处的 3 根标杆在同一条直线上;然后由丁按照 D_1、A 的方向指挥丙移动 C_1 处的标杆到 C_2 处,使 D_1、C_2、A 处的 3 根标杆在同一条直线上。这样互相指挥、逐渐趋近,直到 C、D、B 处的 3 根标杆在同一条直线上,同时 D、C、A 处的 3 根标杆也在同一条直线上,则 A、B、C、D 4 点就会处在同一条直线上。

(3)过山谷目估定线

如图 4-7 所示,由于山谷地势低,甲由 A 点看乙处的 B 点时,不容易看到谷底处的一系列标杆,因此定线时可由谷顶逐渐向谷底进行作业。首先,甲、乙分别在 A、B 点竖立标杆,甲根据 AB 的方向定出点 1;其次,由乙根据 BA 的方向定出点 2;最后,在 A—2 或 B—1 的方向上定出点 3 即可。

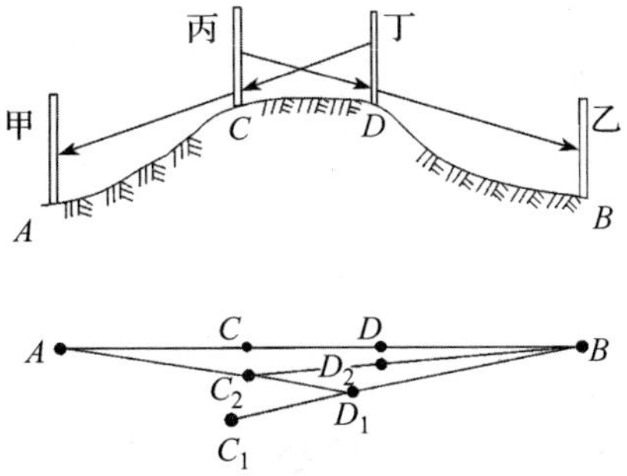

图 4-6 过山头目估定线

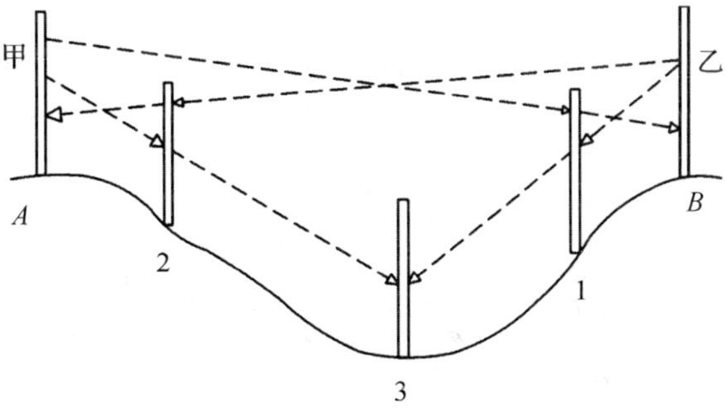

图 4-7 过山谷目估定线

4.1.3 一般钢尺量距

1. 平坦地面的量距

(1)丈量方法

丈量距离前,先将待测距离的两个端点 A、B 用木桩(桩顶钉小钉)标志出来,清除直线上的障碍物后,至少由两人进行丈量,其中走在前面的测量员称为前司尺员,后面的测量员称为后司尺员。如图 4-8 所示,进行丈量时,后司尺员手持钢尺的零点端位于 A 点,并在 A 点上插上测钎;前司尺员手持钢尺的末端和一组测钎沿 AB 方向前行,当行至一个整尺段处时停下。后司尺员将钢尺的零点对准 A 点,前司尺员控制钢尺通过地面上的定线点。两人同时将钢尺拉直、拉平、拉稳后,前司尺员对准钢尺整尺段处(即点 1)插入一根测钎,这样便量完了一个整尺段 l 的距离,然后后司尺员拔起 A 点上的测钎,与前司尺员共同举尺前进。当后司尺员到达点 1 时,重复上述操作,按同样方法丈量第 2 尺段。如此继续丈量下去,直至最后不足一个整尺段时,即当后司尺员到达点 4 时,前司尺员将钢尺的某一整分划对准 B 点,由后司尺员利用钢尺的前端部位读出毫米数,两人的前后读数差即为不足一个整尺段的余长 q。因此,地面上 A、

B 两点间的水平距离为：

$$D = nl + q \tag{4-1}$$

式中，l 为钢尺尺长；n 为整尺段数，即测钎数（不含量余长时的测钎）；q 为不足一个整尺段的余长。

(2)精度评定

在平坦地面上，用钢尺沿地面进行丈量的结果可视为水平距离。为了防止丈量错误和提高量距精度，需要进行往返丈量。如图 4-8 所示，由 A 点量至 B 点为往测，由 B 点量至 A 点为返测，两次丈量结果的差值称为较差。较差为绝对误差，其本身并不能说明丈量的精度，必须与所量长度联系起来一并考虑，一般采用相对误差 K 来衡量量距精度。

相对误差为较差的绝对值与往返丈量所得的平均水平距离之比，并将其化为分子为 1 的分数；相对误差的分母越大，说明量距的精度越高。

$$K = \frac{|\Delta D|}{\overline{D}} = \frac{1}{\dfrac{\overline{D}}{|\Delta D|}} \tag{4-2}$$

式中，ΔD 为往返丈量的较差，$\overline{D}$ 为往返丈量的平均水平距离。

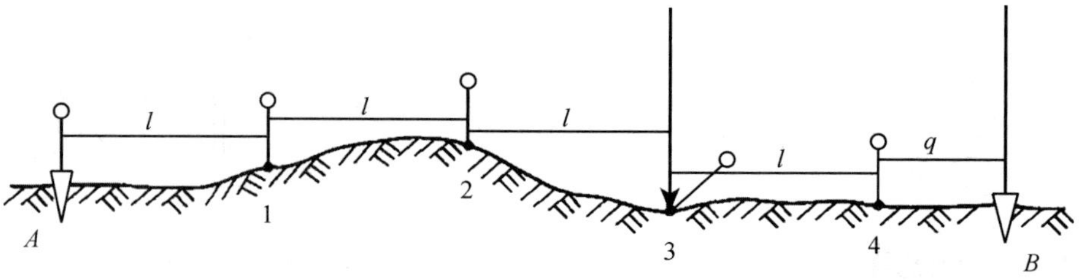

图 4-8　平坦地面距离丈量

钢尺的一般量距要求平坦地面的相对误差 $K_{容} \leqslant 1/3\ 000$，在一般情况下 $K_{容} \leqslant 1/2\ 000$；在量距困难的地区，要求 $K_{容} \leqslant 1/1\ 000$。如果量距的相对误差满足要求，则取往返丈量的平均值作为最后的结果；否则，应重新进行丈量。

2. 倾斜地面的量距

(1)平量法

当地面倾斜程度不大且起伏较频繁时，可将钢尺拉平，由高向低整尺段或分尺段丈量距离。如图 4-9 所示，丈量距离时，后司尺员将钢尺的零点对准地面上的 A 点，并指挥前司尺员根据直线定线结果，使钢尺在 AB 的方向线上目估抬平，把垂球绳紧靠钢尺上的某一分划，将垂球尖投影于地面上，可得到点 1，随即插上一根测钎，尺上的分划读数便为点 A、1 两点间的水平距离。用相同的方法丈量 1—2、2—3、3—B 测段的水平距离，各测段丈量结果的总和即为 A、B 两点间的往测水平距离。

在实际测量工作中，由于从低处向高处测量不方便，返测也应由高向低进行丈量。当地面坡度较大、将钢尺抬平有困难时，可将测段缩短到适当长度进行丈量。若精度符合要求，则取往返测量的平均值作为最后的结果。

(2)斜量法

如图 4-10 所示，当地面倾斜均匀且坡度较大时，可以沿地面斜坡丈量出 A、B 两点间的斜距 L，用经纬仪等仪器测出直线 AB 的倾斜角 θ，或测量出 A、B 两点的高差 h，然后计算 A、B 的水平距离 D，即

$$D = L\cos\theta \tag{4-3}$$

或

$$D = \sqrt{L^2 - h^2} \tag{4-4}$$

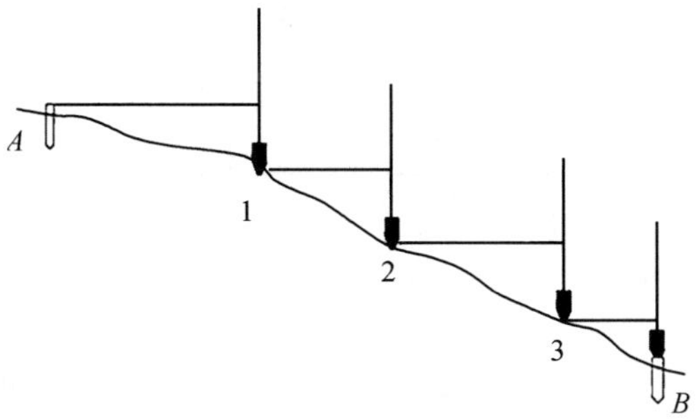

图 4-9 平量法

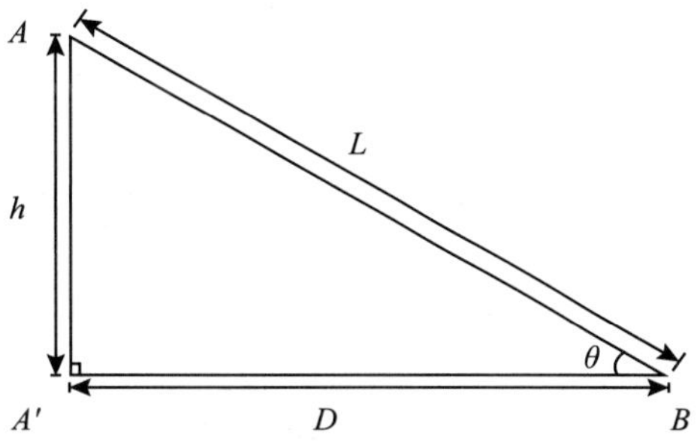

图 4-10 斜量法

4.1.4 精密钢尺量距

钢尺一般量距的精度为 1/1 000～1/3 000，若量距精度要求在 1/10 000 以下，则应采用钢尺量距的精密方法，即在外界条件良好的情况下，用弹簧秤施加一定的拉力进行丈量，同时还要考虑尺长、温度和地面倾斜等对丈量结果的影响。

1. 精密量距

(1)用经纬仪定线

如图 4-11 所示，要想精密丈量直线 AB 的距离，先清除直线 AB 方向上影响丈量的障碍物，然后用经纬仪进行定线。进行直线定线时，一名测量人员将经纬仪安置于 A 点，经对中、整平后，用望远镜瞄准 B 点，随即固定照准部水平制动螺旋，并通过上下转动望远镜指挥其他测量人员沿 AB 方向用钢尺丈量距离，在视线上按稍短于一个整尺段长依次定出 A—1、1—2、2—3 等尺段。随着经纬仪的继续指挥，在各尺段的端点 1、2、3 等点上钉设木桩，要求桩顶高出地面 5～10 cm，且在桩顶钉一颗小钉，使小钉在直线 AB 上；也可在木桩顶上划十字线，使十字线其中的一条线在直线 AB 上，则小钉或十字线的交点即为丈量时的标志。

(2)丈量相邻桩顶间的斜距

用检定过的钢尺丈量相邻两个木桩之间的斜距。丈量工作一般由 5 人组成，其中 2 人拉尺，2 人读数，1 人指挥兼测量和记录温度。如图 4-11 所示，进行丈量时，后司尺员将弹簧秤挂在钢尺起始点的手环上，站于木桩 A 处；前司尺员拿着尺子的末端站于木桩 1 旁。两人同时拉伸钢尺置于 A、1 处的两个木桩顶上，并使钢尺有分划线的一侧分别贴切于木桩顶的十字线上。两个司尺员施加标准拉力(30 m 钢尺，标准拉力为 100 N；50 m 钢尺，标准拉力为 150 N)将钢尺拉紧、拉稳后，前司尺员以尺上的某一整分划对准木桩 1 上的十字线交点时，发出读数

口令“预备”，后司尺员回答“好”；在喊“好”的同一瞬间，前、后两端的读尺员同时根据 A、1 两个木桩桩顶的十字线交点读取钢尺读数，估读到 0.5 mm，记录员把数据依次记入表 4-1 中。钢尺的前、后两端读数之差即为所测线段 A—1 的名义斜距。

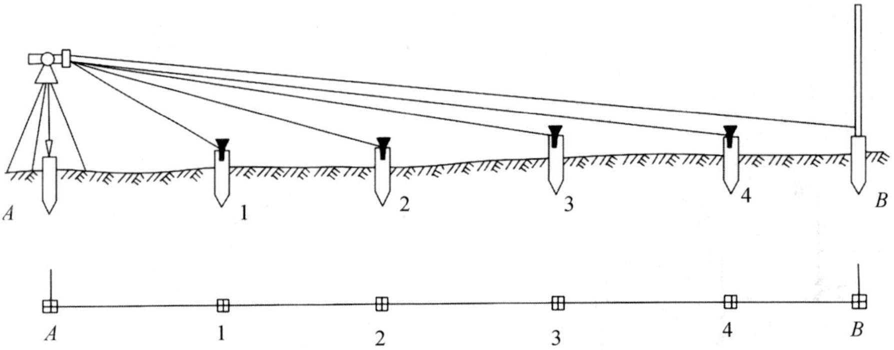

图 4-11　经纬仪定线

每尺段要求前后移动钢尺一段尺位，用同样的方法进行 3 次丈量，读取 3 组读数，3 次测得结果的较差一般不得超过±2 mm，否则应进行重测。如果在限差以内，则取 3 次结果的平均值作为该尺段的观测成果。同时，每测量一个尺段都要读记温度一次，估读到 0.5 ℃。如此继续丈量至终点，即完成往测工作，往测完毕后应立即进行返测。

表 4-1　精密量距记录与计算表

钢尺编号：　　钢尺膨胀系数 α：　　钢尺检定时的温度 t_0：

钢尺名义长度 l_0：　　钢尺检定的长度 l'：　　钢尺检定时的拉力：

尺段编号	实测次数	前尺读数/m	后尺读数/m	尺段长度/m	温度/℃	高差/m	温度改正数/℃	倾斜改正数/mm	尺长改正数/mm	改正后尺段的水平距离/m
	1									
	2									
	3									
	平均									

(3)测量相邻桩顶间的高差

为了将所测桩顶间的倾斜距离改算成水平距离，需要用水准测量的方法测出相邻桩顶间的高差。水准测量一般在量距前或量距后进行往、返测各一次，以便检核。往返测量的尺段高差较差根据量距精度要求的不同而不同，一般高差较差不应超过±10 mm，若符合要求，则取其平均值作为观测成果。

2. 成果计算

(1)钢尺检定

由于制造上的误差和长期使用的变形，以及丈量时受温度、拉力等因素的影响，钢尺的实际长度往往不等于尺上所标注的长度(名义长度),因此进行精密量距前应对钢尺进行检定。

①尺长方程式:通过钢尺检定,求出在标准拉力下,钢尺的实际长度随温度变化的函数关系式,称为尺长方程式。

$$l_t=l_0+\Delta l+\alpha(t-t_0)l_0 \tag{4-5}$$

式中,l_t 为在标准拉力和温度为 t 时钢尺的实际长度;l_0 为钢尺的名义长度;t 为进行钢尺量距时的温度;α 为钢尺膨胀系数,一般取值为(1.15～1.25)×10^{-5}/℃;t_0 为钢尺检定时的标准温度,通常为 20 ℃;Δl 为在标准拉力和标准温度下,钢尺名义长度的改正数。

②钢尺检定的方法:钢尺检定的方法有两种,一般是与已经测定过精确长度的基线进行比较;当精度要求不高时,也可用检定过的钢尺作为标准尺与被检定钢尺进行比较。

在与已知精确长度的基线相比较时,可按精密量距的作业方法进行丈量,要求每尺段错动尺位 3 次读数,并估读至 0.5 mm。当基线长为 120 m 时,应进行往、返丈量各 3 次;当用 240 m 长的基线检定时,应进行往、返丈量各 2 次。

在与标准尺进行比较时,应将被检定钢尺和标准钢尺并排放在平坦地面上,同时给两根钢尺施加标准拉力,然后将两尺的末端分划对齐,并在零分划附近读出两尺的差数。如此多次进行比较,求出差数的平均值,就能根据标准尺的尺长方程式计算出被检定钢尺的尺长。该方法认为,被检定钢尺和标准钢尺的膨胀系数相同;另外,检定应选在阴天或背阴的地方进行,这样可使气温与钢尺温度基本一致。

(2)计算各尺段的水平距离

在钢尺精密量距中,对于每一实测的尺段长度,都需要进行尺长改正、温度改正和倾斜改正,然后求出改正后的尺段水平距离。

①尺长改正:对于量取的尺段 D'的尺长改正数 ΔD_l 见式(4-6)。

$$\Delta D_l=\frac{\Delta l}{l_0}D' \tag{4-6}$$

②温度改正:根据式(4-5),两个相邻桩顶间的实测斜距 D'的温度改正数 ΔD_t 见式(4-7)。

$$\Delta D_t=\alpha(t-t_0)D' \tag{4-7}$$

③倾斜改正:如图 4-12 所示,设 D'为实测斜距,h 为尺段两端桩顶间的高差。现将 D'改算成水平距离 D,此时倾斜改正值 ΔD_h 为:

$$\begin{aligned}\Delta D_h&=D-D'=\sqrt{D'^2-h^2}-D'\\&=D'\sqrt{1-\frac{h^2}{D'^2}}-D'\\&=D'\left[\left(1-\frac{h^2}{D'^2}\right)^{\frac{1}{2}}-1\right]\end{aligned}$$

将上式用级数展开得:

$$\Delta D_h=D'\left[\left(1-\frac{h^2}{2D'^2}-\frac{h^4}{8D'^4}-\cdots\right)-1\right]=-\frac{h^2}{2D'}-\frac{h^4}{8D'^3}-\cdots$$

当高差 h 较小时，可只取第 1 项，即

$$\Delta D_h = -\frac{h^2}{2D'} \tag{4-8}$$

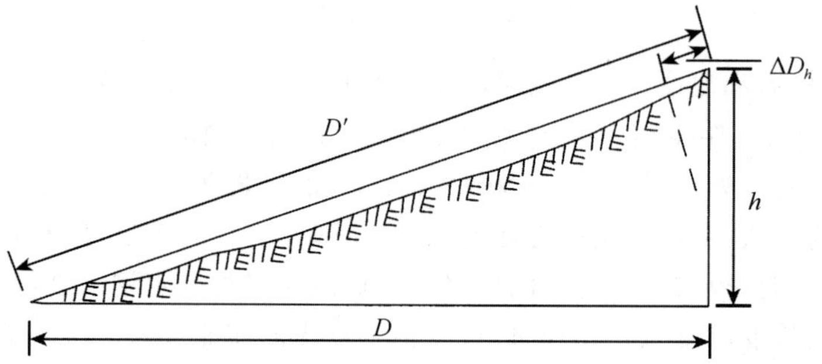

图 4-12　倾斜改正

斜距总是比水平距离长，因此倾斜改正数 ΔD_h 恒为负值。综上所述，每一尺段改正后的水平距离为：

$$D = D' + \Delta D_l + \Delta D_t + \Delta D_h \tag{4-9}$$

式中，D 为尺段改正后的水平距离，D' 为尺段的观测结果，ΔD_l 为尺段的尺长改正数，ΔD_t 为尺段的温度改正数，ΔD_h 为尺段的倾斜改正数。

(3)计算全长

将上述各个尺段改正后的水平距离相加，便得到 AB 的往测水平距离。同样，进行返测记录、计算，可得到返测的水平距离 D_{BA}。

在算出往返测量的总距离后，若精度符合要求，便可取其平均值作为丈量的最后结果；若相对误差超限，则应返工重测。

4.2　视距测量

4.2.1　视距测量的原理

视距测量是按光学和几何学原理，利用望远镜内十字丝分划板上的两条视距丝在视距尺(水准尺)上截取的长度，以及测定的竖直角、中丝读数和仪器高，求算测站与测点之间水平距离和高差的测量方法。虽然视距测量的精度仅为 1/300，但由于具有操作简便、不受地形起伏限制等优点，该方法被广泛应用于园林工程测量。

1. 视线水平时的视距测量原理

如图 4-13 所示，要想测地面 A、B 两点之间的水平距离和高差，可安置经纬仪于 A 点，并在 B 点上竖立视距尺；调整仪器使望远镜视线水平，且瞄准 B 点所立的视距尺，此时水平视线与视距尺垂直。

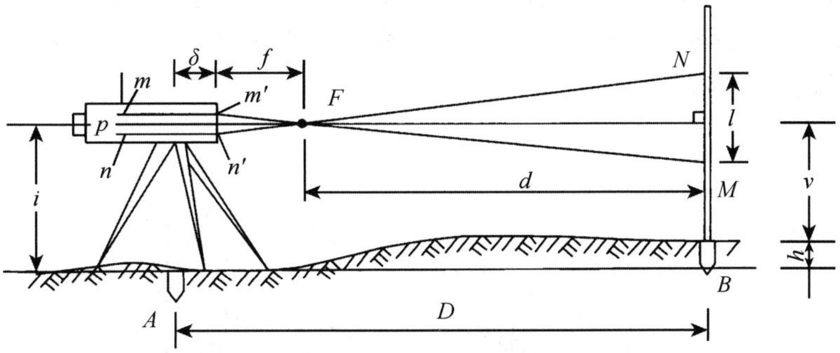

图 4-13 视线水平时的视距测量原理

根据成像原理，从视距丝 m、n 发出的平行于望远镜视准轴的光线，经过 m'、n' 和物镜焦点 F 后，分别截于视距尺上的 M、N 处，M 和 N 间的长度称为尺间隔，用 l 表示。设 p 为两条视距丝在分划板上的间距，f 为物镜焦距，δ 为物镜至仪器旋转中心的距离，那么 A、B 两点之间的水平距离为：

$$D=d+\delta+f \tag{4-10}$$

由图 4-13 可知，$\triangle m'Fn' \backsim \triangle MFN$，则：

$$\frac{d}{f}=\frac{MN}{m'n'}=\frac{l}{p}$$

$$d=\frac{f}{p}l$$

因此，A、B 之间的水平距离为：

$$D=\frac{f}{p}l+\delta+f$$

令 $K=\dfrac{f}{p}$，$C=\delta+f$，则：

$$D=Kl+C \tag{4-11}$$

式中，K 为视距乘常数，通常为 100；C 为视距加常数，外对光式望远镜的 C 值一般为 0.3 m，内对光式望远镜的 $C\approx 0$ m。

DJ_6 型光学经纬仪的望远镜为内对光式，因此：

$$D=Kl \tag{4-12}$$

由图 4-13 还可看出，当仪器安置高度为 i，望远镜中丝在视距尺上的读数为 v 时，A、B 两点之间的高差为：

$$h=i-v \tag{4-13}$$

2. 视线倾斜时的视距测量原理

由于地形起伏和通视条件的影响，在视距测量中必须使望远镜视线倾斜才能读取尺间隔。

如图 4-14 所示，将经纬仪安置在 A 点，视距尺竖立于 B 点，望远镜倾斜瞄准视距尺，两条视距丝截尺于 M、N 点，并测得竖直角为 θ。由于视线不垂直于视距尺，不能直接用式(4-12)、式(4-13)求取水平距离和高差。

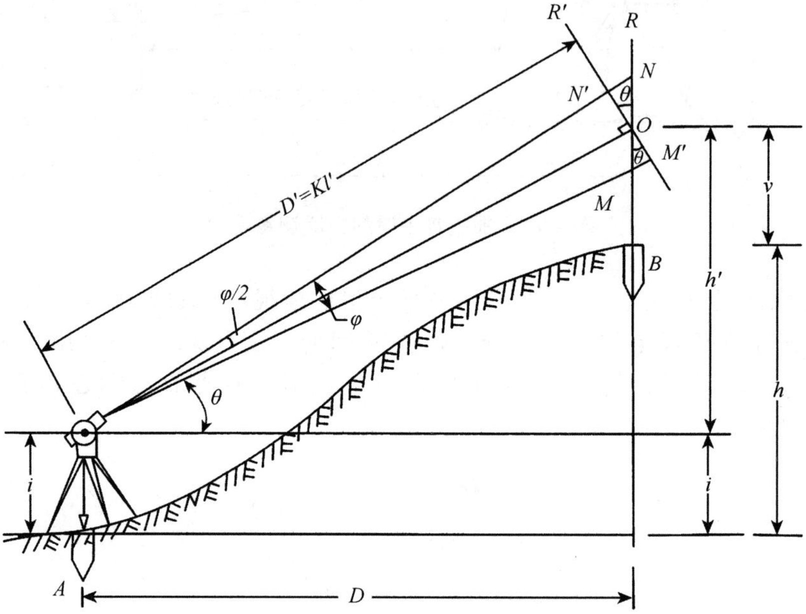

图 4-14　视线倾斜时的视距原理

如图 4-14 所示，假设将竖直的视距尺 R 绕 O 点旋转 θ 角变成视距尺 R'，使其与视准轴垂直并交于 O 点，此时视距丝将截尺于 M'、N' 两点，则由式(4-12)求得 A、B 之间的斜距为：

$$D'=Kl'=KM'N'$$

由于通过视距丝两条光线间的夹角 φ 很小(约为 34′)，$\angle MM'O$ 和 $\angle NN'O$ 可近似视为直角，那么由 $\triangle MM'O$ 和 $\triangle NN'O$ 可得：

$$OM'=OM\cos\theta, ON'=ON\cos\theta$$

因为：

$$\begin{aligned} M'N' &= OM'+ON' \\ &= (OM+ON)\cos\theta \\ &= MN\cos\theta \\ &= l\cos\theta \end{aligned}$$

所以：

$$D'=KM'N'=Kl\cos\theta$$

在图 4-14 中，A、B 两点之间的水平距离为：

$$D=D'\cos\theta$$

则：

$$D=Kl\cos^2\theta \tag{4-14}$$

从图 4-14 中可看出，A、B 两点之间的高差 h 为：

$$h=h'+i-v$$

因为：

$$h'=D'\sin\theta=Kl\cos\theta\sin\theta$$

所以：

$$h=\frac{1}{2}Kl\sin2\theta+i-v \tag{4-15}$$

4.2.2 视距测量的方法

(1)观测

①如图 4-14 所示，安置经纬仪于点 A，进行对中、整平；量取仪器安置高度 i，读至厘米位。

②在点 B 上竖立视距尺。

③用经纬仪盘左位置瞄准视距尺上的某一高度，消除视差后，分别读取上、下丝读数至毫米位，读取中丝读数至厘米位；然后调节竖盘指标管水准器微动螺旋，使竖盘指标管水准器气泡居中，读取竖盘读数。

(2)计算

利用计算器，先根据上、下丝读数和竖盘读数计算出尺间隔 l 和竖直角 θ，然后由式(4-14)、式(4-15)计算水平距离和高差，并根据点 A 的已知高程推算点 B 的高程。

4.2.3 视距常数的测定

为了保证视距测量成果的精度，应经常对仪器的视距常数进行检测。由于 DJ_6 型光学经纬仪的视距加常数 C 约为 0 m，因此在视距测量中一般仅测定视距乘常数 K。

如图 4-15 所示，先在平坦地面上选择一条直线，在 A 点打一个木桩，并从该点开始，沿直线方向用钢尺依次量取 30、60、90、120 m，分别在地面上得 A_1、A_2、A_3、A_4 各点，同时在相应点位打上木桩进行标记；然后安置经纬仪于 A 点，在盘左或盘右位置调节望远镜的视线至水平，并依次照准 A_1、A_2、A_3、A_4 各点上的视距尺，消除视差后读取各点的上、下丝读数，分别计算出尺间隔 l_1、l_2、l_3、l_4。

根据测量出的尺间隔和已知距离，便可计算仪器观测各立尺点的 K 值，即

$$K_1=\frac{30}{l_1},K_2=\frac{60}{l_2},K_3=\frac{90}{l_3},K_4=\frac{120}{l_4}$$

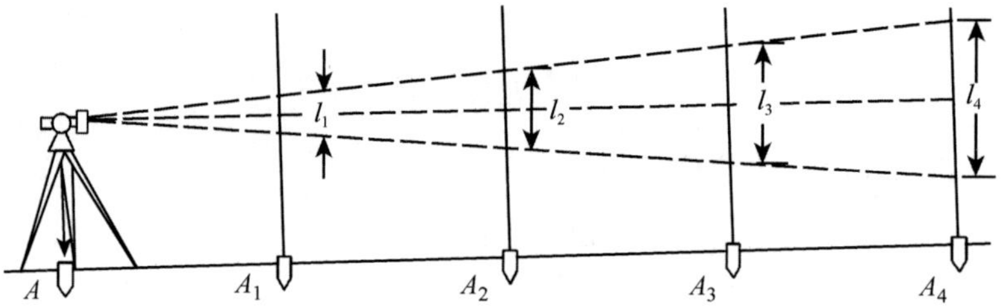

图 4-15 视距乘常数的测定

视距乘常数 K 的平均值为：

$$\overline{K}=\frac{K_1+K_2+K_3+K_4}{4}$$

视距乘常数 K 的精度为：

$$\text{精度}=\frac{|\overline{K}-100|}{100}=\frac{1}{\dfrac{100}{|\overline{K}-100|}}$$

若求出的精度高于 1/1 000，计算水平距离和高差时 K 值仍取 100，否则 K 值应为实测值。

4.3 电磁波测距

随着微电子技术和光电技术的迅猛发展，用电磁波作为载波传输信号来测量两点间距离的测距仪大批量出现，并已在测量工作中得到广泛应用。

4.3.1 电磁波测距仪的分类

电磁波测距仪是通过测量光波在待测距离上往返一次所经过的时间来确定两点间距离的一种精密测距仪器。它具有测程远、受地形限制小以及作业效率高等优点，测距的相对误差可达 1/10 000～1/1 000 000。

(1)按测距精度分类

测距仪的精度是指其出厂的标称精度，即仪器说明书中技术规格所载明的测距标准差的绝对值。当距离为 1 km 时，测距中误差不超过±5 mm 的为Ⅰ级测距仪，测距中误差不超过±(5～10)mm 的为Ⅱ级测距仪，测距中误差不超过±(10～20)mm 的为Ⅲ级测距仪。

(2)按测程大小分类

测程为测距仪一次所能测量的最远距离。测程在 3 km 以内的测距仪为短程测距仪，主要用于工程测量；测程在 3～15 km 的测距仪为中程测距仪，通常用于一般等级控制测量；测程超过 15 km 的测距仪为远程测距仪，一般用于国家三角网及特级导线测量。

(3)按所使用的光源分类

按所使用的光源，测距仪可分为激光测距仪和红外测距仪两类。激光测距仪是利用激光对目标的距离进行准确测定的仪器，采用红外线波段作为载波的测距仪称为红外测距仪。红外测距仪以砷化镓发光二极管所发的荧光作为载波源，其发出的红外线强度能随注入电信号的强度而变化，这种光称为调制光。砷化镓发光二极管兼有载波源和调制器的双重功能，因此减小了仪器的质量和体积，降低了功耗，目前在中、短程测距仪中被广泛采用。

2020 年，我国科学家依托“天琴计划”激光测距台站成功测得月球表面上 5 组反射镜的回波信号，测出国内最准的地月距离，且精度达到国际先进水平。这意味着中国科学家攻克了地月激光测距技术，中国成为世界上第 3 个成功测得全部 5 个反射镜的国家。

4.3.2 电磁波测距的基本原理

如图 4-16 所示，要测定 A、B 两点间的距离 D，可在 A 点安置能发射和接收光波的电磁波测距仪，在 B 点安置反射棱镜。电磁波测距仪发出的光束由 A 到达 B，经反射棱镜反射后，又返回到电磁波测距仪。通过测定光束在 A、B 之间往返传播的时间 t_{2D}，并根据光波在大气中的传播速度 c 可计算出 A、B 之间的距离 D。距离 D 可由式(4-16)求出：

$$D=\frac{1}{2}ct_{2D} \tag{4-16}$$

式中，c 为光波在大气中的传播速度，$c=c_0/n$；c_0 为真空中的光速值，其值为 299 792 458 m/s；n 为大气透射率，它与电磁波测距仪所用光源的波长，测线上的气温、气压和湿度有关；t_{2D} 为光波在所测距离 D 间的往返传播时间。

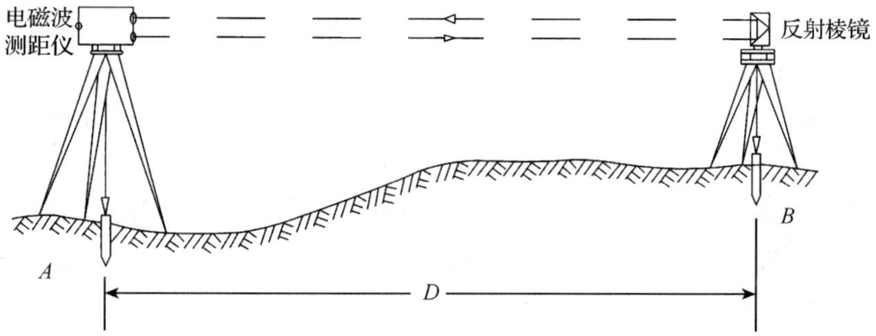

图 4-16 电磁波测距的基本原理

测定距离 D 的精度主要取决于测定时间 t_{2D} 的精度。根据时间 t_{2D} 测定方式的不同，电磁波测距法又可分为脉冲式测距法和相位式测距法两种。

(1)脉冲式测距法

由电磁波测距仪的发射系统发出的光脉冲经被测目标反射后，再由电磁波测距仪的接收系统接收，根据发射和接收光脉冲的时间差直接测定时间 t_{2D}，求出距离 D 的方法，称为脉冲式测距法。激光脉冲发射的瞬时功率很大，所以测程远；但目前由于受激光器脉冲宽度等电子技术的制约，脉冲式测距法的精度较低，一般只能达到米级，在短程测距中不被采用。

(2)相位式测距法

由电磁波测距仪的发射系统发射一种连续的调制光波，经安置在被测地点的反射棱镜反射后，再返回到电磁波测距仪的接收系统，然后用相位计将发射信号与接收信号进行相位比较，以测定调制光波在待测距离上往返传播所产生的相位差，间接地测定时间 t_{2D}，计算出距离 D 的方法，称为相位式测距法。相位式测距法的精度高，可以达到毫米级，其应用范围较为广泛。

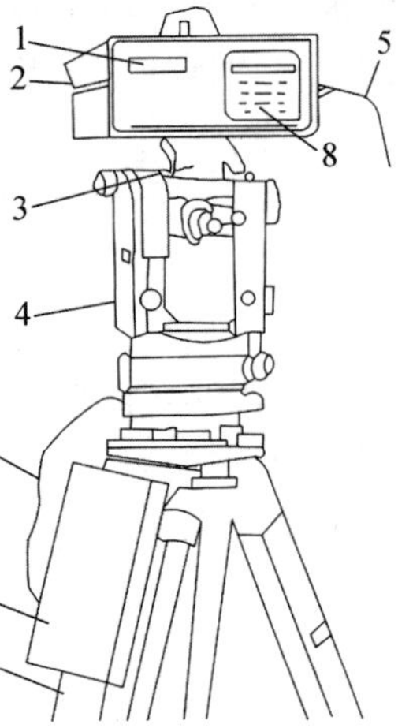

图 4-17　DCH3-1 型测距仪

1—显示屏；2—测距仪；3—连接装置；4—光学经纬仪；5—电线；6—电池；7—三脚架；8—键盘

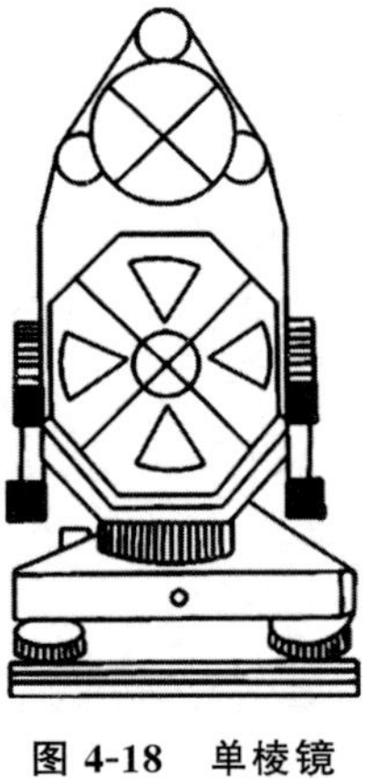

图 4-18　单棱镜

4.3.3　电磁波测距仪及其使用

1. 仪器的结构

电磁波测距仪的型号较多，但其基本结构相似，主要由照准头、微处理系统、电源等部分组成。照准头一般包括光源系统、发射系统和接收系统，光源系统发出光波，并经过调制变为调制波，由发射系统发射至待测目标后，又被反射回接收系统；接收系统将收到的光信号转换成电信号，最后送到微处理系统进行处理，并由显示器输出测量结果。

图 4-17 为 DCH3-1 型测距仪，其主机通过连接装置安置在经纬仪的上部，并利用光轴调节螺旋，使主机的发射与接收器光轴和经纬仪视准轴位于同一竖直面内。另外，测距仪横轴到经纬仪横轴的高度与觇牌黄色靶心到反射棱镜的高度一致，从而使经纬仪瞄准觇牌中心的视线与测距仪瞄准反射棱镜中心的视线保持平行。

反射棱镜的作用是使由主机发出的测距信号经棱镜反射后回到接收系统。反射棱镜安置在专用的三脚架上，并由光学对中器和管水准器进行对中、整平。根据所测距离的远近，可选用单棱镜(图 4-18)或三棱镜。

2. DCH3-1 型测距仪的主要技术指标及功能

(1)技术指标

①测程：在标准大气压和 -20 ℃～$+50$ ℃的温度条件下，利用单棱镜时的最大测程为 1 000 m；利用三棱镜时的最大测程为 3 000 m，最短测程≤0.2 m。

②测距中误差：分为两部分，一部分是与距离成比例的比例误差，即光速值误差、大气透射率误差和测距频率误差；另一部分是与距离无关的固定误差，即测相误差、加常数误差和对中误差。测距中误差的表达式为：

$$m_D = \pm(a + bD) \tag{4-17}$$

式中，m_D 为测距中误差，mm；a 为固定误差，mm；b 为比例误差，$\times 10^{-6}$；D 为距离，km。

DCH3-1 型测距仪的测距中误差为 $\pm(3 + 2\times 10^{-6}\times D)$mm，即当距离为 1 km 时，测距精

度是±5 mm。

③测量时间:单次测量所需时间为 10 s,跟踪测量所需时间为 0.5 s。

(2)仪器的功能

①自检功能:仪器启动后进行自检,当测距功能正常、精度符合要求时,显示“Δ0.000 m”;否则显示“ERROR”。

②测距方式选择:共有 5 种测距方式供选择,即单次测量、跟踪用单棱镜倾斜误差自动修正单次测量(按 SP 键)、平均值测量(按 M 键)、跟踪用单棱镜倾斜误差自动修正平均值测量(按 SM 键)、跟踪测量(按 Tr 键)。

③置数功能:可置入和校验各种参数及单位转换。

④读数选择:根据测得的斜距和置入的角度值(水平角、竖直角、方位角),按需要取出和显示计算的结果,如斜距值 0、平距值 4 等。

⑤具有挡光停测、通光续测控制电路的功能:只要通光累积时间达到一次测量所需的时间,便能得到一次完整的正确测量结果,适用于车多人繁的市区作业。

3. DCH3-1 型测距仪的基本操作

(1)安置仪器

在测站上安置经纬仪,用光学对中器进行对中(误差不大于 1 mm)、整平后,再将测距仪主机安装在经纬仪支架上,并用连接装置固定螺丝锁紧,然后将电池挂于三脚架腿上;在目标点安置反射棱镜,经对中、整平后,进行目估,使棱镜面朝向主机。

(2)观测竖直角、温度和气压

用经纬仪十字丝横丝照准反射棱镜的黄色靶心,进行竖直角测量,读取、记录天顶距;同时,将温度计置于地面 1 m 以上的通风处,并打开气压表,然后观测和记录温度、气压。观测竖直角、温度和气压的目的是对测距仪测量出的斜距进行倾斜改正、温度改正和气压改正,以得到正确的水平距离。

(3)测距准备

按压测距仪操作面板上的“ON”键开机,仪器主机可以进行自检,显示“BOLFCHINA”,并依次显示“000000”“111111”…“999999”“000000”;然后进行内部校验,自检合格后显示“Δ0.000 m”,这时仪器处于待测状态;若仪器工作不正常,则显示“ERROR”。

(4)距离测量

瞄准反射棱镜后按“SIG”键,有回光信号时,显示屏上出现横道线“— — — — — —”,同时听到蜂鸣器音响信号。回光信号越强,出现的横道线越多,蜂鸣器声音越高。按“STA”状态键,可以选择测距方式;按“SET”置数键,可以输入天顶距、水平角、温度、气压值等信息;按“MEAS”键,可以启动测量,并显示最后一瞬的测量结果;按“FUC”功能键,可以根据测得的斜距和置入的角度,自动计算其结果,并显示高差值和水平距离值、x 和 x 增量值、y 和 y 增量值。

(5)仪器充电

DCH3-1 型测距仪的功耗为 6 W,需要充电时,应将充电器接入 220 V 电源,一次给电池充电时间为 10～14 h,充满后的电压值为 10～11 V。

4.4 直线定向

一条直线的方向是用该直线与基本方向之间所夹的水平角来表示的，确定一条直线与基本方向间夹角关系的工作称为直线定向。

4.4.1 基本方向的种类

(1)真子午线方向

通过地球表面某点的真子午线的切线方向称为该点的真子午线方向，即真南北方向。真子午线北端所指的方向为真北方向。真子午线方向是用天文测量方法测定的。

(2)磁子午线方向

地球表面某点上的磁针在地球磁场作用下自由静止时，其轴线所指的方向称为该点的磁子午线方向，即磁南北方向。磁针北端所指的方向为磁北方向。在小范围测图中，常采用磁子午线方向作为基本方向，可用罗盘仪进行测定。

(3)坐标纵轴方向

通过地面上某点且平行于该点所在的平面直角坐标系纵轴的方向，称为坐标纵轴方向。坐标纵轴北端所指的方向为坐标北方向。

将以上 3 个基本方向的北方向合称为三北方向。一般情况下，三北方向是不一致的，如图 4-19 所示。

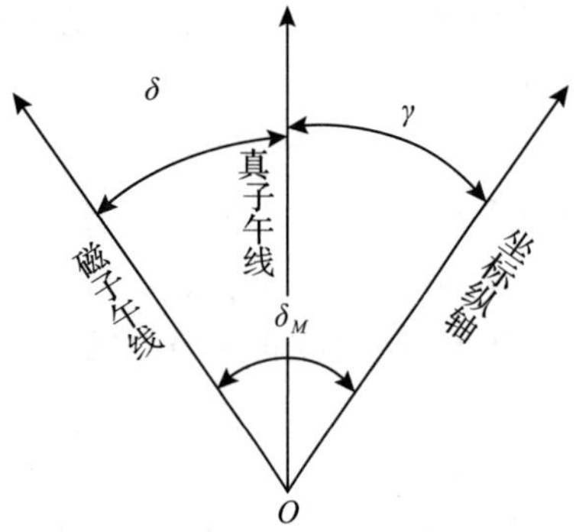

图 4-19 三北方向图

由于地磁南、北极偏离地球南、北极，地面上某一点的磁子午线方向和真子午线方向并不一致，存在一个偏离角度，这个角度称为磁偏角，用 δ 来表示。凡是磁子午线北方向偏在真子午线北方向以东者称为东偏，其角值为正；偏在真子午线北方向以西者称为西偏，其角值为负，如图 4-20 所示。我国东北地区的磁偏角偏西，为负值；西北地区的磁偏角偏东，为正值。

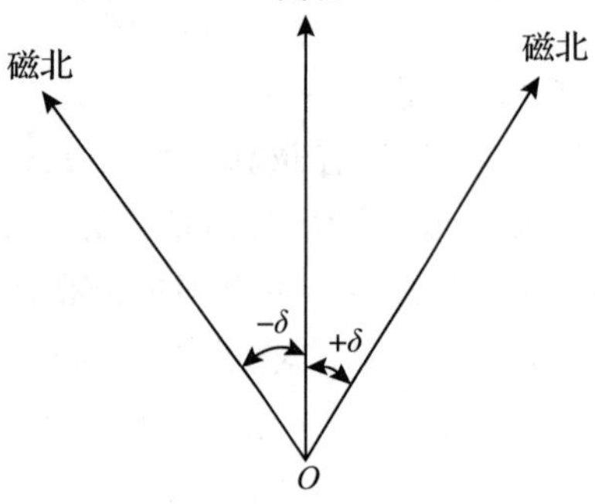

图 4-20 磁偏角

地球表面某点的真子午线方向与坐标纵轴方向之间的夹角，称为子午线收敛角，用 γ 表示，如图 4-21 所示。凡坐标纵轴北端偏在真子午线北端以东者，γ 为正值；偏在真子午线北端以西者，γ 为负值。

地面上某点的坐标纵轴方向与磁子午线方向间的夹角称为磁坐偏角，以 δ_M 表示(图 4-19)。磁子午线北端偏在坐标纵轴北端以东者，δ_M 为正值；偏在坐标纵轴北端以西者，δ_M 为负值。

4.4.2 直线方向的表示方法

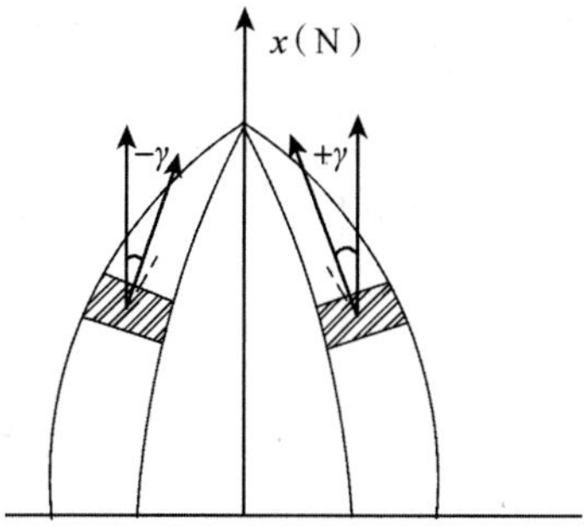

图 4-21 子午线收敛角

1. 方位角

由基本方向的北端起，沿顺时针方向到某一直线的转折角，称为该直线的方位角，其角值为 0°～360°。如图 4-22 所示，直线 OA、OB、OC、OD 的方位角分别为 30°、150°、210°、330°。

如图 4-23 所示，根据基本方向的不同，方位角可分为真方位角 $\alpha_{真}$、磁方位角 $\alpha_{磁}$ 和坐标方位角 $\alpha_{坐}$，3 种方位角之间的关系为：

$$\left.\begin{aligned}\alpha_{真}&=\alpha_{磁}-\delta\\ \alpha_{真}&=\alpha_{坐}+\gamma\end{aligned}\right\} \tag{4-18}$$

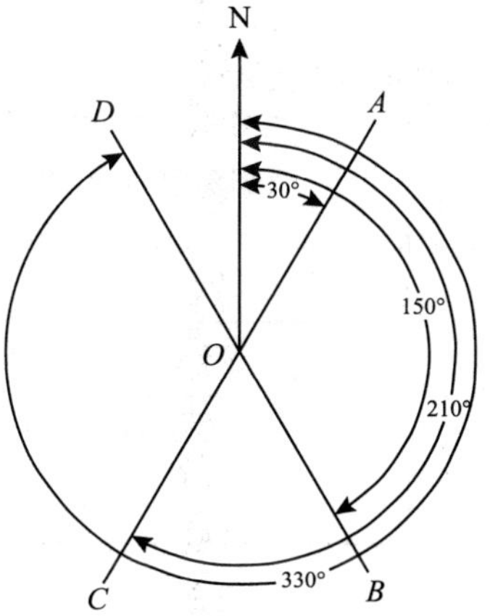

图 4-22 方位角

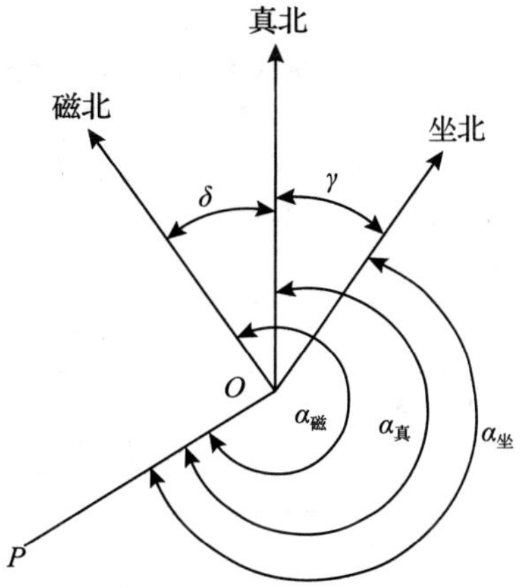

图 4-23 3 种方位角的关系

在直线定向中，将直线的前进方向称为正方向；反之，则叫反方向。如图 4-24 所示，A 为线段的起点，B 为线段的终点，通过 A 点的坐标纵轴北方向与直线 AB 所夹的方位角 α_{AB} 称为正坐标方位角，而直线 BA 的坐标方位角 α_{BA} 称为反坐标方位角。由于通过点 A、B 的纵坐标轴相互平行，直线 AB 的正坐标方位角 α_{AB} 与反坐标方位角 α_{BA} 相差±180°，即

$$\alpha_{AB}=\alpha_{BA}\pm 180° \tag{4-19}$$

式中，若 $\alpha_{BA}>180°$，取"－"号；若 $\alpha_{BA}<180°$，取"＋"号。

真子午线之间或磁子午线之间互不平行，因此正、反真方位角或正、反磁方位角不存在如式(4-19)所示的关系。但在小范围内，当地面两点之间距离不远时，通过两点的子午线可视为平行，此时，同一直线的正、反真(或磁)方位角也可以认为相差±180°。

2. 象限角

由基本方向的北端或南端起，沿顺时针或逆时针方向与某一直线所夹的水平锐角，称为该直线的象限角，以 R 来表示。象限角的角值为 0°～90°，不但要写出角值大小，还应注明所在

象限的名称。如图 4-25 所示，直线 OA、OB、OC、OD 的象限角分别为 NE60°、SE60°、SW60°、NW60°。

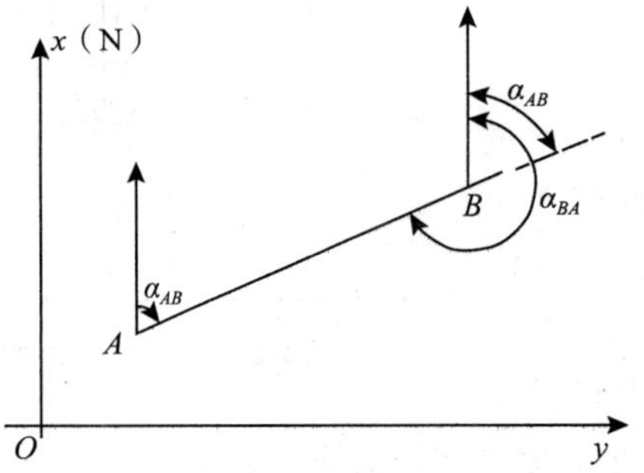

图 4-24　正、反方位角

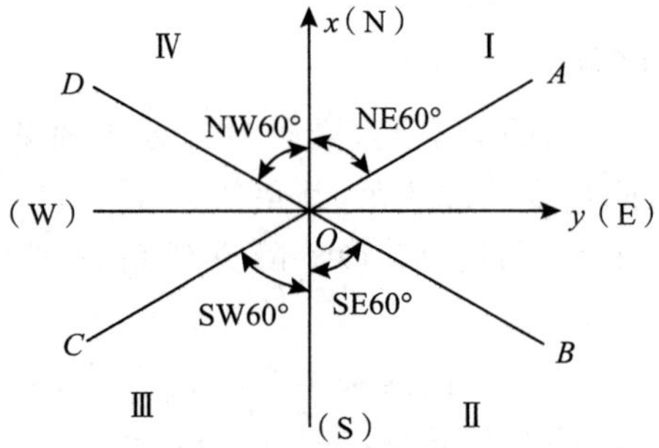

图 4-25　象限角

3. 方位角与象限角的换算

同一条直线的方位角和象限角的换算关系见表 4-2。

表 4-2　同一条直线的方位角和象限角的换算关系

象限		根据方位角 α，求象限角 R	根据象限角 R，求方位角 α
编号	名称		
Ⅰ	北东(NE)	$R=\alpha$	$\alpha=R$
Ⅱ	南东(SE)	$R=180°-\alpha$	$\alpha=180°-R$
Ⅲ	南西(SW)	$R=\alpha-180°$	$\alpha=180°+R$
Ⅳ	北西(NW)	$R=360°-\alpha$	$\alpha=360°-R$

4.4.3　夹角的求算

如图 4-26 所示，已知 OA、OB 两条直线的方位角分别为 α_{OA} 和 α_{OB}，则这两条直线间的转折角为：

$$\beta=\alpha_{OB}-\alpha_{OA} \tag{4-20}$$

即两个方向之间的转折角等于右侧直线的方位角减去左侧直线的方位角，当不够减时，应加上 360°再减。

4.4.4　罗盘仪的构造

罗盘仪是观测直线磁方位角或磁象限角的仪器，主要由罗盘、望远镜、水准器和球臼螺旋等部分组成。罗盘仪如图 4-27 所示。

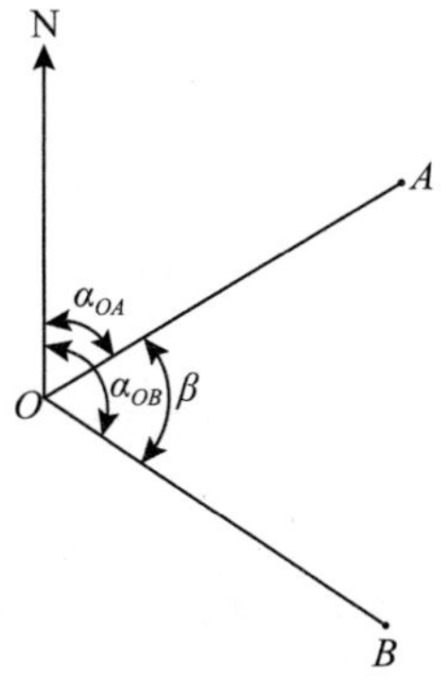

图 4-26 转折角的计算

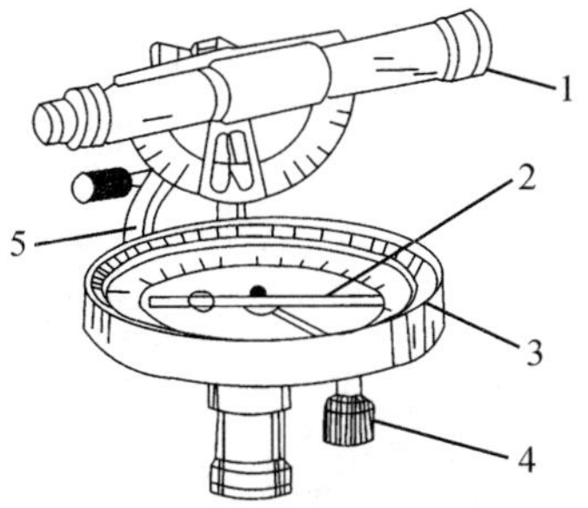

图 4-27 罗盘仪

1—望远镜；2—磁针；3—罗盘盒；4—磁针制动螺旋；5—支架

1. 罗盘

罗盘包括磁针和刻度盘。如图 4-28 所示，磁针是一个长条形的人造磁铁，置于圆形罗盘盒中央的顶针上，可以自由转动；不用时应旋紧磁针制动螺旋，将磁针抬起压在罗盘盒的玻璃盖上，以避免磁针帽与顶针的磨损。另外，由于磁针两端受到地球南、北磁极的引力不同，磁针在自由静止时不能保持水平，磁针的北端会向下倾斜与水平面形成一个角度，该角度称为磁倾角。为了消除磁倾角的影响，常在磁针南端缠绕铜丝以保持磁针的平衡，这也是磁针南端的标志。

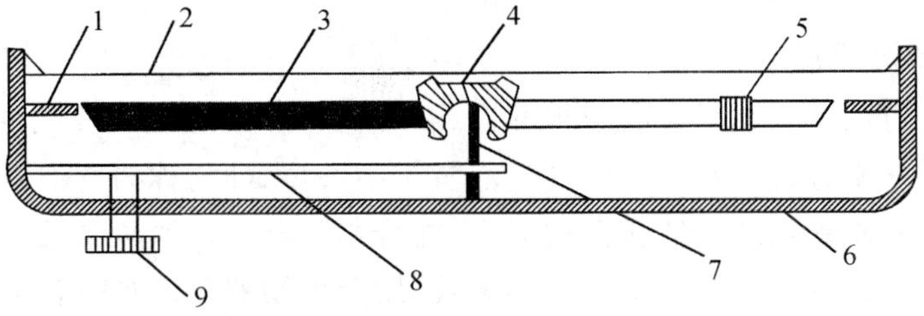

图 4-28 罗盘盒剖面

1—刻度盘；2—玻璃盖；3—磁针；4—磁针帽；5—铜丝；6—罗盘盒；7—顶针；8—杠杆；9—磁针制动螺旋

刻度盘为铝或铜制的圆环，装在罗盘盒的内缘。盘上最小分划为 1°或 30′，并每隔 10°作一个注记。刻度盘的注记形式有两种：一种是将 0°～360°沿逆时针方向进行注记，可以直接测出磁方位角，称为方位式刻度盘，如图 4-29(a)所示；另一种是由 0°直径的两端起，分别对称地向左、右两边各注记到 90°，能直接测出磁象限角，称为象限式刻度盘，如图 4-29(b)所示。用罗盘仪测定磁方位角时，刻度盘随着瞄准设备一起转动，而磁针是静止不动的。为了能直接读出与实地相符合的方位角，罗盘仪需沿逆时针方向进行注记，并调整东、西方向的注记与实地方向相反。

2. 望远镜

罗盘仪的望远镜为外对光式，它是仪器的照准设备。图 4-30 为外对光式望远镜剖面图。十字丝装在十字丝环上，用 4 个校正螺丝将十字丝环固定在望远镜镜筒内，对光螺旋用以调节物镜焦距，使被观测目标的影像清晰。在望远镜的左侧安装有竖盘，可测量倾斜角，同时还附

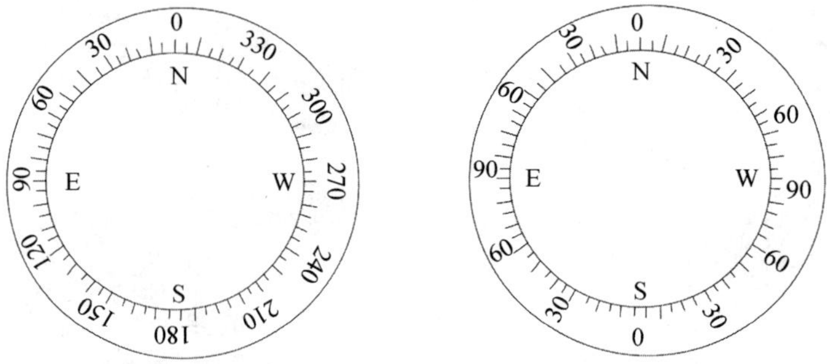

(a) 方位式刻度盘　　(b) 象限式刻度盘

图 4-29　刻度盘注记形式

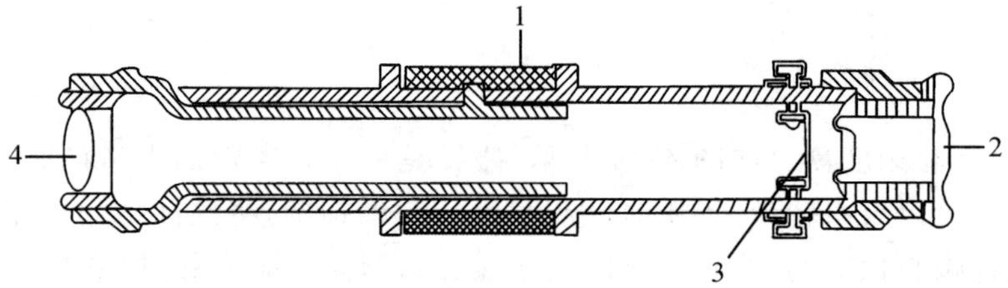

图 4-30　外对光式望远镜剖面图

1—对光螺旋；2—目镜；3—十字丝分划板；4—物镜

有控制望远镜转动的制动螺旋和微动螺旋。

3. 水准器和球臼螺旋

在罗盘盒内装有两个互相垂直的管水准器或一个圆水准器，当两个管水准器内的气泡同时被其上的标志横线平分或圆水准器内的气泡位于中心位置时，称为气泡居中，此时罗盘盒处于水平状态。球臼螺旋被安装在罗盘盒的下方，配合水准器可使罗盘盒处于水平状态；在球臼螺旋与罗盘盒间的连接轴上安装有水平制动螺旋，用于控制罗盘的水平转动。

罗盘仪还配有专用三脚架，架头上附有对中用的垂球帽，旋下垂球帽就会露出连接仪器的螺杆；架头中心的下面带有小钩，用于悬挂垂球。

4.4.5　罗盘仪测定磁方位角

(1)对中

将罗盘仪安置于待测直线的一个端点上，在三脚架下方悬挂垂球，移动三脚架使垂球尖对准地面点的中心，目的是使罗盘仪水平度盘的中心与地面点在同一条铅垂线上。对中容许误差为 2 cm。

(2)整平

松开球臼螺旋，用手前后左右地摆动罗盘盒，使水准器气泡居中，然后拧紧球臼螺旋，此时罗盘仪刻度盘处于水平状态。仪器整平后，松开磁针制动螺旋，使磁针在顶针上自由转动。

(3)瞄准目标

松开水平制动螺旋和望远镜制动螺旋，转动罗盘仪并粗略瞄准直线末端竖立的标杆后，再将水平制动螺旋和望远镜制动螺旋拧紧；转动望远镜目镜使十字丝清晰，调节对光螺旋使物像清晰；最后转动望远镜微动螺旋并水平微动罗盘盒，使十字丝交点精确瞄准目标。

(4)读数

待磁针自由静止后，由上向下正对磁针并沿注记增大方向直接读取直线的磁方位角，读数读至1°，估读至30′。当望远镜的物镜在度盘的0°分划线一端时，应读磁针北端所指的读数，如图4-31(a)所示；当望远镜的物镜在度盘的180°分划线一端时，则读磁针南端所指的读数，如图4-31(b)所示。为了提高观测成果的精度和防止错误，在测得直线的正磁方位角之后，往往还要测出反磁方位角。在小范围内，若测得正磁方位角 $\alpha_{正}$、反磁方位角 $\alpha_{反}$ 差值的绝对值在180°±1°之内，可取其平均值作为所测直线的磁方位角，即

$$\alpha_{平均}=\frac{1}{2}\times[\alpha_{正}+(\alpha_{反}\pm180^{\circ})] \tag{4-21}$$

式中，若 $\alpha_{反}>180^{\circ}$，取“−”号；若 $\alpha_{反}<180^{\circ}$，取“+”号。

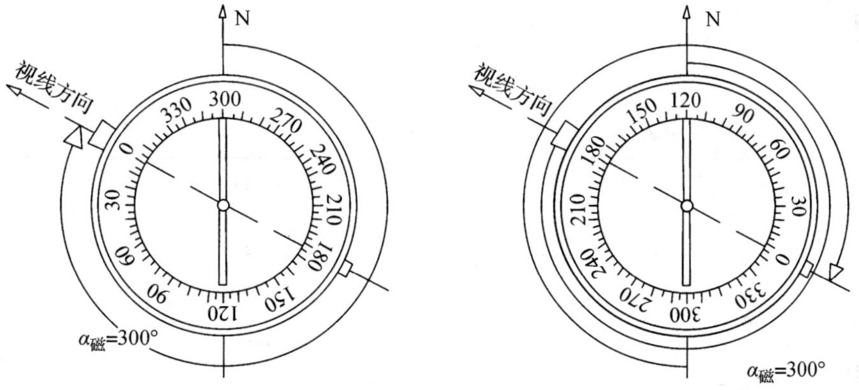

(a) 读磁针北端读数　　(b) 读磁针南端读数

图4-31　测定磁方位角

任务1　钢尺量距方法

1. 学习目的

①学会用目估法进行直线定线；

②掌握钢尺在平坦地面丈量距离的一般操作方法。

2. 仪器与工具

3～5名学生为一组，每组配备50 m钢尺1把、标杆3根、测钎1组(6～11根)、木桩及小钉各6～8个、斧头1把、记录板1块、记录表格1份，自备铅笔、橡皮、小刀、计算器等。

3. 操作流程

(1)直线定线

①在平坦地面选择一条150～200 m的线段，然后分别在两个端点 A、B 上钉设木桩，并

在各桩顶钉一颗小钉标示点位。

②在 A、B 两点上竖立标杆，用目估法进行两点间的直线定线。

(2)距离丈量

①测量：后司尺员持一根测钎在 A 点处，并拿着钢尺的零点端，前司尺员拿着其余测钎和钢尺的末端向 B 方向前进；当前司尺员行至整尺段距离附近时，后司尺员将钢尺零点对准 A 点，前司尺员沿地面定线点位拉紧钢尺，并在整尺段终点分划线处的地面上插入一根测钎，丈量出第 1 尺段。依次向 B 方向丈量，直至量出不足一整尺段的余数。同理，从 B 点向 A 点进行返测。

②计算：求出往返丈量的相对误差，如 $K \leqslant 1/3\,000$，取其平均值作为最后结果。

4. 注意事项

①在丈量距离之前，应注意查看钢尺的零点、分划及注记，以防出现差错。

②钢尺性脆，易折断和生锈，使用时不得在地面上拖行，更不能被车辆碾压或行人踩踏；拉尺时，钢尺不能打结或有扭折；钢尺用完后，应擦净并上油，以防受潮生锈。

5. 任务练习

每小组上交钢尺一般量距记录与计算表(表 4-3) 1 份。

表 4-3 钢尺一般量距记录与计算表

班组：________ 观测者：________ 记录者：________ 日期：________

直线编号	测量方向	整尺段长 $n \times l$/m	余长 q/m	全长 D/m	往返平均值 $\overline{D}$/m	相对误差 K	备注
	往						
	返						
	往						
	返						

任务 2 视距测量方法

1. 学习目的

①掌握视距测量的观测与计算方法；

②使用 DJ_6 型光学经纬仪以视距法观测两点间的水平距离和高差。

2. 仪器与工具

3～5 名学生为一组，每组配备 DJ_6 型光学经纬仪 1 台、视距尺(水准尺)2 根、2 m 钢卷尺 1 把、木桩 2～3 个、斧头 1 把、记录板 1 块和相关记录表格 1 份，自备铅笔、橡皮、小刀、计算器等。

3. 操作流程

①在地面上选择具有一定高差且距离为 80～100 m 的 A、B 两点，打入木桩进行定位。

②将经纬仪安置于 A 点，进行对中、整平后量取仪器高，结果精确到 0.01 m。

③在盘左位置瞄准 B 点上的视距尺，使十字丝中丝读数对准所量仪器高；先读取上丝和

下丝的读数，然后旋转竖盘指标管水准器微动螺旋，使竖盘指标管水准器气泡居中，读取竖盘读数。

④根据视距测量公式，计算出 A、B 两点之间的水平距离和高差。

⑤将仪器搬至 B 点进行安置，瞄准 A 点上的视距尺，用同样的方法观测、计算出 B 点至 A 点的水平距离和高差。

⑥若往、返测距离的相对误差 $K \leqslant 1/300$，则取其平均值作为量距的结果；A、B 两点间的高差为往、返测高差绝对值的平均值，符号取往测结果的符号。

4. 注意事项

①每次读取竖盘读数前，必须使竖盘指标管水准器气泡居中；

②读取上、中、下 3 丝读数时，要注意消除视差，视距尺应竖直并保持稳定。

5. 任务练习

每小组上交视距测量记录与计算表（表 4-4）1 份。

表 4-4 视距测量记录与计算表

仪器型号：________ 班组：________ 观测者：________ 记录者：________ 日期：________

测站点	目标点	仪器高/m	视距尺读数/m			尺间隔/m	竖盘读数/(° ′ ″)	竖直角/(° ′ ″)	水平距离/m	高差/m
			下丝	上丝	中丝					

任务 3 方位角和坐标推算

1. 学习目的

掌握方位角和坐标推算的方法和步骤。

2. 仪器与工具

3～5 名学生为一组，每组配备 DJ_6 型光学经纬仪 1 台、视距尺（水准尺）2 根、2 m 钢卷尺 1 把、木桩 2～3 个、斧头 1 把、记录板 1 块和相关记录表格 1 份，自备铅笔、橡皮、小刀、计算器等。

3. 操作流程

校园某区域内给定的测量点位示意图如图 4-32 所示，其中已知 $x_A = 334.763$ m，$y_A = 313.021$ m，$D_{AB} = 252.384$ m，$\alpha_{AB} = 133°30'43''$：

①利用 DJ_6 型光学经纬仪读取 β_B、β_C 的角度；

②测量 BC、CD 的距离；

③利用公式计算 α_{BC}、α_{CD}；

④计算 B、C、D 3 点的坐标。

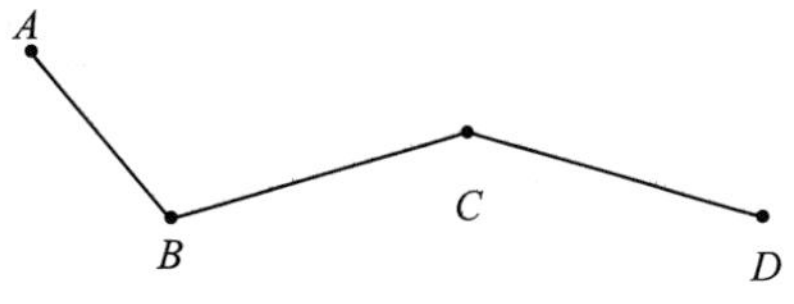

图 4-32 测量点位示意图

4. 注意事项

①每次读取竖盘读数前，必须使竖盘指标管水准器气泡居中；

②读取上、中、下 3 丝读数时，要注意消除视差，视距尺应竖直并保持稳定；

③读取角度时注意消除人为误差，可采取多次、换人读数的方法。

5. 任务练习

每小组上交观测记录和计算表（表 4-5）1 份。

表 4-5 观测记录和计算表

仪器型号：＿＿＿＿＿ 班组：＿＿＿＿＿ 观测者：＿＿＿＿＿ 记录者：＿＿＿＿＿ 日期：＿＿＿＿＿

点号	转折角/(° ′ ″)	坐标方位角/(° ′ ″)	距离/m	增量计算值		坐标值		点号
				Δx/m	Δy/m	x/m	y/m	
A								A
B								B
C								C
D								D

项目 5　获取点位坐标的测量仪器

测量的本质任务是确定地面点位，这是因为地物和地貌的形状可以简单地认为是由点、线、面构成的，其中点是最基本的单元。通过前述项目内容的介绍可知，测量高差、角度、距离3个基本要素，可以间接得到地面点的三维坐标。随着科学技术的进步，测绘领域也不断涌现出新仪器和新测量技术，获取地面点位的三维坐标方法也变得更加容易。本项目主要介绍3种能直接获取点位坐标的仪器或技术，分别是全站仪、全球导航卫星系统和三维激光扫描技术。

5.1　全站仪

5.1.1　全站仪概述

全站型电子速测仪简称全站仪，是由电子测角、光电测距、微型机及其软件组合而成的智能型光电测量仪器。它可以在安置一次仪器后，完成测站上所有的测量工作，如角度测量、距离测量、高差测量及数据处理等，因此被称为“全站仪”。全站仪自动化程度高、功能多、精度好，通过配置适当的接口，将野外采集的测量数据直接传输至计算机进行数据处理。与传统测量方法相比，全站仪省去了中间的人工操作环节，工作效率明显提高，同时也避免了人为记录与操作易出错的缺点。世界上第一台商品化的全站仪诞生于1968年，是联邦德国OPTON公司生产的Reg Elda14。

5.1.2　全站仪的组成原理

全站仪由电子测角、光电测距、电子补偿、微机处理装置4大部分组成。微机处理装置由微处理器、存储器、输入部分和输出部分组成，通过键盘指令指挥仪器进行测量工作，执行数据的传输、处理、显示、存储等工作，保证整个光电测量工作有条不紊地进行。存储器预设了一些测量程序，测量过程由测量程序完成。电源部分是可充电电池，为仪器供电。中央处理器接收输入指令，控制各种观测作业方式，进行数据处理。输入、输出部分包括显示屏、键盘、双向数据通信接口，使全站仪能与磁卡和微型机等设备进行交互通信与数据传输。全站仪的组成原理如图5-1所示。

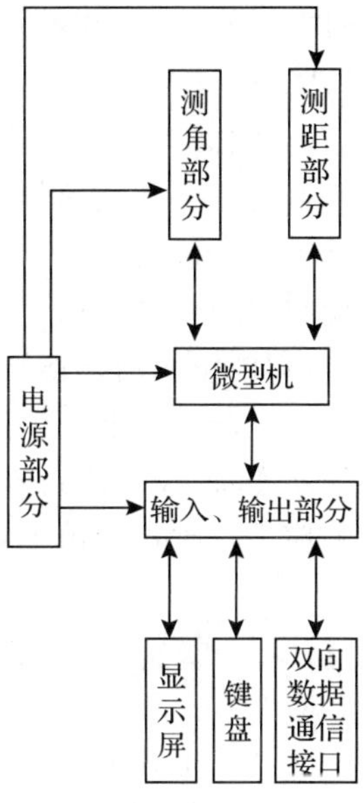

图 5-1　全站仪的组成原理

5.1.3 全站仪的功能及特点

全站仪的基本功能为测量水平角、竖直角和斜距,通过机器的软件程序可以拓展多种测量功能,如计算并显示平距、高差及三维坐标,进行偏心测量、悬高测量、对边测量、面积测算等。

目前工程中使用的全站仪基本具备以下特点。

(1)三同轴望远镜

在全站仪的望远镜中,照准目标的视准轴、光电测距的红外光发射光轴和接收光轴是同轴的。只要测量时用望远镜照准目标棱镜的中心,就能同时获取水平角、竖直角和斜距数据。望远镜光路图如图 5-2 所示。

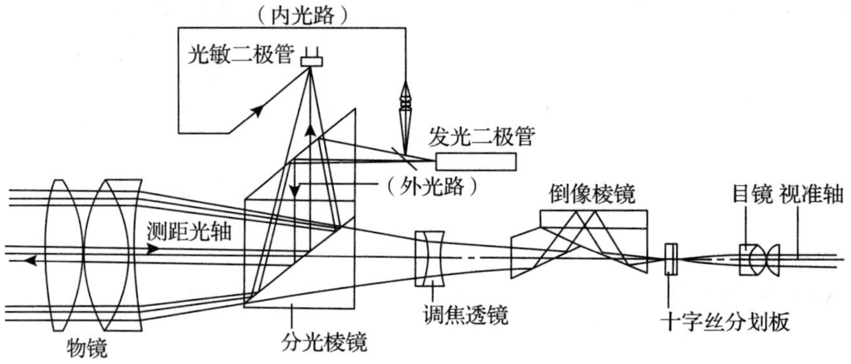

图 5-2 望远镜光路图

(2)键盘操作

全站仪进行测量工作是通过操作面板键盘输入指令进行的。键盘上的键分为硬键和软键 2 种,每个硬键有一个或多个功能,软键(通常为 F1、F2、F3、F4)的功能通过屏幕最下面一行对应位置的文字来实现。在不同的菜单页面中,软键会显示出不同功能。市面上常见的国产或者进口的全站仪基本上实现了全中文显示,操作界面非常直观和友好,极大地方便了测量人员的使用。

(3)数据存储与通信

普通型号的全站仪机器本身至少可以存储 2 000 个观测点数据,有些配有 CF 卡,以增加存储容量。仪器配有一个标准的 RS-232C 通信接口,使用专门的数据线与计算机连接,可以实现数据的双向传输。

(4)电子倾斜补偿器

为了避免仪器竖轴倾斜误差对角度测量的影响,全站仪设有电子倾斜补偿器。当它处于打开状态时,仪器能自动测出竖轴倾斜的角度,据此计算出对角度观测的影响,并自动对角度观测值进行改正。单轴补偿装置只能改正竖直角,双轴补偿装置还可以改正水平角。

5.1.4 全站仪的分类

全站仪按其测角系统采用的测角原理可分为编码盘测角系统、光栅盘测角系统和动态(光栅盘)测角系统 3 类。

全站仪按其外观结构可以分为积木型和整体型两类。

①积木型(组合型):早期的全站仪大都是积木型结构,电子速测仪、电子经纬仪和电子记录器可分开使用,后来通过电缆或接口把它们组合成整体,便形成全站仪。

②整体型:随着电子测距仪器的发展,把测距、测角和记录单元在光学、机械等方面设计成一个不可分割的整体,其中测距仪的发射轴、接收轴和望远镜的视准轴为同轴结构,这在较大垂直角条件下提高了距离的测量精度。仪器使用变得方便快捷,一次瞄准可以同时测出方向和距离,自动显示与记录测量结果,避免了人为读数误差。到 20 世纪 90 年代,组合型全站仪基本上发展成为整体型全站仪。全站仪的基本构造如图 5-3 所示。

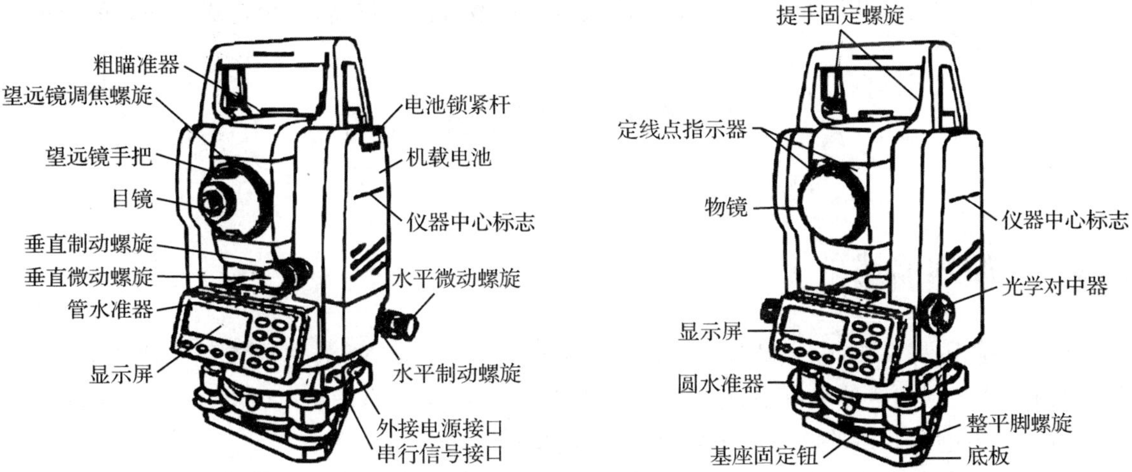

图 5-3　全站仪的基本构造

常见的全站仪有日本索佳(SOKKIA)SET 系列、拓普康(Topcon)GTS 系列、尼康(Nikon)DTM 系列,瑞士徕卡(Leica)TPS 系列和我国的 NTS 及 ETD 系列。随着科学技术的不断发展与应用,以及用户的需求多样化,市面上出现了各种类型的全站仪,如带内存型、防水型、防爆型、马达驱动型等。有的全站仪还具有免棱镜功能、自动跟踪功能(测量机器人)。有的厂家还将 GNSS 接收机与全站仪进行集成,生产出超站仪。超站仪集合全站仪的测角功能、测距仪的量距功能和 GNSS 接收机的定位功能,不受时间、地域限制,不依靠控制网,无须设基准站,没有作业半径限制,是一种单人、单机形式下即可完成全部测绘作业流程的一体化测绘仪器。

5.1.5　使用全站仪的注意事项

①在日光下进行测量,应避免镜筒朝向太阳;如果长期在太阳光下作业,应安装滤光器。

②不使用仪器时,应将仪器放进专用箱内,贮存在常温干燥条件下,同时注意防震。

③当测量环境与仪器存放处的温度差异过大时,应提前将仪器与箱子一并带入新环境,待适应环境后再取出仪器进行观测。

④当仪器长期存放且不使用时,应卸下电池并与仪器分开存放。电池应每月至少充电 1 次。

⑤运输仪器设备时，应保证连同箱体进行运输，避免挤压、碰撞和剧烈震动，最好在箱子周围使用软垫。

⑥安置仪器至架头或拆卸仪器时，应用一只手护住仪器，以防止仪器跌落。

⑦清洁外露光学部件时，应用脱脂棉或镜头纸轻轻将其擦净，切不可用其他物品擦拭。

⑧当仪器使用完毕后，用绒布或毛刷清除仪器表面的灰尘。测量中仪器不小心接触雨水时，切勿通电开机，先擦拭干净并在通风处放置一段时间。

⑨作业前应仔细、全面地检查仪器，保证各项指标、功能、电源、初始位置和改正参数均符合要求后再进行作业。

⑩如果遇到仪器功能异常，非专业维修人员不可擅自拆开仪器，以免造成不必要的损失。

5.2 全球导航卫星系统

5.2.1 原理概述

全球导航卫星系统（Global Navigation Satellite System，GNSS）是导航卫星定位系统的统称，目前包括美国的全球定位系统（GPS）、俄罗斯的格洛纳斯系统（GLONASS）、欧盟的伽俐略系统（Galileo）和我国的北斗卫星导航系统（BDS）等。

GNSS 采用空间距离交会的定位原理。假设高空中卫星的瞬时位置为已知量，地面点到卫星的距离为观测值，地面点是待测点 P，它有 3 个未知量（x_P，y_P，z_P）。为了求解这 3 个未知量，需要至少观测 3 颗卫星的三维空间坐标（x_i，y_i，z_i）（$i=1,2,3$），联立 3 个方程求解，得：

$$\rho_i=[(x_P-x_i)^2+(y_P-y_i)^2+(z_P-z_i)^2]^{1/2} \tag{5-1}$$

式中，ρ_i 为卫星至观测站的距离。

因为 GNSS 采用单程测距原理，为了获取目标卫星至观测站的精确距离，必须使卫星钟与用户接收机钟保持严格同步，但利用现有技术很难实现。因此，获得的目标卫星至观测站的距离会受到时钟不同步带来的误差影响。为了提高测距精度，必须准确测量时间。在实际应用时，将时间也看作一个未知量，计算位置未知量的同时把精确时间求出来，这便有了 4 个未知量 x_P、y_P、z_P 和 T。因此，实际进行 GNSS 测量时，一般需要同时观测至少 4 颗卫星。把含有时钟非同步误差影响的距离 ρ_i 称为“伪距”，它被视为 GNSS 技术定位的基本观测量。将由码相位观测确定的伪距叫作测码伪距，由载波相位观测确定的伪距叫作测相伪距。在联立方程中加入时间未知量，考虑到电离层和对流层延迟无线电信号的影响，目标卫星至观测站的准确距离 ρ 的表达式为：

$$\rho=\rho_i+\delta\rho_1+\delta\rho_2+c\delta t_k+c\delta t_j \tag{5-2}$$

式中，$\delta\rho_1$ 为电离层延迟改正，$\delta\rho_2$ 为对流层延迟改正，c 为信号传播速度，δt_k 为卫星钟差改正，δt_j 为接收机钟差改正。

5.2.2　GNSS 定位技术的优势

GNSS 定位技术的高度自动化和高精度的优势，使其在广大测量工作者中受到追捧，在应用基础的研究、应用领域的软硬件开发等方面，均得到蓬勃发展，展现出广阔的应用前景。

与传统测量技术相比，GNSS 定位技术的主要特点如下。

①观测站间无须通视：传统测量技术经常会遇到的问题是既要保证观测站间良好的通视条件，又要保障测量控制网的网型结构。而 GNSS 定位技术不要求测站间相互通视，不使用觇标作为点，这使布点灵活，测量成本降低。虽然 GNSS 定位技术不要求观测站间相互通视，但必须保持观测站的上空开阔，以使接收卫星信号不受干扰。

②定位精度高：大量的实验数据证明，GNSS 定位技术的相对定位精度达到或优于 10^{-8}。

③观测时间短：GNSS 定位技术利用经典的静态定位方法，短基线（不超 20 km）定位相对快速，观测时间仅需数分钟。

④获得三维坐标：GNSS 定位技术不仅可以精确测定观测站的平面位置，还可以精确测定观测站的大地高程。

⑤操作简便，自动程度高：进行观测时，测量人员的主要任务是定时开关仪器、量取仪器高度、监视仪器的工作状态和周边环境的物理参数，其他观测工作如卫星的捕获、跟踪、观测和记录等均由仪器自动完成。

⑥全天候作业：GNSS 定位技术可以在任何时间和地点连续地进行定位，不受天气情况的影响。

因此，GNSS 定位技术的出现是测绘技术发展史上的一次重大突破：一方面，它使传统测量理论与方法产生深刻变革；另一方面，它将其他学科的技术引入测绘学科，从而促进测绘科学技术在现代社会得到极大的发展。

5.2.3　北斗卫星导航系统介绍

北斗卫星导航系统（BeiDou Navigation Satellite System，BDS），以下简称“北斗系统”，是为满足我国的国家安全和经济社会发展的需要，自主建设、独立运行的全球导航卫星系统，是为全球用户提供全天候、全天时、高精度的定位、导航和授时服务的重要时空基础设施，也是我国迄今为止规模最大、覆盖范围最广、服务性能要求最高的巨型复杂航天系统。

(1)发展历程

20 世纪后期，我国开始探索适合本国国情的导航卫星系统的发展道路，逐步形成了“三步走”的发展战略：2000 年年底，建成“北斗一号”系统，向中国提供服务；2012 年年底，建成“北斗二号”系统，向亚太地区提供服务；2020 年，建成“北斗三号”系统，向全球提供服务。

(2)基本组成

北斗系统由空间段、地面段和用户段 3 部分组成，空间段包括若干地球静止轨道卫星、倾斜地球同步轨道卫星和中圆地球轨道卫星等；地面段包括主控站、基准站、遥测站和监测站等若干地面站；用户段包括北斗系统兼容其他导航卫星系统的芯片、模块等基础产品及终端产品、系统服务等。

(3)系统优势

北斗系统运行平稳，经全球范围测试评估，它的定位精度优于10 m，测速精度优于0.2 m/s，授时精度优于20 ns，服务可用性优于99%。在亚太地区，北斗系统性能更优：定位服务在中国境内可以达到厘米级精度，进行精密单点处理后可达到毫米级精度；短报文既能传输文字，又能传输语音和图片。

在GNSS研究领域的四大系统里，美国的GPS胜在成熟，欧盟的Galileo胜在精准，俄罗斯的GLONASS胜在抗干扰能力强。相比之下，我国的北斗系统虽然起步最晚，但却充分发挥了后发优势，它主要具有4个特点。

①北斗系统的星座设计是独特的，它把区域星座（只在亚太地区飞行的卫星）和全球卫星组合在一起，形成了稳定的星座全覆盖。

②北斗系统的卫星有通信功能，现在第3代卫星可以进行短信通信，通信容量一次达1 000个汉字，并发用户容量达1 000万。

③北斗系统具有搜救功能，省去了另建单独搜救系统的巨大成本，而且它的搜救信号是双向的，对求救者来说更为实用。

④北斗系统还包含很多遥感技术，是唯一的通、导、遥一体化的全球系统。此外，北斗卫星之间可以相互通信、相互测距、维持运转，在意外失去地面支持的情况下，还可以在天上至少运转90 d，未来有望达到180 d。下一代卫星将实现激光测距和激光通信，北斗系统就能维持更久，精度就能更高。

北斗系统通过地基和天基进行增强，可实现优于1 ns的时间精度，实时位置精确到1 cm，甚至经特殊处理后精度可达1 mm。目前，全国各地已经建成2 600多座北斗地基增强站，如广东建成了120多座覆盖省内的北斗地基增强站；湖南建成了新一代景观HNCORS基准站，在满足北斗精度和基站功能的同时，实现了自然景观和人文景观的相互融合。另外，北斗系统是自主系统，具有安全、可靠、稳定和保密性强的天生优势，非常适用于关键部门和保密机构。

(4)发展理念

北斗系统秉承“中国的北斗、世界的北斗、一流的北斗”的发展理念，愿与世界各国共享北斗系统的建设发展成果，促进全球导航卫星事业的蓬勃发展，为服务全球、造福人类贡献中国智慧和力量。北斗系统为经济社会的发展提供重要的时空信息保障，是中国实施改革开放40余年来取得的重要成就之一，是新中国成立70余年来的重大科技成就之一，是中国贡献给世界的全球公共服务产品。中国将一如既往地积极推动国际交流与合作，实现与世界其他卫星导航系统的兼容与互操作，为全球用户提供更高性能、更加可靠和更加丰富的服务。

5.2.4 GNSS定位技术在园林工程中的应用

GNSS定位技术在园林工程中的应用广泛，如利用它的实时动态测量功能可以快捷地完成园林绿地面积的测量和统计工作。GNSS定位技术的导航功能可以为城市绿地管理与行政执法提供便利的条件；它可以收集城市重点园林植物（古树名木）的空间位置数据，建立植物保护地理信息系统（GIS），加强重点植物的动态监管和保护工作。在园林地形改造工程中，采用GNSS定位技术可以快速获得目标三维空间信息，现场直接对施工平面和高程信息依设计要求进行调整。园林绿地工程的地下管网较多,利用GNSS定位技术可以快速地统计地下管网的空间坐标,以方便日后管网的管理。在园林施工放线时,可借助实时差分定位技术(RTK)提高工作效率,方便在任意设计现场调整方案等。

5.3 三维激光扫描技术

5.3.1 三维激光扫描技术介绍

三维激光扫描技术(3D Laser Scan Technology),又称实景复制技术,通过扫描头连续不断地发射激光,调整并测量每个脉冲激光的角度,针对每一个扫描点可测得发射点至扫描点的斜距,再配合扫描的水平和垂直方向角获得每一个扫描点与发射点的空间相对坐标,最终以点云形式记录,采集范围达360°×270°以上,常用扫描距离由几十厘米至几千米不等,实现“所见即所得”的效果。相对于传统单点测量模式,三维激光扫描技术被认为是从单点测量升级到面测量的革命性技术突破。

高速激光扫描的测量方法能够大面积、高分辨率地快速获取目标物表面的三维坐标数据,后续通过原始观测数据和专业处理软件建立物体的三维实体模型。该技术具有非接触性、快速性、主动性等特点,实时获取的数据具有高密度、高精度等特点。

5.3.2 三维激光扫描技术在植物数字化方向的应用

植物形态信息的获取与分析是数字化农业的研究前提。测量植物形态信息的技术手段多种多样,比如人工量测、超声波探测、红外线测量、可见光图像识别等。现有的研究方法各有优劣势,不能完全满足对植物进行测量和三维重建的要求。

三维激光扫描技术作为一种非接触式测量技术,它的扫描头可以被看作不断发射激光波的测距仪,可以快速获得被测物的空间三维坐标信息,得到的点云数据具有完整、密集等特点,被广泛应用于测绘工程、数字城市、林业等领域。近年来,通过三维激光扫描技术对植物三维形态进行定量化研究也是植物数字化研究的新方向。例如,采用扫描技术对大型树木的管径进行测量研究;通过机载LiDAR对森林冠层的高度进行测量,该方法可实现在不利地形条件下对目标物的快速测量;通过融合GNSS的三维激光扫描数据估算出小麦的高度和体积等。

5.3.3 人工测量与三维激光扫描技术的对比

以某番茄苗种植基地作为实验数据采集场地,选择一株形态便于观测的番茄幼苗作为目标物,分别采用人工测量和三维激光扫描技术对植株高度进行测量。采用人工测量(图5-4)方式,利用塑料直尺进行对比测量3次,取其平均值作为最终测量结果,再利用三维激光扫描技术(图5-5),采用激光扫描头架站测量方式,至少选取3个测站位置(可观测到目标物的全部形态）对本植株进行外业观测，每站观测时间为 2～5 min。在每个单独测站上，选择性地观测目标物所在的区域，提高每个测站的扫描效率，减少冗余数据的产生。

图 5-4　人工测量

图 5-5　三维激光扫描技术

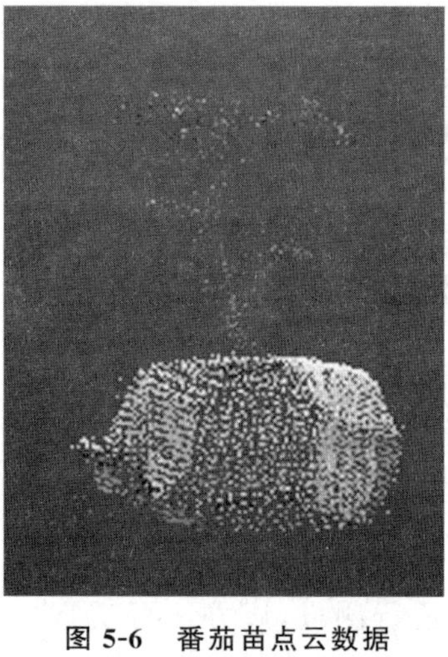

图 5-6　番茄苗点云数据

通过人工测量方式，3 次测量得到的番茄苗的最终高度为 24.5 cm。但是通过肉眼横向比对植株对应直尺的位置获得的测量值，其人为因素干扰较大，甚至会轻易引入几毫米的误差。采用三维激光扫描技术的配套软件 SCENE 对原始观测数据进行预处理，通过配准、拼接去噪得到点云模型。在点云模型中，使用专业软件的测量功能，通过简单选取空间两点之间的距离，可以准确获得植株的高度 24.72 cm；也可以在 TIN 模型打开时，选择显示模型的边界框尺寸，出现最小的包围方盒参照。在该包围方盒的竖直方向测量的边框尺寸即为株高，水平方向的最大尺寸即为冠幅。由于点云空间坐标信息的特点，三维激光扫描技术也可以完成番茄幼苗其他形态参数的测量，比如叶片长宽及面积测量、茎秆横截面积测量，以及提取叶片边界及叶脉轮廓曲线等，甚至可以计算出叶片的叶基角（叶片基部直挺部分中脉与茎秆上方间的夹角）的大小。番茄苗点云数据如图 5-6 所示。

5.3.4　三维激光扫描技术在植物领域的发展前景

三维激光扫描技术可对植物进行外部扫描直接获得点云数据，建立植物的三维立体模型，快速、精确地反映植物的形态信息，比传统人工测量方法更具明显优势。该技术可以把植物的立体模型在计算机软件上展现，既能获得丰富的测量信息，又具有精度高、原位不接触、不给植物带来破坏等特点，进而积累不同植物的大量形态数据，实现植物生长的连续动态测量，对后期研究植物的生长规律、提供植物教学素材等方面产生现实意义。但三维激光扫描技术在进行植物形态测量时也存在一定的局限性。如何解决观测中边缘效应引起的偏差、外界风吹的扰动影响、植物自身枝叶的遮挡，以及由单株测量扩展到大范围园林测量等问题，需要进行下一步的重点研究。

任务　全站仪的构造与使用

1. 学习目的

①了解 NTS-300R 系列全站仪的构造和原理；

②掌握 NTS-300R 系列全站仪测角、测边、测三维坐标的功能；

③掌握 NTS-300R 系列全站仪放样点位坐标的功能。

2. 仪器及工具

3～5 名学生为一组，每组配备 NTS-300R 系列全站仪 1 台、配套三脚架 1 个、钢尺 1 把、棱镜 1 对(配套轻型脚架)及记录簿等。

3. 操作流程

使用全站仪的各种测量功能模式，分别完成水平角、竖直角测量，平距、斜距测量，目标点位的空间三维坐标测量，平面位置的点位放样，并标出挖填高度。

4. 任务练习

每小组上交全站仪测回法观测水平角记录表、全站仪水平测距记录表、全站仪坐标测量记录表和全站仪点位放样记录表各 1 份，具体格式分别见表 5-1～表 5-4。

表 5-1　全站仪测回法观测水平角记录表

仪器型号/编号：________　　班组：________　　日期：________

观测者：________　　立镜者：________　　记录者：________　　天气：________

测站点	测回	盘位	目标点	水平度盘读数/(°　′　″)	水平角		示意图
					半测回值/(°　′　″)	一测回值/(°　′　″)	

表 5-2　全站仪水平测距记录表

仪器型号/编号：________　　班组：________　　日期：________
观测者：________　　立镜者：________　　记录者：________　　天气：________

测站点	镜点	平距测量值/m		平均值/m	备注
		第 1 次			
		第 2 次			
		第 3 次			
		第 1 次			
		第 2 次			
		第 3 次			
		第 1 次			
		第 2 次			
		第 3 次			

表 5-3　全站仪坐标测量记录表

仪器型号/编号：________　　班组：________　　日期：________
观测者：________　　立镜者：________　　记录者：________　　天气：________

测站点信息			目标信息			
测站点坐标	方位角/(°)	仪器高/m	棱镜高/m	盘左位置测量坐标/m	盘右位置测量坐标/m	平均坐标/m
$x=$	$\alpha=$			$x=$	$x=$	$x=$
$y=$				$y=$	$y=$	$y=$
$H=$				$H=$	$H=$	$H=$
$x=$	$\alpha=$			$x=$	$x=$	$x=$
$y=$				$y=$	$y=$	$y=$
$H=$				$H=$	$H=$	$H=$

表 5-4　全站仪点位放样记录表

仪器型号/编号：________　　班组：________　　日期：________
观测者：________　　立镜者：________　　记录者：________　　天气：________

测站点的三维坐标 $x=$______m，$y=$______m，$H=$______m
测站点至后视点的坐标方位角 $\alpha=$______

放样点号	x/m	y/m	H/m

续表 5-4

测站仪器高=______m,目标棱镜高=______m			
放样点号	填或挖	挖填高度/m	备注

5. 全站仪的使用

不同型号和厂家的全站仪的结构和功能、操作逻辑基本一致,下面以 NTS-300R 系列全站仪为例,来学习全站仪的使用方法。

(1)全站仪的认识

NTS-300R 系列全站仪在工程测量中较为常见。这部分内容以 NTS-300R 系列全站仪为代表来认识全站仪,NTS-300R 系列全站仪的外形和结构如图 5-7 所示。

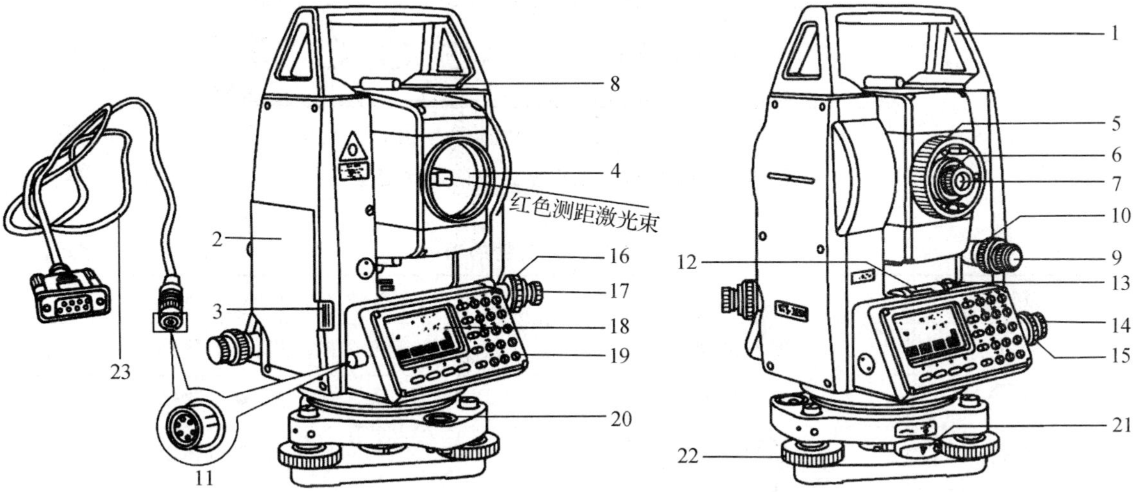

图 5-7 NTS-300R 系列全站仪的外形和结构

1—手柄;2—电池盒;3—电池盒按钮;4—物镜;5—物镜调焦螺旋;6—目镜调焦螺旋;7—目镜;8—光学粗瞄器;9—望远镜微动螺旋;10—望远镜制动螺旋;11—RS232C 通信接口;12—管水准器;13—管水准器校正螺旋;14—水平微动螺旋;15—水平制动螺旋;16—光学对中器物镜调焦螺旋;17—光学对中器目镜调焦螺旋;18—显示窗;19—电源开关键;20—圆水准器;21—轴套锁定钮;22—脚螺旋;23—CE-203 数据线

NTS-300R 系列不同型号的仪器都会明确标注技术参数,测量前需要选择合适的仪器。NTS-300R 系列全站仪的主要技术参数如下。

①角度测量精度(一测回方向观测中误差):NTS-302B 的角度测量精度为±2″,TS-305B 为±5″,NTS-305S 为±5″;

②竖盘指标自动归零补偿:采用液体电子传感补偿器,补偿范围为±3′;

③测程：在正常大气压下，使用 3 块棱镜时的测程为 3 km，采用反射片时为 800 m，无合作目标时为 120 m；

④距离测量精度：使用棱镜时的距离测量精度为 3 mm+2 mm/km，采用反射片或无合作目标时为 5 mm+2 mm/km；

⑤带有内存的程序模块可以储存 3 456 个点的测量数据和坐标数据；

⑥仪器采用 6 V 镍氢可充电电池供电，一块满电电池可供连续测量 6 h 以上。

NTS-300R 系列全站仪的操作面板上，有角度测量、距离测量、坐标测量、坐标放样和菜单 5 种模式，通过 F1、F2、F3、F4 4 个软键实现功能选择。NTS-300R 系列全站仪的操作面板如图 5-8 所示，操作面板各键的功能见表 5-5。

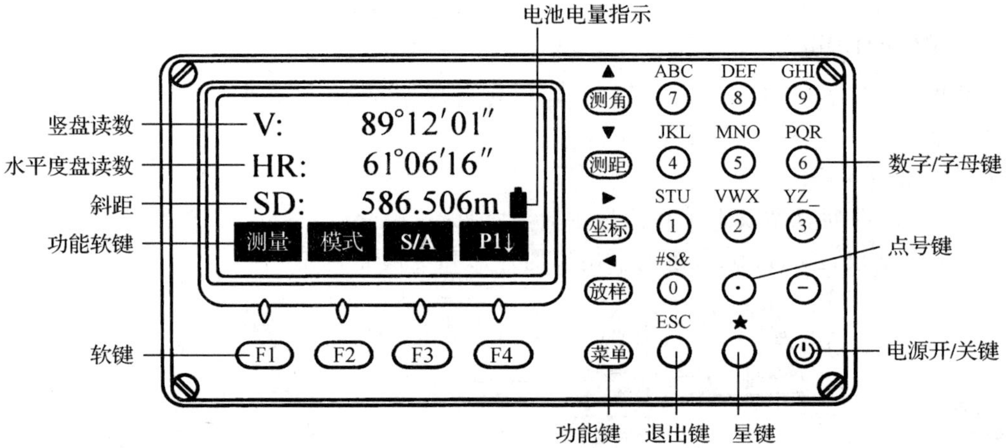

图 5-8　NTS-300R 系列全站仪的操作面板

表 5-5　操作面板各键的功能

按键	名称	功能
(测角)	角度测量键	进入角度测量模式(▲上移键)
(测距)	距离测量键	进入距离测量模式(▼下移键)
(坐标)	坐标测量键	进入坐标测量模式(▶右移键)
(放样)	坐标放样键	进入坐标放样模式(◀左移键)
(菜单)	菜单键	进入菜单模式
ESC ○	退出键	返回上一级状态或返回测量模式
⏻	电源开/关键	电源开关
(F1)～(F4)	软键	对应于显示的软键信息
⓪～⑨	数字/字母键	输入数字和字母、小数点、负号
★ ○	星键	进入星键模式或开启背景光
⊙	点号键	开启或关闭激光指向功能

(2)全站仪的设置

1)开机设置

按住电源开/关键开机,可以进行如表5-6和表5-7所示的设置。

表5-6　全站仪的基本设置

菜单	项目	选择项	内容
单位设置	角度	度(360°) 哥恩(400 G) 密位(6 400 M)	选择测角单位
	温度/气压		DEG/GON/MIL(度/哥恩/密位)
模式设置	开机模式	测角/测距	选择开机后进入测角模式或测距模式
	精测/跟踪	精测/跟踪	选择开机后的测距模式,精测/跟踪
	HD&VD/SD	HD&VD/SD	说明开机后的数据项显示顺序,平距和高差或斜距
	垂直零/水平零	垂直零/水平零	选择垂直角读数从天顶方向或水平方向作为零基准
	单次测量/复测	单次测量/连续测量	选择开机后的测距模式,单次测量/连续测量
其他设置	格网因子	使用/不使用	使用/不使用格网因子
	二差改正	0.14/0.20/关	设置大气折光率和曲率改正
	恢复出厂设置	是/否	是否恢复到出厂设置
	测程选择	0～2 km/0～5 km	选择测量距离,F1为测程最远2 km,F2为测程最远5 km

注:使用或不使用格网因子时,对应菜单的界面会不同。

表5-7　出厂设置项目

项目	出厂值	项目	出厂值
温度	20 ℃	高程	0
气压	1 013 hPa	比例因子	1.000 000
棱镜常数	−30	角度单位	
大气改正值	0	最小角度读数	1″
测站点坐标	N=0,E=0,Z=0	倾斜传感器开关	关闭
棱镜高	0	自动关机开关	开
仪器高	0	二差改正	0.14
开机模式	角度测量	仪器常数K	0
测量次数	连续测量	是否自动存储坐标	是
测量模式	精测	对比度	30
距离显示界面	SD	波特率	1 200 b/s
垂直零/水平零	垂直零	字符校验	8位无校验
格网因子	不使用	通信协议测程	无应答0～2 km

2)星键

按下星键后,会出现如图5-9所示的界面。

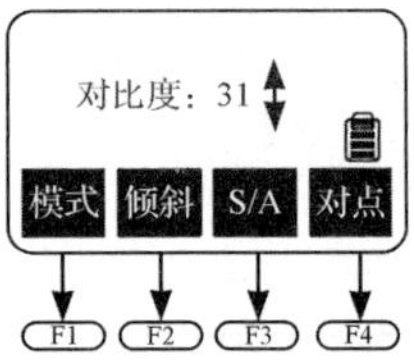

（a）菜单界面

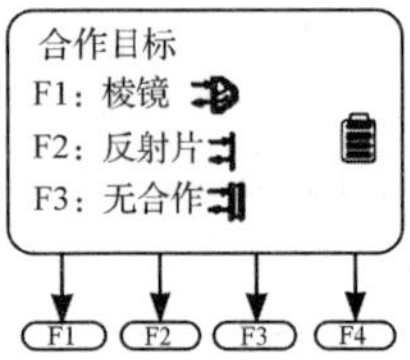

（b）设置测量方式

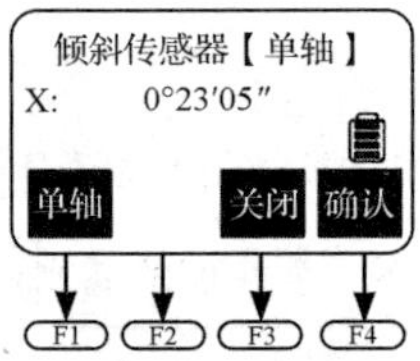

（c）倾斜改正设置

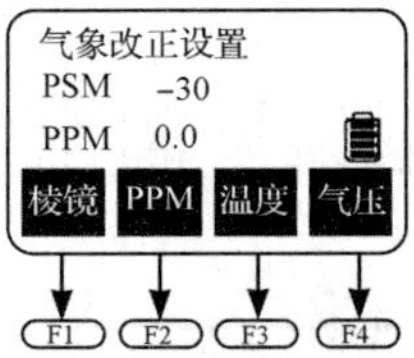

（d）气象改正设置

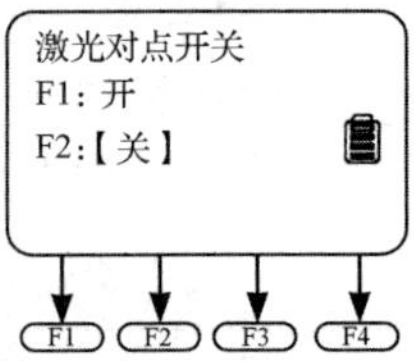

（e）激光对点开关

图 5-9　星键设置

图 5-9(a)中间的数字“31”表示当前屏幕的对比度，按下键盘“↑”或“↓”可调节屏幕的对比度。

①模式：按(F1)键进入如图 5-9(b)所示的界面，设置不同合作目标下的 3 种测量方式。再次按(F1)键选择棱镜，或按(F2)键选择反射片，或按(F3)键选择无合作目标。选择完成后，按 ESC 键回到上一界面。

②倾斜：按(F2)键进入如图 5-9(c)所示的界面，按下(F1)键或(F3)键选择开关倾斜改正，再按(F4)键进行确认。

③S/A：按(F3)键进入如图 5-9(d)所示的界面，设置棱镜常数和温度、气压等。

④对点：按(F4)键进入如图 5-9(e)所示的界面，打开或关闭激光对点开关。

(3)全站仪的 5 种操作模式

1)角度测量模式

仪器默认设置为开机自动进入角度测量模式。当仪器处于其他模式状态时，按测角键即可进入角度测量模式，该模式有 3 页菜单，如图 5-10 所示。

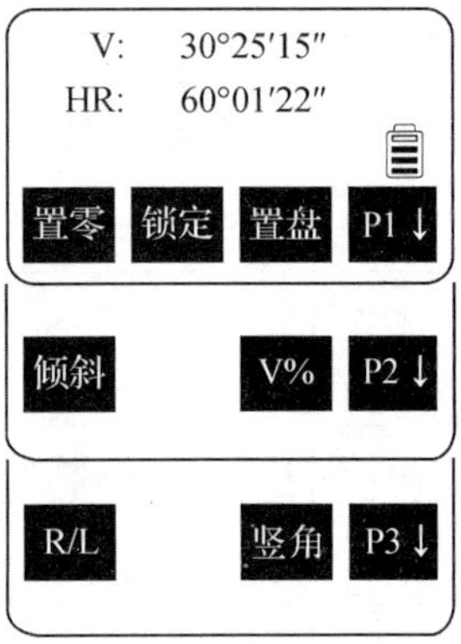

图 5-10　角度测量界面

①P1 页菜单有“置零”“锁定”“置盘”3 个选项。

a. 置零：将当前视线方向的水平度盘读数设置为“0°00′00″”。

b. 锁定：将当前的水平度盘读数锁定，该选项用于将某个照准方向的水平度盘读数配置为指定的角度值。

c. 置盘：将当前视线方向的水平度盘读数设置为输入值。

②P2 页菜单有“倾斜”“V%”两个选项。

a. 倾斜：当仪器竖轴发生微小的倾斜时，打开倾斜补偿器可以自动改正垂直角。

b. V%：使竖盘读数在角度制和斜率百分比(坡度)之间进行切换。

③P3 页菜单有“R/L”和“竖角”两个选项。

a. R/L：使水平度盘读数在右旋和左旋水平角之间进行切换。右旋表示水平度盘为顺时针注记，左旋为逆时针注记。

b. 竖角：使竖盘读数在天顶距(竖盘零点位于天顶方向)和高度角(竖盘零点位于水平方向)之间进行切换。

水平角和竖直角的测量程序如图 5-11 所示。

2)距离测量模式

仪器照准棱镜中心，按(测距)键进入距离测量模式。距离测量模式有两页菜单，如图 5-12 所示。

操作过程	操作	显　示
①照准第1个目标A	照准A	V：82° 09′ 30″ HR：90° 09′ 30″ 置零　锁定　置盘　P1↓
②设置目标A的水平角为0°00′00″，按(F1)（置零）键和(F3)（确认）键	(F1)	水平角置零 >OK? 确认　退出
	(F3)	V：82° 09′ 30″ HR：0° 00′ 00″ 置零　锁定　置盘　P1↓
③照准第2个目标B，显示目标B的V/HR	照准目标B	V：92° 09′ 30″ HR：67° 09′ 30″ 置零　锁定　置盘　P1↓

图5-11　水平角和竖直角的测量程序

①P1页菜单有"测量""模式""S/A"3个选项。

a. 测量：按设置的测距模式与合作目标进行距离测量。

b. 模式：距离测量有"精测"和"跟踪"两种模式。"精测"测量模式的距离显示到"mm"，而"跟踪"测量模式的距离显示到"cm"。

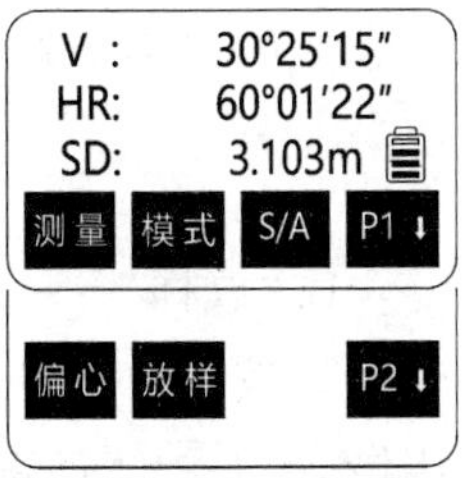

图5-12　距离测量模式

c. S/A：设置棱镜常数和气象改正比例系数。按(F3)键后的子菜单如图5-9(d)所示。菜单中有"棱镜""PPM""温度"和"气压"4个选项，分别用于设置棱镜常数、比例改正值、温度和气压。一般情况下，棱镜常数出厂设置为－30 mm。若使用其他厂家的棱镜，需提前咨询或通过检测确定其棱镜常数。

NTS-300R系列全站仪的气象改正比例系数的计算公式为：

$$\Delta S = 273.8 - \frac{0.29p}{1+0.00366t}(\mathrm{mm/km}) \tag{5-3}$$

可将现场测得的温度t和气压p代入式(5-3)中计算气象改正比例系数，或直接输入温度和气压通过仪器自动计算气象改正比例系数，以修正所测距离。

②P2页菜单有"偏心""放样"两个选项。

A. 偏心　偏心测量模式有"角度偏心""距离偏心""平面偏心"和"圆柱偏心"4种。

a. 角度偏心：如图5-13(a)所示，当目标点P不适合安置棱镜时，可以在P'点安置棱镜，要求水平距离$OP=OP'$，执行"角度偏心"测量命令测量P'点的距离，再照准P点方向。多次按(测距)键切换显示内容，屏幕依次显示测站点O至P点的平距、高差与斜距；按(坐标)键显示P点的坐标。

b. 距离偏心：如图5-13(b)所示，当目标点P不便于安置棱镜时，在P点附近的P'点安置棱镜，执行"距离偏心"测量命令，键入P点相对于P'点的左右与前后偏距(右偏为正，左偏为负；后偏为正，前偏为负)，然后照准P'点棱镜进行测量。多次按(测距)键切换显示内容，屏幕依次显示测站点O至P点的平距、高差与斜距；按(坐标)键显示P点的坐标。

c. 平面偏心：如图 5-13(c)所示，执行“平面偏心”测量命令，依次瞄准平面上不在一条直线上的任意 3 点 P_1、P_2、P_3 进行测量；再瞄准 P 点，屏幕显示测站点 O 至 P 点的平距与高差。多次按 (测距) 键切换显示内容，按 (坐标) 键显示 P 点的坐标。

d. 圆柱偏心：如图 5-13(d)所示，设 P 点为圆柱的圆心，P_1 点为直线 OP 与圆的交点，P_2、P_3 点分别为圆直径的左、右端点。执行“圆柱偏心”测量命令，瞄准 P_1 点进行测量；再瞄准 P_2 点，按 (F4) 键(设置)；最后瞄准 P_3 点，按 (F4) 键(设置)，屏幕上会显示测站点 O 至圆心 P 点的水平方向值与平距。多次按 (测距) 键切换显示内容，按 (坐标) 键显示 P 点的坐标。

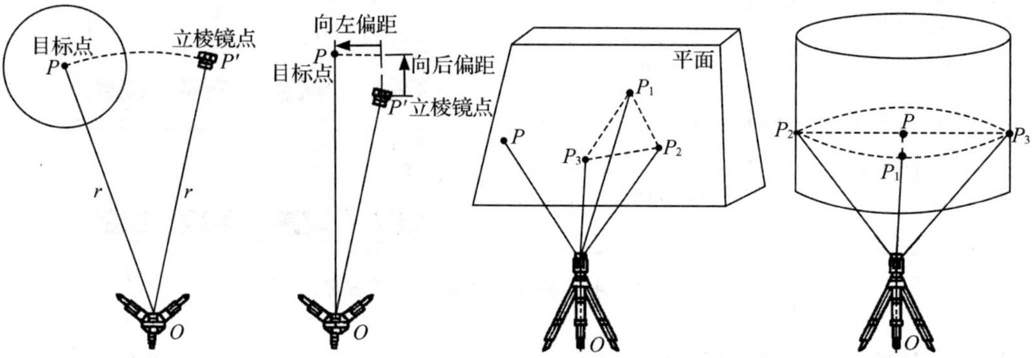

(a) 角度偏心　(b) 距离偏心　(c) 平面偏心　(d) 圆柱偏心

图 5-13　偏心测量

B. “放样”　一般指平距、高差与斜距放样。执行“放样”命令的屏幕界面如图 5-14(a)所示。按 (F1) 键进入如图 5-14(b)所示的界面；再按 (F1) 键输入待放样的平距值，瞄准棱镜，按 (F4) 键进行测距，随后进入如图 5-14(c)所示的界面。dHD 值表示实测平距与设计平距之差，依据该数值在视线方向前后移动棱镜(正值前移，负值后移)。多次按 (测距) 键切换显示内容，按 (坐标) 键显示棱镜点的坐标。

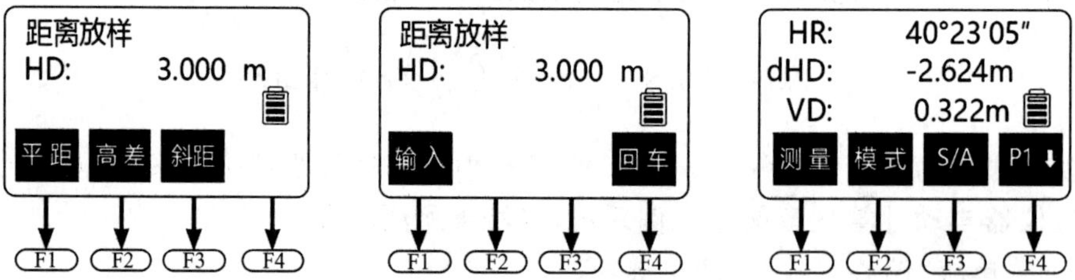

(a) 执行“放样”命令的屏幕界面　(b) 按 (F1) 键后的界面　(c) 按 (F4) 键后的界面

图 5-14　平距放样界面

3)坐标测量模式

按 (坐标) 键进入坐标测量模式，它有 3 页菜单，如图 5-15 所示。

①P1 页菜单有“测量”“模式”“S/A”3 个选项。

a. 测量：瞄准棱镜进行测量并显示镜点的三维坐标。

b. 模式：设置测距模式。

c. S/A：设置棱镜常数与气象改正值。

②P2 页菜单有“镜高”“仪高”“测站”3 个选项。

a. 镜高：输入棱镜高。

b. 仪高：输入仪器高。

c. 测站：输入测站点的三维坐标。

③P3 页菜单只有“偏心”选项。

偏心：与测距模式下的“偏心”命令类似。

注意：在进行坐标测量前应先在测角模式下将后视方向的水平度盘读数置为起始方位角，然后在坐标测量模式下执行“测站”命令，输入测站点的三维坐标，才可以开始坐标测量。

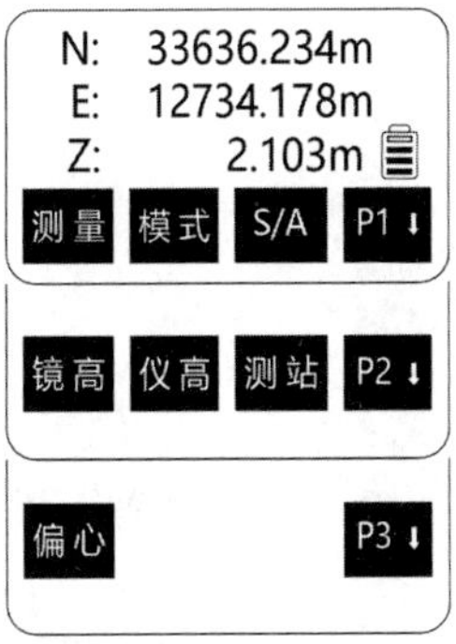

图 5-15　坐标测量界面

4）放样模式

按 (放样) 键进入放样模式，初始放样界面如图 5-16(a)所示。用户需要先调取一个先前文件作为当前文件，可以通过输入坐标文件名查找内存中已有文件，或事先创建一个包括放样控制点和放样点的坐标数据文件。

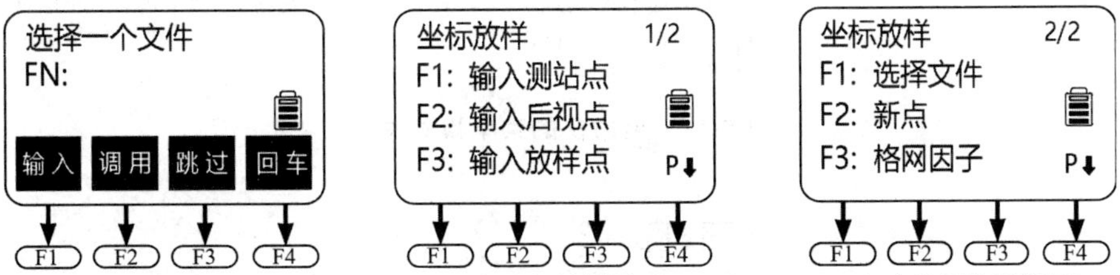

（a）初始放样界面　（b）坐标放样界面1　（c）坐标放样界面2

图 5-16　坐标放样界面

当不确定坐标文件名时，可按 (F2) 键从内存坐标文件列表中调用文件，也可按 (F3) 键选择跳过，直接进入坐标放样界面，如图 5-16(b)所示。当需要调用点的坐标数据时，在如图 5-16(c)所示的“坐标放样 2/2”菜单中执行“选择文件”命令，将已有文件置为当前文件。仪器允许在不同的坐标文件中调用所需点的坐标。

5）菜单模式

全站仪的菜单模式总图如图 5-17 所示，一般情况下最多有 4 级菜单，首级菜单有两页共 6 个命令，下面只介绍常用命令的操作方法。

①数据采集：用于测量并存储碎部点的坐标数据，数据采集流程如图 5-18 所示。数据采集的操作程序为：

a. 按 (菜单) 键进入菜单模式首级菜单的 1/2 页面。

b. 按 (F1) 键进入建立数据文件名菜单，可输入新建文件名或从文件列表中调用一个文件置为当前文件。

c. 进入数据采集的 1/2 页菜单，按 (F1) 键按照提示依次输入测站点点号、测站点坐标和仪器高。

d. 按 (F2) 键根据提示依次输入后视点点号、后视点坐标，仪器自动计算出测站点至后视点的方位角，校核无误后瞄准后视点，按 (F3) 键(测量)，再按 (F3) 键(坐标)，将测得的后视点坐标与已知的后视点坐标进行比较。

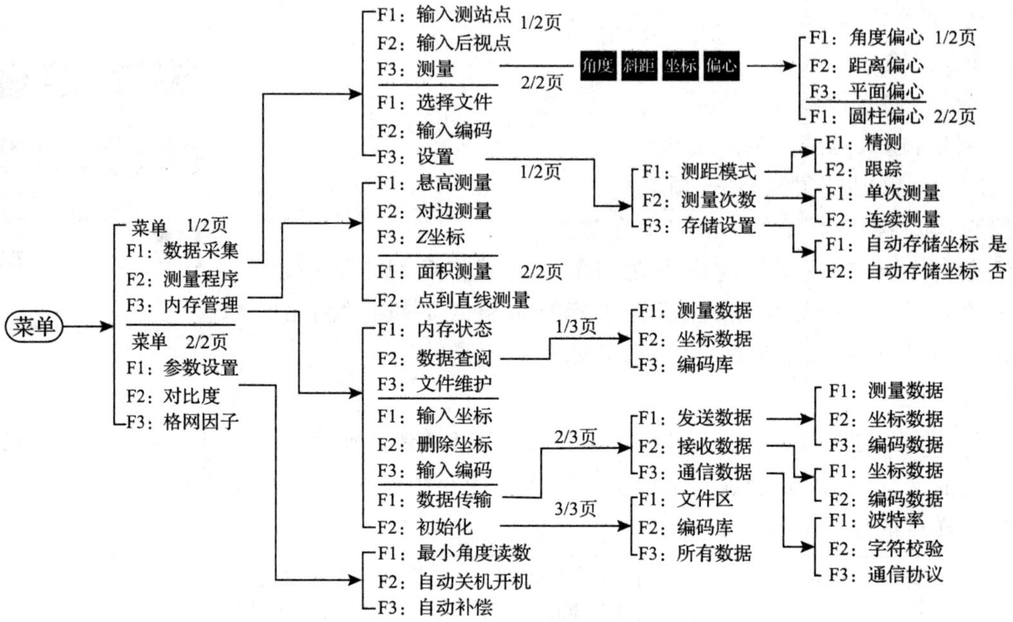

图 5-17　全站仪的菜单模式总图

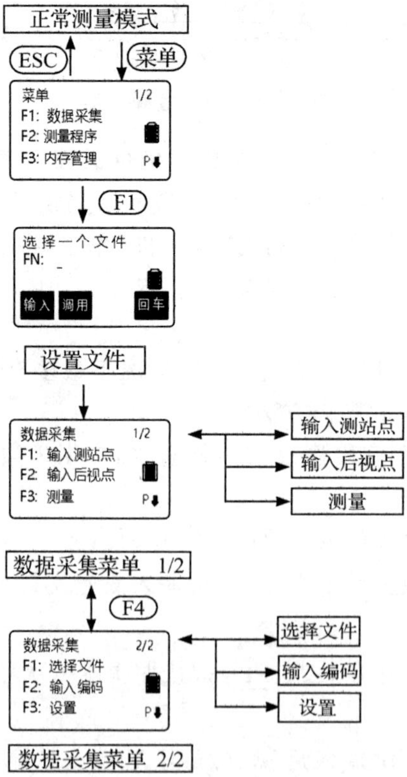

图 5-18　数据采集流程

e. 回到数据采集的1/2页菜单,按 F3 键进入碎部测量菜单,碎部测量的操作步骤如图5-19所示。依提示依次输入碎部点的点名[图5-19(a)]、编码[无码作业可不输入,图5-19(b)]和镜高[图5-19(c)],进入如图5-19(d)所示的测量界面,瞄准碎部点所立的棱镜中心。

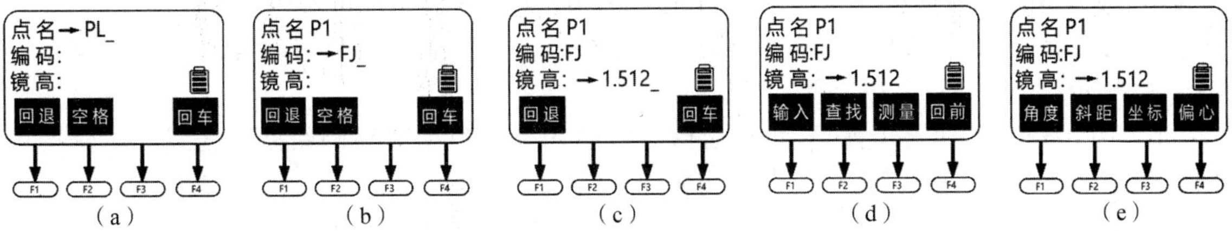

图5-19　碎部测量的操作步骤

f. 按 F3 键(测量),进入如图5-19(e)所示的界面,根据需要选择测量角度、斜距、坐标,或进行偏心测量。

②测量程序:本菜单中有5种测量功能,分别为悬高测量、对边测量、Z坐标、面积测量和点到直线的距离,如图5-20所示。

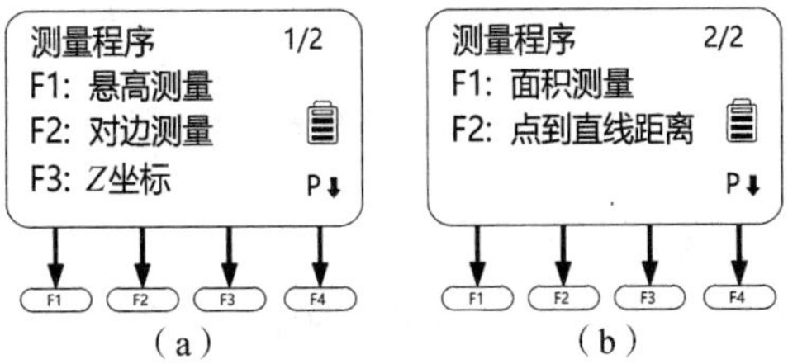

图5-20　测量程序菜单

③内存管理:本菜单中有8个命令,如图5-21所示。

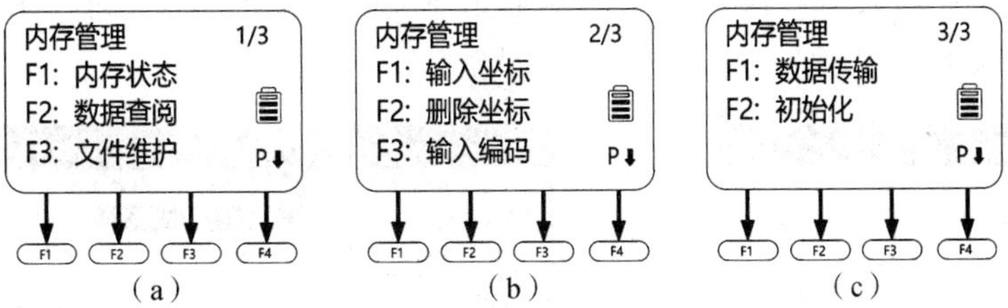

图5-21　内存管理菜单

A. 内存状态　显示内存中测量文件与坐标文件的数量、文件中保存的记录数据个数和空闲内存率。

B. 数据查阅　查阅指定的测量文件或坐标文件中保存的数据和编码库中的编码。

C. 文件维护　对指定的测量文件或坐标文件进行文件名更改或删除操作,也可查阅文件中的数据。

D. 输入坐标　在指定坐标文件的末尾添加新点的坐标。

E. 删除坐标　删除指定坐标文件中某个点的坐标数据。

F. 输入编码　在编码库的指定位置添加编码值,编码库有1～50个位置,可存储50个编码，每个编码最多允许 7 位字符。

G. 数据传输　全站仪与计算机的双向数据通信包括“通信参数”“接收数据”与“发送数据”3 个命令。执行数据传输命令前，应先用 CE-203 数据线连接全站仪的通信口与计算机的一个 COM 口，利用通信软件或南方 CASS 数字测图软件的数据传输功能完成数据传输。

a. 通信参数：执行数据传输命令前应先设置好仪器的通信参数。设置通信参数菜单如图 5-22 所示。

b. 接收数据：又叫上传数据，是将通信软件中的坐标数据或编码数据发送到全站仪的内存中。

c. 发送数据：又叫下传数据，是将全站仪内存中的测量文件、坐标文件或编码库中的数据发送到通信软件中。

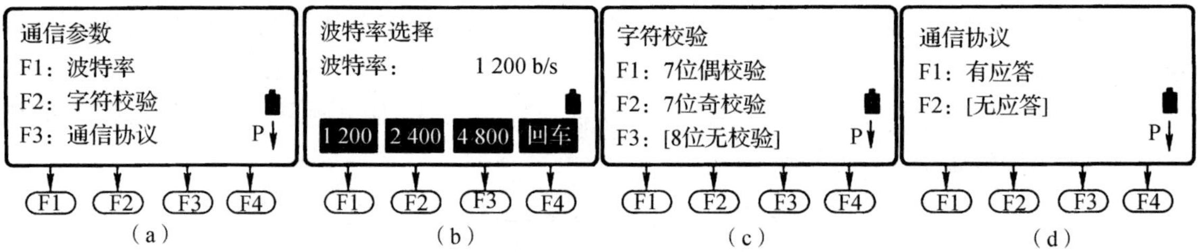

图 5-22　设置通信参数菜单

全站仪传输测量数据至计算机的操作步骤如下：

在计算机上打开通信软件，执行下拉式菜单“通信/通信参数”命令，弹出如图 5-23 所示的对话框，输入与仪器配套的通信参数。

执行下拉式菜单“通讯/全站仪→微机”命令。在全站仪的菜单模式下依次执行“内存管理→数据传输→发送数据→坐标数据”命令，键入坐标文件名“ * . dat”，按提示完成坐标数据的传输。接下来需要将该数据转换为 CASS 坐标数据，并执行下拉式菜单中的“转换/CASS 坐标（ENZ）”命令，如图 5-24 所示。

图 5-23　设置通信参数

图 5-24　数据传输界面

H. 初始化　使全站仪恢复出厂设置。

项目6　小区域控制测量

6.1　控制测量介绍

为限制测量工作中产生的各种误差的大量累积，保证测量作业及成果的统一性和完整性，遵循“从整体到局部，由高级到低级，先控制后碎部”的原则，在测区范围内建立控制网，统一测区的测量工作。控制测量就是在测区内依照测量规范和实地情况，布设控制点，组成控制网，并按照精度要求测量控制点位置的工作。

高精度点位组成的控制网分为国家控制网和区域控制网。为了实际工作的需要，控制网又分为平面控制网和高程控制网。测定控制点平面坐标的工作称为平面控制测量，测定控制点高程的工作称为高程控制测量。

控制测量按精度分为等与级两种规格，由高向低依次为一等、二等、三等、四等和一级、二级、三级；按方法分为天文测量、常规测量（三角测量、导线测量、水准测量等）、卫星定位测量；按区域分为国家控制测量、城市控制测量、小区域控制测量、图根控制测量。

小区域控制网是小面积（15 km^2 以下）的大比例尺地形图测绘或工程测量所建立的控制网。根据测区面积的大小可以采用三级或二级控制，在全测区范围内建立的控制网称为首级控制网。对于较小测区（面积在 0.5 km^2 以下），图根控制可作为首级控制网。小区域控制网尽可能与国家控制网联测，采用国家控制点的坐标和高程作为小区域控制网的起算和校核依据。若测区附近没有国家控制点或与国家控制点联测有困难时，也可建立测区的独立控制网。前者所测图纸可与周围地区已有图纸连接使用，后者只能单独使用。当连接有困难时，为了建设的需要，也可以建立独立控制网。小区域控制网也要根据面积的大小分级建立，其布设要求见表 6-1。

表 6-1　小区域控制网的布设要求

测区面积	首级控制	图根控制
2.0～15.0 km^2	一级小三角形网或一级导线网	二级图根
0.5～2.0 km^2	二级小三角形网或二级导线网	二级图根
0.5 km^2 以下	图根控制	—

本项目主要介绍小区域控制测量的常用测量方法——导线测量、水准测量和 GNSS-RTK 控制测量。

控制测量为各类工程项目提供测量活动的依据和基准。为确保工程的精确性、稳定性和安全性，同学们在成为工程师后，应当树立高度的职业操守和社会责任感，并培养精益求精的工匠精神；在进行测量工作时，必须遵循科学、公正和诚信的原则。同时，我们也要培养作为工程测量人员所需要的道德品质和强烈的社会意识。在控制测量实践中，我们需要践行“脚踏实地、实事求是”的务实精神，以精准测量数据为基础，为国家的规划、建设和管理提供可靠的支持，为实现中华民族的伟大复兴贡献力量。

6.2 导线测量

导线是将测区内相邻控制点（导线点）连成直线而构成的折线图形。在地面上按一定要求选定一系列的点依相邻次序连成折线，并测量各线段的边长和转折角，再根据起始数据确定各点平面位置的测量方法就是导线测量。导线测量的点位布置灵活，选择相邻通视点方便，观测过程简单，计算方便，主要用于带状地区、隐蔽地区、城建区、地下工程、公路、铁路等控制点的测量。导线的布设形式有附合导线、闭合导线、支导线和导线网。本节主要讲述附合导线、闭合导线和支导线。导线测量的技术要求应符合表6-2的规定，图根导线测量的主要技术要求应符合表6-3的规定。

表6-2 导线测量的技术要求

等级	导线长度/km	平均边长/km	测距中误差/mm	测角中误差/(″)	导线全长相对闭合差	方位角闭合差/(″)	测回数		
							DJ_1	DJ_2	DJ_3
三等	14.0	3.00	20	1.8	1/55 000	$\pm3.6\sqrt{n}$	6	10	—
四等	9.0	1.50	18	2.5	1/35 000	$\pm5.0\sqrt{n}$	4	6	—
一级	4.0	0.50	15	5.0	1/15 000	$\pm10.0\sqrt{n}$	—	2	4
二级	2.4	0.25	15	8.0	1/10 000	$\pm16.0\sqrt{n}$	—	1	3
三级	1.2	0.10	15	12.0	1/5 000	$\pm30.0\sqrt{n}$	—	1	2

注：1. n 为测站数；

2. 当测区测图的最大比例尺为1∶1 000时，一、二、三级导线的导线长度、平均边长可放长，但最大长度不应大于表中规定的相应长度的2倍。

表6-3 图根导线测量的主要技术要求

导线长度/km	相对闭合差	测角中误差/(″)		方位角闭合差/(″)	
		首级控制	加密控制	首级控制	加密控制
$\leqslant\alpha\cdot M$	$\leqslant1/(2\,000\times\alpha)$	20	30	$\pm40\sqrt{n}$	$\pm60\sqrt{n}$

注：1. α 为比例系数，取值宜为1；当采用1∶500、1∶1 000比例尺测图时，α 值可为1～2；

2. M 为测图比例尺的分母，对于工矿区现状图测量，不论测图比例尺的大小，M 的取值应为500；

3. 施测困难地区的导线相对闭合差不应大于 $1/(1\,000\times\alpha)$。

6.2.1 踏勘选点及建立标志

导线测量的第一步工作是踏勘选点。应先收集有关测区的地形、地貌等信息资料，包括测区已有的地形图、控制点，据此在图上初步选点；然后根据选点图到实地进行定点，并建立标志。所选控制点应满足以下几项要求：

①通视好，便于测角、量边；

②选在土质坚实处，便于保存和安置仪器；

③视野开阔，便于测图；

④导线各边大致相等，减少调焦误差；

⑤导线点有足够密度，分布均匀，便于控制整个测区；

⑥如果要求保存的时间长，要埋设标石，必要时要求绘制点之记。

6.2.2　导线的观测

踏勘选点和埋石之后，导线测量的外业工作包括边长测量、角度测量、导线连接测量。边长测量一般采用光电测距(测距仪、全站仪)、钢尺量距的方法，当导线跨越河流或其他障碍物时，可采用作辅助点间接求距离的方法。角度测量一般采用经纬仪、全站仪，用测回法进行测量，两个以上方向组成的角也可采用方向法进行测量。导线转折角有左角和右角之分。当与高级控制点联测时，需进行导线连接测量。导线外业测量需要根据所采用的等级，按照相应的规范要求施测。

6.2.3　导线测量的内业计算基础

导线测量内业计算的目的就是计算各导线点的平面坐标(x,y)。在进行计算之前，应先全面检查导线测量的外业记录数据是否齐全，有无记错、算错，成果是否符合精度要求，起算数据是否准确；然后绘制计算略图，将各项数据标注在图上的相应位置。

在控制网平差计算中，必须进行坐标方位角的推算和平面坐标的正算、反算。

1. 坐标方位角的推算

如图6-1所示，已知直线AB的坐标方位角为α_{AB}，B点处的转折角为β，当β为左角[图6-1(a)]时，则直线BC的坐标方位角α_{BC}为：

$$\alpha_{BC}=\alpha_{AB}+\beta-180° \tag{6-1}$$

当β为右角[图6-1(b)]时，则直线BC的坐标方位角α_{BC}为：

$$\alpha_{BC}=\alpha_{AB}-\beta+180° \tag{6-2}$$

如果由以上两式推算出的坐标方位角大于360°，则应减去360°；如果出现负值，则应加上360°。

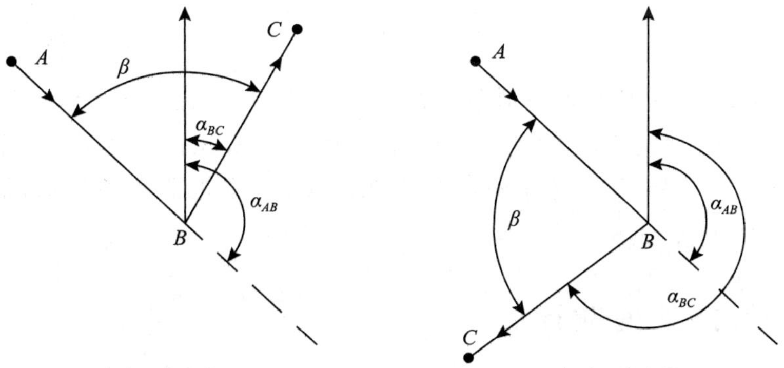

(a) β为左角　　(b) β为右角

图6-1　坐标方位角的推算

2. 平面坐标的正算

根据直线起始点的坐标、直线长度及其坐标方位角计算直线终点的坐标，称为坐标正算。如图 6-2 所示，已知直线 AB 的起始点 A 的坐标为(x_A，y_A)，AB 边的边长及坐标方位角分别为 D 和 α，需计算直线终点 B 的坐标(x_B，y_B)。

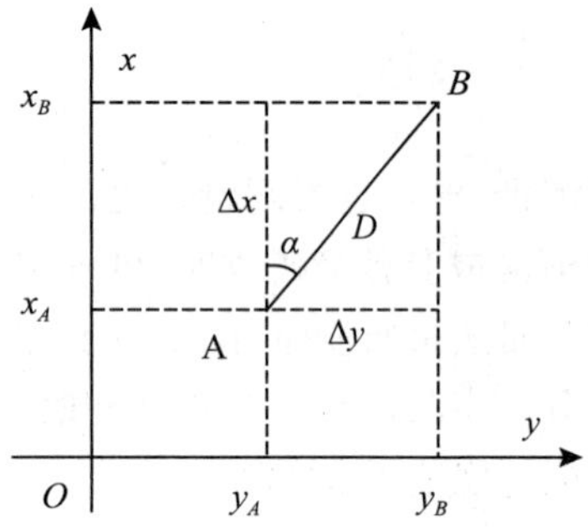

图 6-2　坐标增量计算

直线两端点 A、B 的坐标值之差称为坐标增量，用 Δx、Δy 表示。由图 6-2 可看出坐标增量的计算公式为：

$$\left.\begin{aligned}\Delta x &= x_B - x_A = D\cos\alpha \\ \Delta y &= y_B - y_A = D\sin\alpha\end{aligned}\right\} \qquad (6\text{-}3)$$

根据上式计算坐标增量时，sin()和 cos()的函数值随着 α 角所在象限的不同而有正、负之分，因此算得的坐标增量同样具有正、负号。坐标增量正、负号的规律见表 6-4。

表 6-4　坐标增量正、负号的规律

象限	坐标方位角 α	Δx	Δy
Ⅰ	0°～90°	＋	＋
Ⅱ	90°～180°	－	＋
Ⅲ	180°～270°	－	－
Ⅳ	270°～360°	＋	－

3. 平面坐标的反算

根据直线起始点和终点的坐标计算直线的边长和坐标方位角，称为坐标反算。如图 6-2 所示，已知直线 AB 两个端点的坐标分别为(x_A，y_A)和(x_B，y_B)，则直线边长 D 和坐标方位角 α 的计算公式为：

$$D = \sqrt{\Delta x^2 + \Delta y^2} \qquad (6\text{-}4)$$

$$\alpha = \arctan\frac{\Delta y}{\Delta x} \qquad (6\text{-}5)$$

应该注意的是，坐标方位角的角值范围在 0°～360°，而 arctan 函数的角值范围在－90°～＋90°，二者是不一致的。按式(6-5)计算坐标方位角时，计算出的是象限角。因此，应根据坐标增量 Δx、Δy 的正、负号，按表 6-4 确定其所在的象限，再把象限角换算成相应的坐标方位角。

6.2.4　闭合导线的内业计算

闭合导线的内业计算步骤如下：

①由水平角观测值 β 计算方位角 α；

②由方位角 α 及边长 D 计算坐标增量 Δx、Δy；

③由坐标增量 Δx、Δy 计算 x、y。

结合表 6-5 的使用，以图 6-3 为例说明闭合导线坐标计算的步骤。将检核过的外业观测数据及起算数据填入表 6-5 中，起算数据用下划线标明。

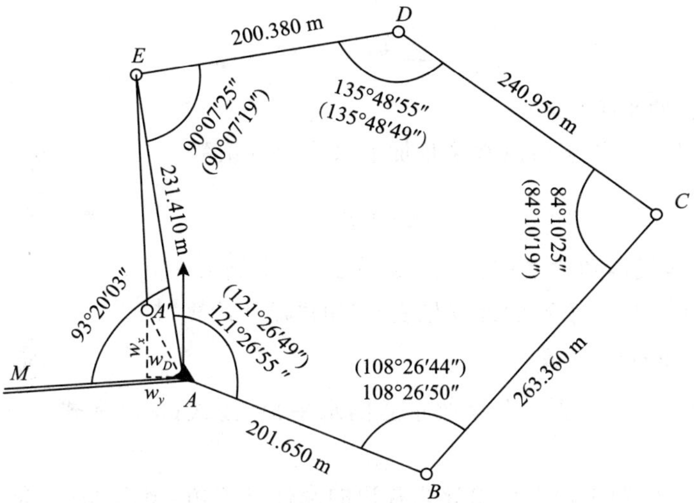

图 6-3 闭合导线示意图（括号内为改正后角度）

1. 角度闭合差的计算与调整

(1)计算角度闭合差

如图 6-3 所示，n 边形闭合导线内角和的理论值为：

$$\sum\beta_{\mathrm{th}}=(n-2)\times180° \tag{6-6}$$

式中，n 为导线边数或水平角数。

由于观测水平角不可避免地存在误差，这使实测的内角之和 $\sum\beta_{\mathrm{m}}$ 不等于理论值 $\sum\beta_{\mathrm{th}}$，二者之差称为角度闭合差，用 f_β 表示，即

$$f_\beta=\sum\beta_{\mathrm{m}}-\sum\beta_{\mathrm{th}}=\sum\beta_{\mathrm{m}}-(n-2)\times180° \tag{6-7}$$

(2)计算角度闭合差的容许值

角度闭合差的大小反映了水平角观测的质量。各级导线角度闭合差的容许值 f 应符合表 6-2 和表 6-3 的要求，其中，图根导线角度闭合差的容许值 $f_{\beta_{允}}$ 的计算公式为：

$$f_{\beta_{允}}=\pm60''\sqrt{n} \tag{6-8}$$

如果 $|f_\beta|>|f_{\beta_{允}}|$ 说明所测水平角不符合要求，应对水平角进行重新检查或测量。

如果 $|f_\beta|\leqslant|f_{\beta_{允}}|$，说明所测水平角符合要求，可对所测水平角进行调整。

(3)计算水平角改正数

如果角度闭合差不超过角度闭合差的容许值，则将角度闭合差反符号平均分配到各观测

水平角值中，也就是每个水平角值加相同的改正数 v_β，v_β 的计算公式为：

$$v_\beta = -\frac{f_\beta}{n} \tag{6-9}$$

水平角改正数之和应与角度闭合差大小相等、符号相反，即

$$\sum v_\beta = -f_\beta \tag{6-10}$$

(4)计算改正后的水平角

改正后的水平角 $\beta_{改}$ 等于所测水平角加上水平角改正数：

$$\beta_{改} = \beta + v_\beta \tag{6-11}$$

改正后的闭合导线内角之和应为$(n-2)\times 180°$，本例为 540°。

本例中 f_β 和水平角改正数的计算见表 6-5 的“辅助计算”栏。

2. 推算各边的坐标方位角

根据起始边的已知坐标方位角及改正后的水平角，按式(6-1)和式(6-2)推算其他各导线边的坐标方位角。

本例观测左角，按式(6-1)推算出导线各边的坐标方位角，填入表 6-5 的第 4 列。

最后推算出起始边的坐标方位角，它应与原有起始边已知的坐标方位角相等，否则应重新检查和计算。

3. 坐标增量的计算及其闭合差的调整

(1)计算坐标增量

根据已推算出的导线各边的坐标方位角和相应边的边长，按式(6-12)计算各边的坐标增量。例如，导线边 AB 的坐标增量为：

$$\left.\begin{aligned}\Delta x_{AB} &= x_B - x_A = D_{AB}\cos\alpha_{AB}\\ \Delta y_{AB} &= y_B - y_A = D_{AB}\sin\alpha_{AB}\end{aligned}\right\} \tag{6-12}$$

$$\left.\begin{aligned}\Delta x_{AB} &= D_{AB}\cos\alpha_{AB} = 201.650\ \text{m}\times\cos 120°36'04'' = -102.652\ \text{m}\\ \Delta y_{AB} &= D_{AB}\sin\alpha_{AB} = 201.650\ \text{m}\times\sin 120°36'04'' = 173.567\ \text{m}\end{aligned}\right\} \tag{6-13}$$

用同样的方法，计算出其他各边的坐标增量值，填入表 6-5 的第 7 列、第 10 列的相应格内。

(2)计算坐标增量闭合差

闭合导线纵、横坐标增量代数和的理论值应为 0，即

$$\left.\begin{aligned}\sum \Delta x_{允} &= 0\\ \sum \Delta y_{允} &= 0\end{aligned}\right\} \tag{6-14}$$

由于存在导线边长测量误差和角度闭合差调整后的残余误差，实际计算所得的 $\sum \Delta x_{测}$、$\sum \Delta y_{测}$ 不等于 0，从而产生纵坐标增量闭合差 w_x 和横坐标增量闭合差 w_y，即

$$
\left.\begin{aligned}
w_x &= \sum \Delta x_{测} \\
w_y &= \sum \Delta y_{测}
\end{aligned}\right\} \tag{6-15}
$$

(3)计算导线全长闭合差 w_D 和导线全长相对闭合差 w_K

由于坐标增量闭合差 w_x、w_y 的存在，导线不能闭合，AA'的长度 w_D 称为导线全长闭合差，并用下式计算：

$$
w_D = \sqrt{w_x^2 + w_y^2} \tag{6-16}
$$

仅从 w_D 值的大小还不能说明导线测量的精度，要衡量导线测量的精度还应该考虑导线的全长。将 w_D 与导线全长 $\sum D$ 相比，并用分子为 1 的分数表示，称为导线全长相对闭合差 w_K，即

$$
w_K = \frac{w_D}{\sum D} = \frac{1}{\sum D / w_D} \tag{6-17}
$$

用导线全长相对闭合差 w_K 来衡量导线测量的精度时，w_K 的分母越大，导线测量的精度越高。不同等级的导线，其导线全长相对闭合差的容许值 $w_{K允}$参见表 6-2 和表 6-3，图根导线的 $w_{K允}$为 1/2 000。

如果 $w_K > w_{K允}$，说明测量成果不合格，此时应对导线的内业计算和外业工作进行检查，必要时需进行重测。如果 $w_K \leqslant w_{K允}$，说明测量成果符合精度要求，可以对结果进行调整。

本例中 w_D 和 w_K 的计算见表 6-5 的“辅助计算”栏。

(4)调整坐标增量闭合差

调整坐标增量闭合差的原则是将 w_x、w_y 反号，并按与边长成正比的原则，分配到各边对应的纵、横坐标增量中。以 v_{xi}、v_{yi} 分别表示第 i 边的纵、横坐标增量改正数，即

$$
\left.\begin{aligned}
v_{xi} &= -\frac{w_x}{\sum D} D_i \\
v_{yi} &= -\frac{w_y}{\sum D} D_i
\end{aligned}\right\} \tag{6-18}
$$

根据每条边对总闭合差的贡献值，按比例分配闭合差。本例中导线边 AB 的坐标增量改正数为：

$$
\left.\begin{aligned}
v_{xAB} &= -\frac{w_x}{\sum D} D_{AB} = -\frac{0.196\ \mathrm{m}}{1\,137.750\ \mathrm{m}} \times 201.650\ \mathrm{m} = -0.035\ \mathrm{m} \\
v_{yAB} &= -\frac{w_y}{\sum D} D_{AB} = -\frac{-0.059\ \mathrm{m}}{1\,137.750\ \mathrm{m}} \times 201.650\ \mathrm{m} = 0.010\ \mathrm{m}
\end{aligned}\right\} \tag{6-19}
$$

在本例中，各导线边 x 轴分配的改正数分别为 $v_{xAB} = -0.035$ m、$v_{xBC} = -0.046$ m、$v_{xCD} = -0.041$ m、$v_{xDE} = -0.034$ m、$v_{xEA} = -0.040$ m，y 轴分配的改正数分别为 v_{yAB} -0.010 m、$v_{xBC} = 0.014$ m、$v_{xCD} = 0.012$ m、$v_{xDE} = 0.010$ m、$v_{xEA} = 0.012$ m。若闭合差不能平均分配，

如x轴改正数为-0.195 m，优先将多余闭合差分配到较长的导线边，即$v_{yBC}=0.046$ m。计算出其他各导线边的纵、横坐标增量改正数，填入表6-5的第8列、第11列坐标增量值相应方格中。

计算检核：纵、横坐标增量改正数之和应满足式(6-20)。

$$\left.\begin{aligned}\sum v_x&=-w_x\\ \sum v_y&=-w_y\end{aligned}\right\}\tag{6-20}$$

(5)计算改正后的坐标增量

各导线边坐标增量计算值加上相应的改正数，即得各导线边改正后的坐标增量。

$$\left.\begin{aligned}\Delta x_{i改}&=\Delta x_i+v_{xi}\\ \Delta y_{i改}&=\Delta y_i+v_{yi}\end{aligned}\right\}\tag{6-21}$$

本例中导线边AB改正后的坐标增量为：

$$\left.\begin{aligned}\Delta x_{AB改}&=\Delta x_{AB}+v_{AB}=-102.652\text{ m}-0.035\text{ m}=-102.687\text{ m}\\ \Delta y_{AB改}&=\Delta y_{AB}+v_{AB}=173.567\text{ m}+0.010\text{ m}=173.577\text{ m}\end{aligned}\right\}\tag{6-22}$$

用同样的方法计算出其他各导线边的改正后坐标增量，填入表6-5的第9列、第12列内。改正后纵、横坐标增量之代数和应分别为0。

4. 计算各导线点的坐标

根据起始点A的已知坐标和改正后各导线边的坐标增量，按式(6-23)依次推算出各导线点的坐标：

$$\left.\begin{aligned}x_i&=x_{i-1}+\Delta x_{i-1改}\\ y_i&=y_{i-1}+\Delta y_{i-1改}\end{aligned}\right\}\tag{6-23}$$

将推算出的各导线点的坐标填入表6-5中的第13列、第14列内。最后还应再次推算起始点A的坐标，其值应与原有的已知值相等，以作为计算检核。

6.2.5 附合导线的内业计算

附合导线的坐标计算与闭合导线的坐标计算基本相同，仅在角度闭合差的计算与坐标增量闭合差的计算方面稍有差别。

1. 角度闭合差的计算与调整

(1)计算角度闭合差

如图6-4所示，根据起始边AB的坐标方位角α_{AB}及观测的各左角，按式(6-24)推算CD边的坐标方位角α'_{CD}。

观测左角为β_{Li}，按照式(6-24)计算α'_{CD}：

$$\alpha'_{CD}=\alpha_{AB}-n\times180°+\sum\beta_{Li}\tag{6-24}$$

表 6-5 闭合导线坐标计算表

点号	观测角	改正后角值	坐标方位角	边长/m	坐标方位角/(°)	x 坐标增量/m Δx	改正数	改正后 Δx	y 坐标增量/m Δy	改正数	改正后 Δy	x/m	y/m
M	93°20′03″	93°20′03″											
			85°49′12″										
A	121°26′55″	121°26′49″										123.456	456.321
			120°36′04″	201.650	120.601 1	−102.652	−0.035	−102.687	173.567	0.010	173.577		
B	108°26′50″	108°26′44″										20.769	629.898
			49°02′48″	263.360	49.046 7	172.618	−0.046	172.572	198.901	0.014	198.915		
C	84°10′25″	84°10′19″										193.341	828.813
			313°13′07″	240.950	313.218 6	164.999	−0.041	164.958	−175.591	0.012	175.579		
D	135°48′55″	135°48′49″										358.299	653.234
			269°01′56″	200.380	269.032 2	−3.384	−0.034	−3.418	−200.351	0.010	200.341		
E	90°07′25″	90°07′19″										354.881	452.893
			179°09′15″	231.410	179.154 2	−231.385	−0.040	−231.425	3.416	0.012	3.428		
A	121°26′55″	121°26′49″										123.456	456.321
			120°36′04″										
B													
求和				1 137.750		0.196	−0.196	0.000	−0.058	0.058	0.000		
辅助计算 $\sum\beta_m$	540°00′30″	540°00′00″											
$\sum\beta_{th}$	540°00′00″				$w_D = 0.204$		$w_k = w_D/\sum D = 1/5\,577$						
$f_\beta = \sum\beta_m - \sum\beta_{th}$	0°00′30″												
改正数 v_β=	−0°00′06″			Δx 改正系数=		−0.000 172	Δy 改正系数=		0.000 051				

注：起算数据用下划线标明。

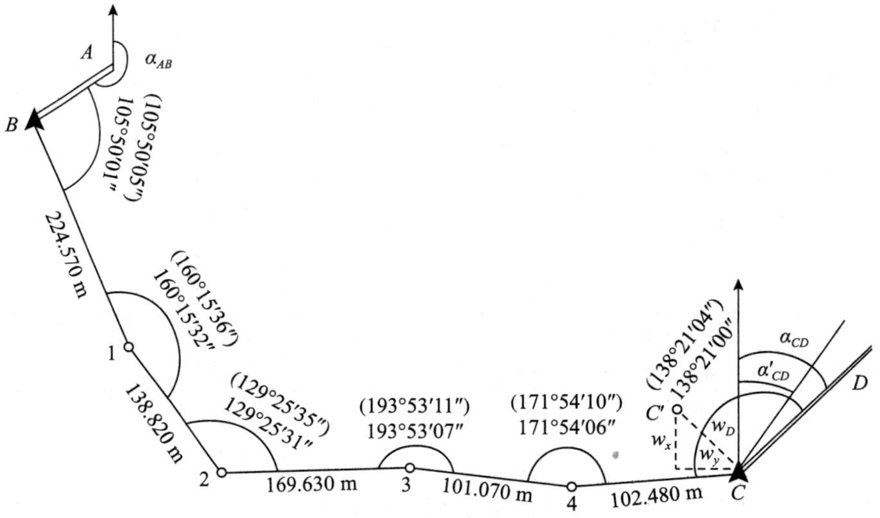

图 6-4　附合导线示意图(括号内为改正后角度)

通过 α'_{CD} 与已知边 CD 的方位角 α_{CD} 计算附合导线的角度闭合差 f_β：

$$f_\beta = \alpha'_{CD} - \alpha_{CD} \tag{6-25}$$

(2)调整角度闭合差

当角度闭合差在容许范围内时，如果观测的是左角，则将角度闭合差反号平均分配到各左角上；如果观测的是右角，则将角度闭合差同号平均分配到各右角上。

2. 坐标增量闭合差的计算

附合导线的坐标增量代数和的理论值应等于终点、起始点的已知坐标值之差，即

$$\left.\begin{aligned}\sum \Delta x_{理} &= x_C - x_B \\ \sum \Delta y_{理} &= y_C - y_B\end{aligned}\right\} \tag{6-26}$$

纵、横坐标增量闭合差为：

$$\left.\begin{aligned}w_x &= \sum \Delta x_{测} - \sum \Delta x_{理} \\ w_y &= \sum \Delta y_{测} - \sum \Delta y_{理}\end{aligned}\right\} \tag{6-27}$$

与图 6-4 对应的附合导线坐标计算表见表 6-6。

6.2.6　支导线的内业计算

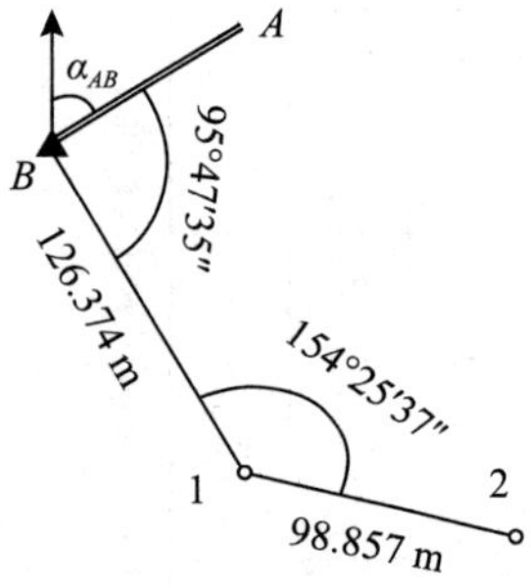

图 6-5　支导线示意图

支导线的布设形式如图 6-5 所示，它没有检核条件，因此没有闭合差产生，导线转折角和计算的坐标增量均不需要进行改正。支导线的计算步骤如下：

①已知方位角 α_{AB}，观测的转折角为 $\angle AB1$ 和 $\angle B12$，根据式(6-1)推算各边的坐标方位角 α_{B1} 和 α_{12}；

表 6-6 附合导线坐标计算表

点号	观测角	改正后角值	坐标方位角	边长/m	坐标方位角/(°)	x 坐标增量/m Δx	改正数	改正后 Δx	y 坐标增量/m Δy	改正数	改正后 Δy	x/m	y/m
A													
			<u>233°09′17″</u>		233.1547								
B	105°50′01″	105°50′05″										<u>3 850.250</u>	<u>6 858.840</u>
			158°59′22″	224.570	158.989 4	−209.639	−0.033	−209.672	80.517	0.032	80.549		
1	160°15′32″	160°15′36″										3 640.578	6 939.389
			139°14′58″	138.820	139.249 4	−105.164	−0.020	−105.184	90.617	0.019	90.636		
2	129°25′31″	129°25′35″										3 535.394	7 030.025
			88°40′33″	169.630	88.675 8	3.920	−0.024	3.896	169.585	0.023	169.608		
3	193°53′07″	193°53′11″										3 539.290	7 199.633
			102°33′44″	101.070	102.562 2	−21.983	−0.014	−21.997	98.650	0.014	98.664		
4	171°54′06″	171°54′10″										3 517.293	7 298.297
			94°27′54″	102.480	94.465 0	−7.978	−0.015	−7.993	102.169	0.014	102.183		
C	138°21′00″	138°21′04″										<u>3 509.300</u>	<u>7 400.480</u>
			<u>52°48′58″</u>		52.816 1								
D													
求和				736.570		−340.844	−0.106	−340.950	541.538	0.102	541.640		
辅助计算 $\Sigma\beta_m$	52°48′34″					坐标闭合差 $w_x = 0.106$			坐标闭合差 $w_y = -0.102$				
辅助计算 $\Sigma\beta_{th}$	52°48′58″				$w_D = 0.147$		$w_k = w_D/\Sigma D = 1/5\ 010$						
辅助计算 $f_\beta = \Sigma\beta_m - \Sigma\beta_{th}$	−24″												
辅助计算 改正数 $v_\beta =$	0°00′04″			Δx 改正系数 = −0.000 144			Δy 改正系数 = 0.000 138						

注：起算数据用下划线标明。

②根据导线边 B—1 和 1—2 的方位角和边长，按照式(6-3)计算坐标增量；

③根据各边的坐标增量推算点 1 和点 2 的坐标。

6.3 水准测量

6.3.1 水准测量概述

在进行各种测绘工作之前，需要建立平面控制网，同时还需要建立高程控制网。高程控制测量的任务就是在测区内布设一批高程控制点，即水准点，用精确的方法测定它们的高程，构成高程控制网。进行高程控制测量的方法主要有水准测量和三角高程测量。水准测量的精度较高，所以它是高程测量中最主要的方法。

水准测量分为国家一、二、三、四等水准测量，城市二、三、四等水准测量，工程二、三、四等水准测量以及图根(等外)水准测量。其中三、四等水准测量除用于国家高程控制网的加密外，还用于建立小区域首级高程控制网，以及建筑施工区内工程测量和变形观测的基本控制。三、四等水准测量的路线和施测方法与前面讲到的水准测量基本相同，不同的只是精度要求。三、四等水准点的高程应从附近的一、二等水准点引测，独立测区可采用闭合水准路线。

6.3.2 水准测量路线布设

水准点应有一定的密度，一般沿水准路线每 1～3 km 埋设一个点，埋设后应绘制点之记。实地选线和选点时，除了考虑图上的设计要求外，还应注意使水准路线避开土质松软的地段。确定水准点位置时，应考虑到水准标石埋设后点位的稳固安全，并能长期保存，便于施测。水准观测须待埋设的水准点稳定后方可进行。

水准测量路线分为单一水准路线和水准网，本节只讲述单一水准路线。单一水准路线的形式有 3 种，即附合水准路线、支水准路线和闭合水准路线。如果是从一个已知高程的水准点开始，沿一条路线进行水准测量，以测定其他若干水准点的高程，最后联测至另外一个已知高程的水准点上，称之为附合水准路线[图 6-6(a)]。如果最后没有联测到已知高程的水准点，则称之为支水准路线[图 6-6(b)]。为了对水准测量成果进行检核，支水准路线必须进行往返观测或单程双转点观测。从一个已知高程的水准点开始，沿一条环形路线进行水准测量，测定沿线若干水准点的高程，最后又回到起始水准点上，称之为闭合水准路线[图 6-6(c)]。

6.3.3 外业水准测量

水准测量限差应符合水准测量规范的相应要求，各等级水准测量的精度要求见表 6-7。

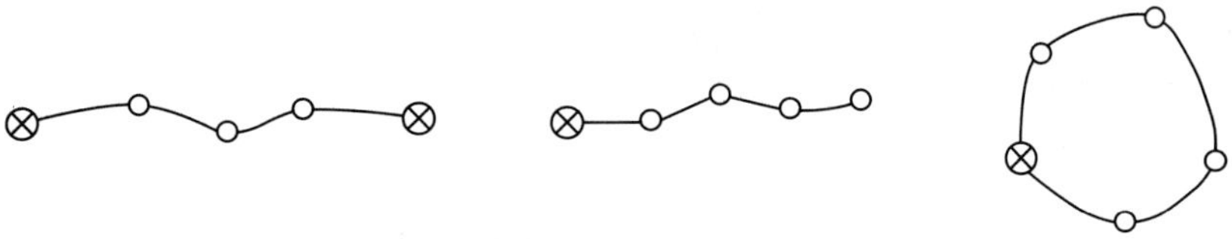

（a）附合水准路线　　（b）支水准路线　　（c）闭合水准路线

⊗ 已知点　　○ 未知点

图 6-6 单一水准路线示意图

表 6-7 各等级水准测量的精度要求

水准测量等级	每千米高差全中误差/mm	线路长度/km	水准仪级别	水准尺	观测次数		往返较差、附合或环线闭合差	
					与已知点联测	附合或环线	平原	山区
二等	2	—	DS1、DSZ1	条码式因瓦尺、线条式因瓦尺	往、返各1次	往、返各1次	$4\sqrt{L}$	—
四等	10	≤16	DS3、DSZ3	条码式玻璃钢尺、双面尺	往、返各1次	往1次	$20\sqrt{L}$	$6\sqrt{n}$

注：L 为往返测段、附合或环线的水准路线长度，km；n 为测站数。

各等级水准测量的主要技术要求见表 6-8。

表 6-8 各等级水准测量的主要技术要求

等级	水准仪级别	水准尺类别	视线长度/m	前、后视的距离较差/m	前、后视的距离较差累积/m	视线离地面最低高度/m	测站2次观测的高差较差/mm	数字水准仪重复测量次数/次
二等	DSZ1	条码式因瓦尺	50	1.5	3.0	0.55	0.7	2
四等	DSZ1	条码式因瓦尺	100	3.0	10.0	0.35	3.0	2
	DSZ1	条码式玻璃钢尺	100	3.0	10.0	0.35	5.0	2

三等水准测量采用中丝读数法进行往返观测；当用光学测微法进行观测时，也可以进行单程双转点观测。四等水准测量采用中丝读数法；当水准路线为附合水准路线或闭合水准路线时，可以只进行单程观测。三、四等水准测量采用双面尺读数法。

(1)每一测站的测量工作

三、四等水准测量采用双面尺读数法，每一测站的观测程序包括：

①读取后视尺黑面视距丝（上丝、下丝）和中丝读数；

②读取前视尺黑面视距丝（上丝、下丝）和中丝读数；

③读取前视尺红面中丝读数；

④读取后视尺红面中丝读数。

即读数顺序是“后—前—前—后”，共读取 8 个读数。

(2)外业水准测量工作

四等水准测量记录表见表 6-9。

表 6-9 四等水准测量记录表

（后前前后-黑黑红红）

日　期：________　　第____组　　天气：________________

观测者：________　　记录者：________　　自____时____分____始至____时____分结束

<table>
<tr><td rowspan="4">测站
点号</td><td rowspan="2">后尺</td><td>下丝</td><td rowspan="2">前尺</td><td>下丝</td><td rowspan="4">方向</td><td colspan="2" rowspan="2">中丝水准尺读数</td><td rowspan="4">K+
黑−红/
mm</td><td rowspan="4">高差
中数/
m</td><td rowspan="4">注</td></tr>
<tr><td>上丝</td><td>上丝</td></tr>
<tr><td colspan="2">后视距离</td><td colspan="2">前视视距</td><td rowspan="2">黑面/m</td><td rowspan="2">红面/m</td></tr>
<tr><td colspan="2">视距差/m</td><td colspan="2">$\sum d$ /m</td></tr>
<tr><td rowspan="4">1</td><td colspan="2">(1)</td><td colspan="2">(4)</td><td>后</td><td>(3)</td><td>(8)</td><td>(14)</td><td></td><td></td></tr>
<tr><td colspan="2">(2)</td><td colspan="2">(5)</td><td>前</td><td>(6)</td><td>(7)</td><td>(13)</td><td></td><td></td></tr>
<tr><td colspan="2">(9)</td><td colspan="2">(10)</td><td>后−前</td><td>(15)</td><td>(16)</td><td>(17)</td><td>(18)</td><td></td></tr>
<tr><td colspan="2">(11)</td><td colspan="2">(12)</td><td></td><td></td><td></td><td></td><td></td><td></td></tr>
</table>

表 6-9 中的数字表示记录的顺序，(1)～(8)为观测记录，其余为计算值，计算值及计算顺序如下。

后视距离：(9)＝(1)－(2)。

前视距离：(10)＝(4)－(5)。

前后视距差：(11)＝(9)－(10)。

视距差累计：(12)＝本站(11)＋前站(12)。

总视距：线路长度＝ $\sum(12) + \sum(13)$。

同一水准尺红、黑面尺的零点差 K 称为尺常数。两根水准尺的尺常数也不一样，一根为 4.687 m，另一根为 4.787 m，其目的是避免观测者对读数产生印象差错。

前尺红、黑面读数差：(13)＝(6)＋K－(7)。

后尺红、黑面读数差：(14)＝(3)＋K－(8)。

黑面高差：(15)＝(3)－(6)。

红面高差：(16)＝(8)－(7)。

计算检核：(17)＝(15)－(16)±0.100 或(17)＝(14)－(13)。

平均高差：(18)＝[(15)＋(16)±0.100]/2。

总高差：线路总高差＝ $\sum(18)$。

总计算检核：$\sum(3) - \sum(6) = \sum(15)$；$\sum(8) - \sum(7) = \sum(16)$；

$\sum(9) - \sum(10) =$ 末站(12)。

若测站上有关观测限差超限，在本站检查发现后可立即进行重测；若迁站后才检查发现限差超限，则应从水准点或间歇点起重新进行观测。

6.3.4 水准测量成果检核

为了保证水准测量成果的正确、可靠，对水准测量的成果必须进行检核。

1. 附合水准路线

为使测量成果得到可靠的检核，最好把水准路线布设成附合水准路线。对于附合水准路线，理论上在两个已知高程水准点间所测得各站的高差之和应等于起点、终点间的高程之差，即

$$\sum h = H_{终} - H_{起} \tag{6-28}$$

如果它们不相等，其差值称为高差闭合差，用 f_h 表示。附合水准路线的高差闭合差为：

$$f_h = \sum h - (H_{终} - H_{起}) \tag{6-29}$$

2. 闭合水准路线

在闭合水准路线上也可对测量成果进行检核。闭合水准路线起讫于同一个点，因此理论上全线各站的高差之和应等于0，即 $\sum h = 0$。

如果高差之和不等于0，则其差值就是闭合水准路线的高差闭合差，即

$$f_h = \sum h \tag{6-30}$$

3. 高差闭合差的分配

高差闭合差的大小反映了测量成果的精度。各种不同性质的水准测量都规定了高差闭合差的限值即容许高差闭合差，用 $f_{h允}$ 表示。

当实际高差闭合差小于容许高差闭合差时，表示观测精度满足要求，否则应对外业资料进行检查，甚至进行返工重测。

当实际高差闭合差在容许值以内时，可把高差闭合差分配到各测段的高差上。显然，高程测量的误差随水准路线的长度或测站数的增加而增加，所以分配的原则是把高差闭合差以相反的符号，根据各测段路线的长度或测站数按比例分配到各测段的高差上。各测段高差的改正数为：

$$v_i = -\frac{f_h}{\sum L} \cdot L_i \tag{6-31}$$

或

$$v_i = -\frac{f_h}{\sum n} \cdot n_i \tag{6-32}$$

式中，L_i 为第 i 测段的路线长度，n_i 为第 i 测段的测站数，$\sum L$ 为水准路线的总长，$\sum n$ 为测站总数。

4. 算例

附合水准路线算例如图 6-7 所示，其中 A、B 为已知高程点，BM_1、BM_2、BM_3、BM_4 和 BM_5 为待定水准点。

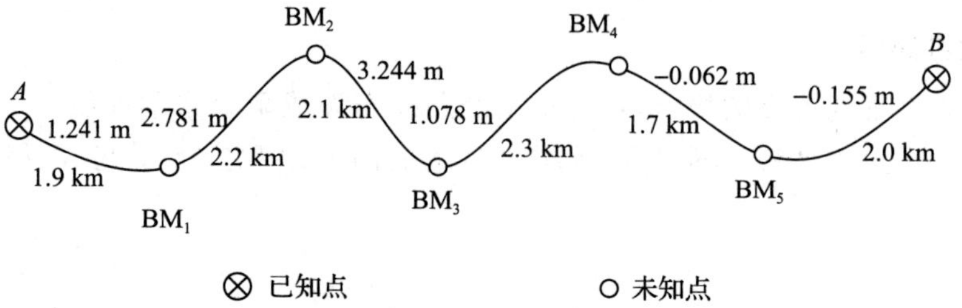

图 6-7　附合水准路线算例

外业观测数据填入水准测量计算表中，并进行闭合差和闭合差分配计算，见表 6-10。

表 6-10　水准测量计算表

点号	距离/km	高差/m	改正数/mm	改正后高差/m	高程/m
A					63.475
	1.9	1.241	−12	1.229	
BM_1					64.704
	2.2	2.781	−14	2.767	
BM_2					67.471
	2.1	3.244	−13	3.231	
BM_3					70.702
	2.3	1.078	−14	1.064	
BM_4					71.766
	1.7	−0.062	−10	−0.072	
BM_5					71.694
	2.0	−0.155	−12	−0.167	
B					71.527
	12.2	8.127	−75	8.052	

$f_h=\sum h-(H_{终}-H_{起})=+8.127-(71.527-63.475)=+0.075\ (\text{m})$；

$f_{h允}=\pm 30\sqrt{L}=\pm 30\sqrt{12.2}=\pm 105\ (\text{mm})$；

$|f_h|<|f_{h允}|$

6.4　GNSS-RTK 控制测量

6.4.1　GNSS 控制测量概述

在控制测量领域中，GNSS 控制测量以其操作简单、定位精准的特点得到了广泛的应用。

GNSS 控制测量的基本原理和优势在项目 5 中进行了详细介绍,本节不再赘述。

中华人民共和国住房和城乡建设部发布的《卫星定位城市测量技术标准》(CJJ/T 73—2019)将城市 GNSS 控制网按相邻站点的平均距离和精度划分为二等、三等、四等控制网和一级、二级控制网。

GNSS 控制测量可以分为动态控制测量和静态控制测量两种,在一些高精度控制测量中,依然使用高精度 GNSS 静态控制测量方法。随着时代的发展,GNSS 静态控制测量也朝着 GNSS 动态控制测量,即 GNSS-RTK 控制测量的方向发展。在一些小区域控制网(如图根控制)中,如果控制测量的精度要求不高,应用 GNSS-RTK 控制测量,只需要作业人员在点位上测量几秒钟就可以得到实时定位结果,大大提高了作业效率。

6.4.2 GNSS-RTK 控制测量的方法及要求

GNSS-RTK 的技术原理示意图如图 6-8 所示。GNSS-RTK 控制测量可采用网络 RTK 测量方法和单基准站 RTK 测量方法。已建立 CORS 系统的城市,可采用网络 RTK 测量方法。当采用 GNSS-RTK 控制测量方法布设控制点时,在城市 GNSS 平面测量中可以采用的精度等级有:一级、二级、三级、图根和碎部。GNSS-RTK 平面测量的技术要求应符合表 6-11 的规定。一级控制点的布设应采用网络 RTK 测量方法;困难地区相邻点间的距离可缩短至表 6-11 中数值的 2/3,边长较差应小于±20 mm。

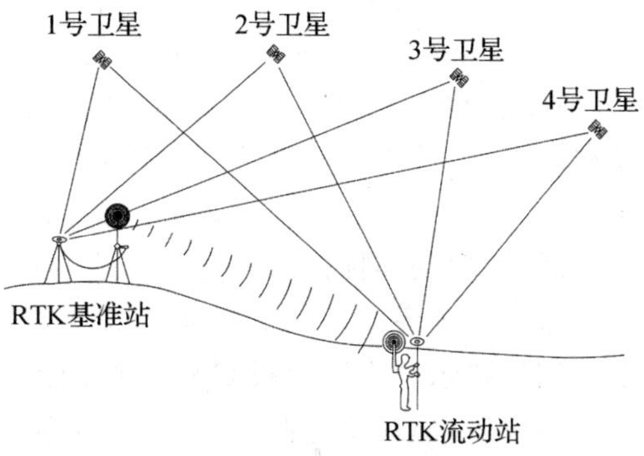

图 6-8　GNSS-RTK 的技术原理示意图

表 6-11　GNSS-RTK 平面测量的技术要求

等级	相邻点间的距离/m	点位中误差/mm	边长相对中误差	基准站等级	流动站到单基准站间的距离/km	测回数
一级	≥500	≤50	≤1/20 000	—	—	≥4
二级	≥300	≤50	≤1/10 000	四等及以上	≤6	≥3
三级	≥200	≤50	≤1/6 000	四等及以上	≤6	≥3
				二级及以上	≤3	
图根	≥100	≤50	≤1/4 000	四等及以上	≤6	≥2
				三级及以上	≤3	
碎部	—	≤图上 0.5 mm	—	四等及以上	≤15	≥1
				三级及以上	≤10	

注:网络 RTK 测量方法可不受基准站等级、流动站到单基准站间距离的限制,但应在城市 CORS 系统的有效服务范围内。

城市 GNSS 高程测量按精度应划分为图根测量和碎部测量。当采用 GNSS-RTK 进行高程控制测量时,高程异常模型内符合中误差(简称模型内符合中误差)、检测高程中误差、检测较差应符合表6-12的规定。四等及四等以上的GNSS高程测量应进行专项设计。

表6-12　GNSS-RTK控制测量的主要技术要求　　(mm)

等级	地形					
	平地、丘陵			山地		
	模型内符合中误差	检测高程中误差	检测较差	模型内符合中误差	检测高程中误差	检测较差
图根	≤30	≤50	≤100	≤45	≤75	≤150
碎部	≤100	≤150	≤300	≤150	≤225	≤450

GNSS-RTK控制测量接收设备包括双频接收机、天线及天线电缆、数据链设备、数据采集器等，基准站设备实时发送差分数据，流动站设备接收、识别并处理差分数据。接收设备的动态标称精度应满足：平面固定误差不超过10 mm，比例误差系数不超过1 mm/km；高程固定误差不超过20 mm，比例误差系数不超过1 mm/km。

在进行GNSS-RTK控制测量的控制点布设时，应不少于3个两两通视或不少于2对相互通视的点；点位周边的环境应交通便利，并应有利于扩展和联测的地点；视场内障碍物的高度角不宜大于15°；对符合要求的已有控制点，经检查点位稳定、可靠的，宜对其加以利用；点位选定后，应现场作标记，拍摄照片，绘制略图。

城市各等级的GNSS控制点需要埋设永久性测量标志，标石的标志应满足平面、高程测量共用的要求。不同等级GNSS控制点的标石及标志规格应符合相应规范的规定。选点与埋石结束后，应提交控制点点之记、控制点选点网图、埋石各阶段的照片、测量标志委托保管书和工作总结报告等成果。

在控制点测量时，采用三脚支架方式架设天线来进行作业；测量过程中，仪器的圆气泡应严格稳定居中。在完成控制点测量后，控制点应采用常规方法进行边长、角度或导线联测检核，导线联测应按低一个等级的常规导线测量的技术要求执行。GNSS-RTK平面控制点检核测量的技术要求应符合表6-13的规定。

表6-13　GNSS-RTK平面控制点检核测量的技术要求

等级	边长检核		角度检核		导线联测检核		坐标检核/mm
	测距中误差/mm	边长相对中误差	测角中误差/(″)	角度较差限差/(″)	角度闭合差/(″)	边长相对闭合差	
一级	≤15	≤1/14 000	≤5	≤14	$\leqslant 16\sqrt{n}$	≤1/10 000	≤50
二级	≤15	≤1/7 000	≤8	≤20	$\leqslant 24\sqrt{n}$	≤1/6 000	≤50
三级	≤15	≤1/4 000	≤12	≤30	$\leqslant 40\sqrt{n}$	≤1/4 000	≤50
图根	≤15	≤1/2 500	≤20	≤60	$\leqslant 60\sqrt{n}$	≤1/2 500	≤50

注：表中n为测站数。

进行高程控制点检核时，可采用水准检测或电磁波测距三角高程检测，GNSS-RTK高程控制测量的检测较差应符合表6-14的规定。

表 6-14　GNSS-RTK 高程控制测量的检测较差

等级	图根		碎部	
方法	图根水准	三角高程	三角高程	水准
检测较差	$\leqslant 60\sqrt{L}$	$\leqslant 0.4S$	$\leqslant$300 mm	

注：1. L 为水准检测线路的长度，以 km 为单位，小于 0.5 km 的，按 0.5 km 计；
2. S 为三角高程的边长，以 m 为单位；
3. 在山区，上述限差可放宽 1.5 倍。

GNSS-RTK 控制测量的外业采集数据需要及时进行备份、处理。外业观测记录及原始观测数据应及时进行保存，不得进行任何形式的剔除、修改。GNSS-RTK 控制测量成果应进行 100％的内业检查和不少于总点数 10％的外业检查。内业检查应符合相关规范的规定。

在 GNSS-RTK 控制测量完成后，应提交外业记录表、外业观测数据记录文件、单基准站 RTK 测量起算点成果资料、区域坐标转换参数及精度分析、测量成果表、测量检核及检测资料和技术总结。GNSS-RTK 控制测量完成后，宜提交技术设计书和控制点测量示意图。

6.4.3　GNSS-RTK 控制测量的误差来源及其控制

在 GNSS-RTK 控制测量中，主要存在两类误差：一类是与测站有关的误差，包括天线相位中心变化、多路径误差、信号干扰和气象因素；另一类是与距离有关的误差，包括轨道误差、电离层误差和对流层误差。下面就上述误差进行分析。

①天线相位中心变化：天线的机械相位中心和电子相位中心一般不重合，而且电子相位中心是变化的，它取决于接收信号的频率、方位角和高度角。因此，不仅需要测量电子相位中心的平均位置相对于天线机械相位中心的变化，还要定义整个可见天线相位中心的变化。忽视天线相位中心的变化，可使点位坐标的误差达到 3 cm，最大可达到 5 cm。因此，若要提高精度，必须知道流动站天线和基准站天线的精确相位图形，据此改正其数据。

②多路径误差：该误差是 GNSS-RTK 控制测量中最严重的误差，它取决于天线周围的环境。多路径误差一般为 5 cm，在高反射环境下可达 19 cm。多路径误差可通过一些措施予以减弱，如选择地形开阔、没有反射面的点位，使用具有削弱多路径误差功能的各种技术天线，在基准站附近铺设吸收电磁波的材料，采用处理数据的新技术，接收机内采用专门的滤波器等。

③信号干扰：对于基准站而言，测试天线周围的电磁波非常容易受到干扰。干扰的强度取决于频率、发射台功率和基准站至干扰源的距离，选点时要注意这些信号干扰因素。

④气象因素：研究发现，天气急剧地变化也能导致观测坐标的变化。因此，在恶劣的天气条件下，不宜进行 GNSS-RTK 控制测量。

⑤轨道误差：只有几米，其残余的相对误差影响约为 1 mm/km。就短基线（＜10 km）而言，轨道误差对结果的影响可忽略不计；但对于 20～30 km 的基线，轨道误差对结果的影响则可达到几厘米。

⑥电离层误差：将 L_1 和 L_2 载波的相位观测值进行线性组合来消除电离层误差的影响。电离层效应与太阳黑子的活动密切相关。如果太阳黑子的平静期小于 5 mm/km，当太阳黑子爆发时，其影响可达到 50 mm/km。实践表明，在太阳黑子爆发的几天内，不但 GNSS-RTK

控制测量无法进行，即使 GNSS 静态控制测量也会受到严重的影响。

⑦对流层误差：与点间距离和点间高差密切相关，一般可达到 3×10^{-3} mm。为了保证 GNSS-RTK 控制测量达到厘米级精度，需要采用模型改正、双频观测、相对定位等方法模拟和校正对流层误差。

用 GNSS-RTK 控制测量进行测区控制时，由于缺少检查条件，为了保证作业精度，可以采用 2 种方法来解决：

①用同一个基准站把所有点位测量两次，比较两次的差值；

②用两个不同的基准站将所有的点位分别测量一次，比较两次的差值。

用两个不同的基准站进行 GNSS-RTK 控制测量时，如果基准站的坐标精度不是很高，比较的差值可能会比较大，而且会体现出一种系统性。这是因为基准站的已知点误差在 GNSS-RTK 控制测量中不能消除，并且会作为固定误差存在下来，这样比较的差值里面就包括已知点误差和测量误差两部分，而用同测站测量两次则只含有测量误差，比较的差值就很小。

任务　导线外业测量及成果整理

1. 学习目的

①了解和掌握测量仪器的操作和使用方法；

②学习导线外业测量的基本知识和技能；

③熟悉测量数据的处理方法和成果整理方法。

2. 人员、仪器及工具

(1)人员

5 名学生为一组，每个班根据实际情况进行分组，每个小组选出 1 名组长、1 名观测员、1 名记录员、1 名前视员和 1 名后视员。组长对组员进行安排，做到人员的充分利用，小组分工如下。

①组长：负责协调小组成员、管理任务分配，确保项目进展顺利；

②观测员：负责仪器设站、观测数据和外业进展；

③记录员：负责详细记录数据，确保准确性和完整性；

④前视员：负责前视仪器架设，警示可能的障碍或风险；

⑤后视员：负责后方仪器架设，确保小组的安全，并提醒可能的后方情况。

(2)仪器及工具

每组配备全站仪 1 台、三脚架 4 个、棱镜 3 个、基座 3 个、尺垫 1 对和记录簿。

3. 操作流程

(1)外业测量

1)选点

根据测区的地形情况，选择一定的导线点。选点时要注意：

①相邻点之间要通视；

②点要选在地质坚实的地方；

③导线边长要大致相等，使测角的精度均匀；

④点要均匀分布，以便控制整个测区。

2）水平角观测

先将仪器架在点 2，在盘左位置瞄准点 1，置零，松开制动螺旋，顺时针旋转照准部，瞄准点 3，读数并进行记录；再在盘右位置瞄准点 3，逆时针旋转照准部至点 1，进行测量并记录。边测量边检核，要求一个测回的盘左、盘右位置读数之差不大于 24″，并取二者的平均值作为最后的水平角角值。

3）边长测量

在测角的同时测量边长。

4）导线定向

导线定向的目的是将导线点的坐标纳入国家坐标系或者该地区的统一坐标系中。当导线与测区已有控制点连接时，必须测出连接角，即导线边与已知边发生联系的角。

(2)内业数据处理

1）角度闭合差的计算与调整

n 边形内角和为$(n-2)\times180°$，观测的内角和与理论的内角和之差为角度闭合差 f_β，允许的角度闭合差为 $f_{\beta允}=\pm60''\sqrt{n}$。

计算水平角改正数：如角度闭合差不超过角度闭合差的容许值，则将角度闭合差反符号平均分配到各观测水平角中，也就是每个水平角加相同的改正数 v_β，v_β 的计算公式为：$v_\beta=-f_\beta/n$。

2）导线各边坐标方位角的推算

将角度闭合差调整好后，用改正后的角值从第 1 条边的已知方位角开始推算其他边的方位角，计算公式为 $\alpha_{前}=\alpha_{后}\pm180°\pm\beta$。

3）坐标增量及坐标增量闭合差的计算与调整

在已知导线各边长和坐标方位角之后，可用公式算得坐标增量。

4）导线点坐标的计算

根据已知点的坐标和改正后的坐标增量，按照计划路线依次计算各导线点的坐标。

4. 注意事项

①导线的边长、两节点间点的个数都必须满足规范要求；

②应在每一个导线点上安置仪器，每一条边都要进行往返观测；

③按相应等级水平角测量的测回数和限差要求，测量导线点至前、后两点间的水平角。

④一定要边测量边检核，误差超限的地方要进行重测，否则测得的数据不能使用又要进行重测，浪费人力、物力和财力。

5. 任务练习

闭合导线测量路线示意图如图 6-9 所示。

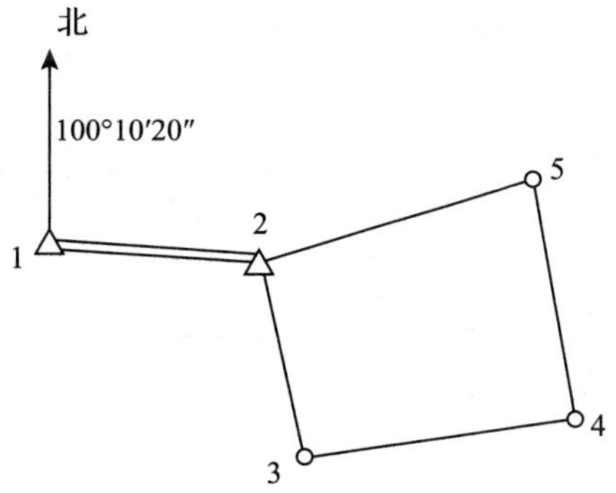

图 6-9　闭合导线测量路线示意图

导线测量成果计算表见表 6-15。

表 6-15　导线测量成果计算表

点号	观测角	改正后角值	坐标方位角	边长/m	坐标方位角/(°)	x 坐标增量/m			y 坐标增量/m			x/m	y/m
						Δx	改正数	改正后 Δx	Δy	改正数	改正后 Δy		
求和													
辅助 $\Sigma\beta_m$													
计算 $\Sigma\beta_{th}$					$w_D=$		$w_k=w_D/\Sigma D=$						
$f_\beta=\Sigma\beta_m-\Sigma\beta_{th}$													
改正数 $v_\beta=$				Δx 改正系数＝			Δy 改正系数＝						

项目7　地形图测绘与应用

7.1　地形图的基本知识

7.1.1　地形图概述

地形图是按照一定的比例尺表示地物、地貌平面位置和高程的正射投影面。所谓地形，就是地物与地貌的合称。地物是指地面上自然形成或人工修建的有明显轮廓的物体，比如道路、桥梁、房屋、耕地、河流、湖泊等。地貌是指地面上高低起伏变化的地势，比如平原、丘陵、山脊、洼地等。在地形图上，地物用图式符号加注记来表示，地貌一般用等高线和地貌符号来表示。

地形数据是规划、建设和管理基础设施的重要基础。地形测量在国家基础设施建设和经济发展中扮演着重要角色，正如习近平总书记曾讲过的"只要有愚公移山的志气、滴水穿石的毅力，脚踏实地，埋头苦干，积跬步以至千里，就一定能够把宏伟目标变为美好现实"。在履行地形图测量使命的同时，我们更应该致力于出色完成本职工作，将爱国奋斗的情怀融入自身职责之中，坚持务实进取、勤奋付出、甘于艰辛、无私承担，以专注和激情，实现工作的优质完成，全心全意地投入并热爱所从事的领域。

7.1.2　比例尺及其精度

将地球表面的形状和地面上的物体测绘在图纸上，不可能也无必要按其真实大小来描绘，通常要按一定的比例缩小。这种缩小的比例，即图上距离和相应实地水平距离的比值称为比例尺。比例尺有数字比例尺和直线比例尺2种表示方法。用数字表示图上距离与相应实地水平距离的比值称为数字比例尺，比如1∶2 000、1∶1万、1∶5万等。假设用一定长度的线段表示图上距离，按它所对应的实地水平距离进行注记，这种比例尺称为直线比例尺。

数字比例尺可用式(7-1)来表示：

$$比例尺=\frac{图上距离}{实地水平距离}=\frac{1}{M} \tag{7-1}$$

式中，M为比例尺分母。

数字比例尺的比值越大，比例尺越大，反映的地物和地貌越详细。比例尺通常分为大、中、小3类。

大比例尺：1∶500、1∶1 000、1∶2 000、1∶5 000；

中比例尺：1∶1万、1∶2.5万、1∶5万、1∶10万；

小比例尺：1∶25万、1∶50万、1∶100万。

其中1∶1万、1∶2.5万、1∶5万、1∶10万、1∶25万、1∶50万、1∶100万的比例尺地形图被国家定义为基本比例尺地形图。

用分规的两个脚尖对准地形图上要量测的两点，再移至直线比例尺上，使分规的一个脚尖放在零点右面适当的分划线上，另一个脚尖落在零点左面的基本单位上；读取左边的尾数，两脚尖读数之和即为实地水平长度。直线比例尺如图7-1所示。

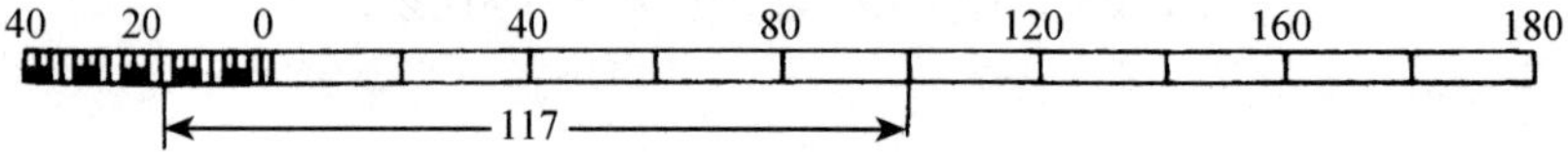

图7-1　直线比例尺

一般来说，正常人的眼睛只能分辨出图上距离大于0.1 mm的两点。比例尺精度是指地形图上0.1 mm所代表的实际水平距离。不同比例尺地形图的比例尺精度见表7-1。

表7-1　不同比例尺地形图的比例尺精度

比例尺	1∶500	1∶1 000	1∶2 000	1∶5 000	1∶10 000
比例尺精度/m	0.05	0.10	0.20	0.50	1.00

测图比例尺关系到实际需要、成图时间及测量费用，因此，根据比例尺精度可参考决定：

①按工作需要，多大的地物需在图上表示出来或测量地物要求精确到什么程度，由此确定测图的比例尺；

②当测图比例尺确定之后，可以推算出测量地物时应精确到什么程度。

7.1.3　分幅与编号

大比例尺地形图分幅是按平面坐标来划分，编号则用图幅图廓西南角坐标的千米数表示，通常采用正方形分幅和矩形分幅。

1∶500、1∶1 000、1∶2 000大比例尺地形图一般采用50 cm×50 cm正方形分幅或40 cm×50 cm矩形分幅。大比例尺地形图按图廓西南角坐标的千米数进行编号，x坐标在前，y坐标在后。1∶500地形图取至0.01 km(如10.40～21.75 km)，1∶1 000、1∶2 000地形图取至0.1 km(如10.0～20.0 km)。图幅的实地边长和实地面积见表7-2。

表7-2　图幅的实地边长和实地面积

内容	比例尺		
	1∶500	1∶1 000	1∶2 000
实地边长/m	250	500	1 000
实地面积/km^2	0.062 5	0.25	1.0

7.1.4 地物、地貌的表示方法

为了清晰、准确地反映地面的真实情况，地形图上的地物和地貌应按照《国家基本比例尺地图图式》(GB/T 20257.1—2017)中规定的符号进行表示。将地物表示在地形图上的原则是：对于能依比例尺表示的地物，将其水平投影位置的几何形状相似地描绘在地形图上，或将其边界位置表示在地形图上，在边界线内绘制相应的地物符号；对于不能依比例尺表示的地物，在地形图上用相应的地物符号表示在地物的中心位置。

地形图图式分为地物符号和地貌符号。地物符号包括比例符号、半比例符号、非比例符号和地物注记。比例符号是指地物的形状、大小可依比例缩绘在图上的符号，如房屋、湖泊等。半比例符号是指对于带状地物，其长度可依比例缩绘，而宽度无法依比例缩绘的符号，如管道、小路等。非比例符号是指地物很小但很重要，考虑其实际大小，采用规定符号来表示的地物符号，如导线点、水准点等。有些地物除用相应的符号表示外，还需要用文字和数字对地物的性质、名称，如河流的水深、流速等加以注记，称为地物注记。

地球上有5种基本地形类型：山地、平原、高原、丘陵、盆地。地貌符号一般用等高线和注记表示。地貌的形态错综复杂，一般由山顶、山谷、山脊、洼地、鞍部等基本形态组成。测量工作中常用等高线来表示地貌。基本地形类型的示意图如图7-2所示。

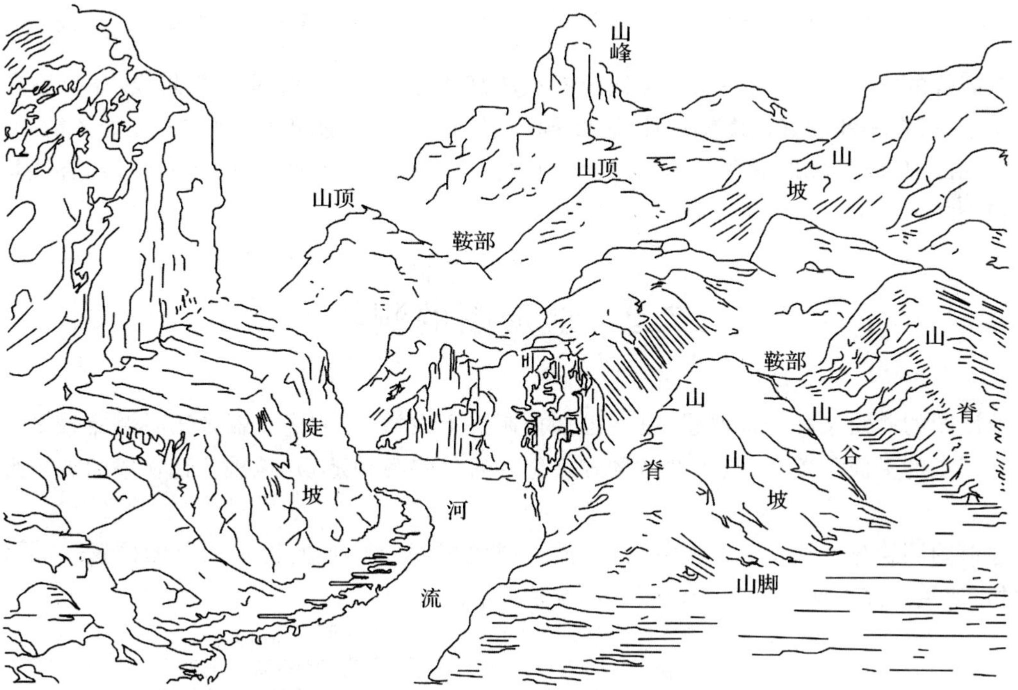

图7-2 基本地形类型的示意图

等高线是指由地面上高程相等的相邻点连成的闭合曲线。相邻等高线之间的高差称为等高距，也称为等高线间隔，用 h 表示。相邻等高线之间的水平距离称为等高线平距，用 d 表示。坡度 $i=h/d$。等高线表示地貌的原理如图7-3所示。

等高线分为首曲线、计曲线、间曲线和助曲线。首曲线又称基本等高线，是指按照规定的等高距绘制的等高线，其高程是等高距的整数倍，在地形图上用细实线描绘，不注记高程。计曲线又叫加粗等高线，规定将每逢 5 倍等高距的等高线加粗，在等高线上注记高程。间曲线又叫半距等高线，是指按照 1/2 基本等高距描绘的等高线。助曲线是指按照 1/4 基本等高距描绘的等高线。等高线的分类如图 7-4 所示。

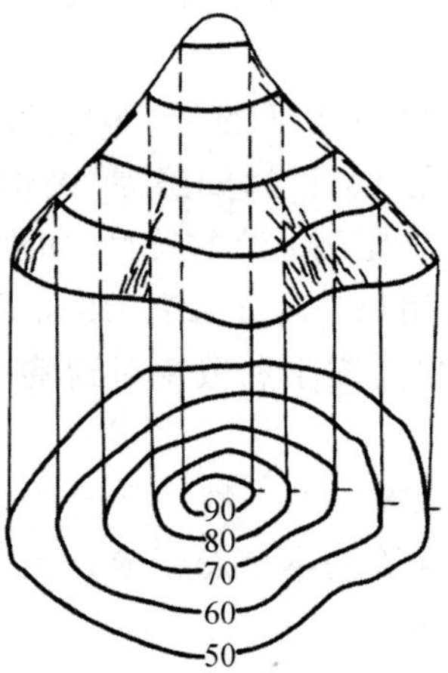

图 7-3　等高线表示地貌的原理

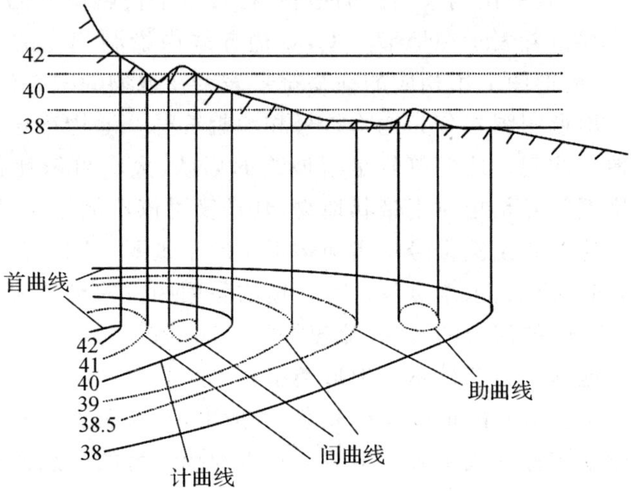

图 7-4　等高线的分类

等高线的特性包括：同一条等高线上各点的高程相等；等高线是闭合曲线，如果不在本图幅内闭合，就在相邻的其他图幅内闭合；不同高程的等高线不能相交，只在悬崖处才能相交，但交点必须成双；同一幅地形图上，等高线平距的大小与地面坡度成反比；山脊线、山谷线均与等高线正交。

7.2　地形图的测绘

地形图的测绘又称碎部测量，是在已知控制点上设站，用测量仪器及工具测定控制点周围地形特征点的平面位置和高程，并按图式规定的符号将各种地物、地貌依比例缩绘成地形图的工作。

地形图测绘分为测量和绘图两大部分：一是测，测量地物、地貌特征点的位置；二是绘，绘制地物、地貌。碎部测量的生产流程如图 7-5 所示。

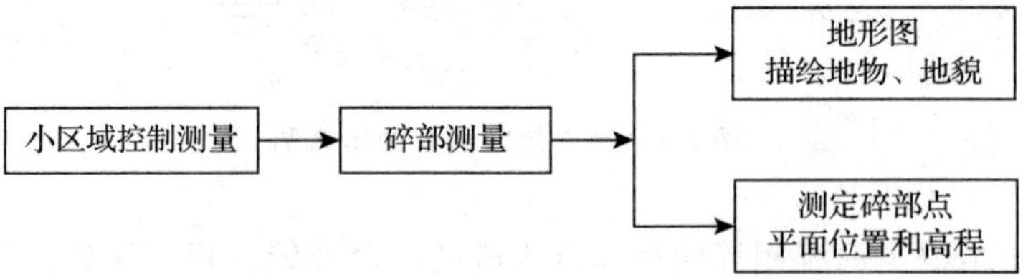

图 7-5　碎部测量的生产流程

所谓碎部点就是地物、地貌的特征点，如房角、道路交叉点、山顶、鞍部等。碎部测量就是采集碎部点（地物及地貌特征点）的空间位置及属性信息。

地物特征点主要是地物轮廓的转折点，如房屋的房角、围墙，电力线的转折点，道路河岸线的转弯点、交叉点，电线杆、独立树的中心点等。连接这些特征点便可得到与实地相似的地物形状。不依比例尺的独立地物（点状地物）的特征点为地物中心；线状地物的特征点为曲线、折线拐点，圆曲线的2个切点和圆弧中点；面状地物的特征点为拐点、区域内部高程点或面状地物属性注记，如楼的结构、层数、名称，植物名称等。

地貌特征点应选在最能反映地貌特征的地形线上，如山顶、鞍部、山脊和山谷的地形变换处，山坡倾斜变换处和山脚地形变换处。为了能真实地表示实地情况，在地面平坦或坡度无明显变化的地区，碎部点的间距、碎部点的最大视距和城市建筑区的最大视距均应符合相应规定。

测量碎部点时，可以根据地形、仪器和工具选择不同的测量方法。使用全站仪进行碎部测量时可采用“极坐标法”和“后方交会法”，本节讲述的是极坐标法。所谓极坐标法，即在已知坐标的测站点上安置全站仪或测距经纬仪，在进行测站定向后，观测测站点至碎部点的方向、天顶距和斜距，进而计算碎部点的平面坐标和高程。在测站点 A 安置全站仪，在后视点 B、C 进行检核；A、B 点的坐标、高程，以及测站数据预置于全站仪内。在碎部点 P 放置棱镜，对 P 点进行坐标测量，全站仪自动记录 P 点的三维坐标，逐点进行观测。将全站仪内的数据文件输入计算机，经测图软件处理、编辑成数字化地形图。碎部测量的示意图如图7-6所示。

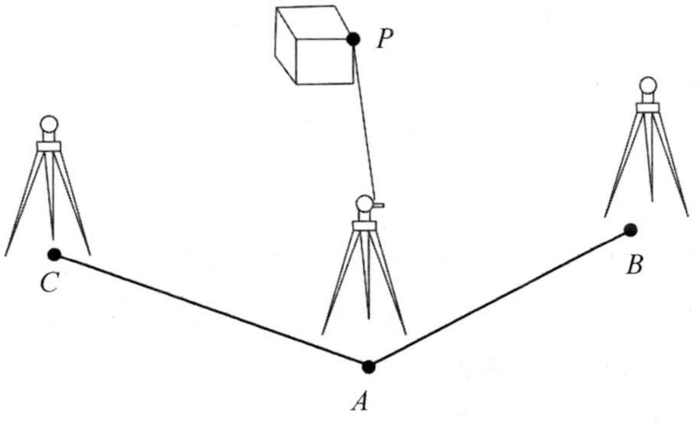

图7-6　碎部测量的示意图

GNSS-RTK控制测量可以缩短工期，降低成本，减少人力和物力，从而大大提高测量的效率和精度。目前在建筑物密集、树木较多的城区，地形图测量的主要手段仍然是传统的全站仪，除此之外主要采用GNSS-RTK进行测图。进行GNSS-RTK测图时，需要架设基准站，把基准站的机头架设在三脚架上，然后把发射天线、电台和电瓶连接好，打开主机电源，若电台正常发射信号，则表明基准站架设完成。如果采用网络RTK方法，就可以省略该步骤。连接手簿和移动站，然后在手簿的测量软件中新建工程文件，选择正确的坐标系，填写正确工作地点的中央子午线。在移动站固定解的状态下采集多个控制点坐标，然后求转换参数，把控制点的已知坐标和采集点的大地坐标一一对应输入手簿，在转换参数计算结果的精度满足要求的情况下进行保存并应用。在控制点检验没有问题之后即可开始工作。需要特别注意的是，参数计算原则上要用两个或两个以上的控制点，控制点等级的高低和分布直接决定了4个参数的控制范围。后续采用同一工程文件时,需要进行点校核(点校正或校正向导),把移动站立在已知的控制点上进行点校正。

在完成外业的数据采集之后,将数据导入测图软件进行地形图(地物和地貌)的绘制。地物要按地形图的图式符号表示,如房屋按其轮廓用直线连接,河流、道路的弯曲部分则用圆滑的曲线连接;对于不能按比例绘制的地物,应用相应的非比例符号表示。地貌主要用等高线来表示;对于不能用等高线表示的特殊地貌,如悬崖、峭壁、陡坎、冲沟等,则用相应的图式规定符号表示。等高线是根据相邻地貌特征点的高程,按规定的等高距绘制的。等高线的绘制方法有内插法和目估法等,目前等高线均由计算机制图软件拟合生成。

由于测量误差的存在,相邻图幅连接处的地物轮廓线与等高线不能完全吻合,因此需要进行拼接。拼接时,如果接边差不超过限差要求,可以平均配赋,但应保证地物、地貌的相互位置和走向的正确性,然后据此原则修改相邻图幅接边处的地物、地貌位置。

为确保成图质量,要随测随检;测完地形图后,还应进行自检和互检,具体分为室内检查和野外检查。室内检查主要进行内业成果的检查,保证成果齐全、合格、正确,图面清晰;确认的问题加以改正,不确认的问题和疑点应作好记录,到野外进行实地检查、修改。野外检查是在室内检查的基础上进行重点抽查,有两种方法:巡视检查和仪器检查。

地形图经过拼接和检查后,还应按规定的地形图图式符号对地物、地貌进行清绘和整饰,使图面更加合理、清晰、美观。地形图整饰的基本要求:地物符号按照图式规定描绘清楚;修饰等高线,使之圆滑、清晰,并加粗记曲线;绘制内、外图廓线,接边图,三北线图,图式比例尺;写明图名、图号、数字比例尺、坐标系统、高程系统、测图单位和时间。

7.3　地形图的应用

地形图全面客观地反映地貌、地物、居民地、水系、交通、通信、管线、农林等多方面的信息,提供地面点、线、角、高程、方向、面积、坡度等基本数据。地形图被广泛应用于地质勘探、矿山开采、城市用地分析、城市规划和工程建设等领域。

1. 确定点的坐标和高程

利用地形图上的坐标格网及相应的地理坐标和平面坐标的注记,就可求得图上任一点的坐标。随着计算机及其外部设备的发展,如果需要量测图上大量点位的坐标,还可以利用数字化仪器和计算机,通过合适的软件快速量测点位。

2. 确定线的方向

线的方向通常用方位角表示。确定线的方向就是确定这条线的方位角,一般以坐标方位角来确定直线的方向。如果需要,还可以根据三北方向图求其他方位角,如真方位角、磁方位角等。

求坐标方位角的方法有两种:一种是直接用量角器量取,即过直线的一点作平行于坐标纵轴的直线,然后直接用量角器在图上量取坐标方位角,这种方法往往是在精度要求不高时使用;另一种是先用前面讲过的方法分别求出直线上两点的坐标,再用坐标反算公式计算出坐标方位角。

3. 求两点间的距离、坡度

要确定两点间的距离，可采用两种方法：一种是用比例尺在图上直接量取；另一种是先确定两点的坐标值，再用两点间距离公式求得。如果求点的坐标时已进行过图纸伸缩的改正，则此法求得的两点间的平距不含图纸伸缩的影响。

4. 用作各种专业用图的底图

用作各种专业用图的底图是地形图一个最基本的应用，各种专业用图多数是在地形图的基础上制作的。比如，军队在作战指挥、演习调动等行动中使用的军事要图就是在地形图上标注军事要素形成的；在进行工程建设的规划设计时，也需用地形图来了解规划地区的情况，并将调查研究的情况、设计思路表示在地形图上，然后制作规划图、设计图等专题地图。另外，农业、地质、采矿、交通等行业也将地形图作为专业底图。不论哪个行业，用地形图作为底图时，应注意两个方面的问题：一是要考虑地形图的现势性，尽量采用较新的地形图，必要时还要进行修测和补测；二是要考虑选择适当的比例尺，既要满足精度要求，又不能造成人力和财力的浪费，根据各专业的需求精度进行计算。

5. 实地定向、定位

在军事行动、地质普查、道路选线、厂矿选址等各项活动中，经常需要利用地形图确定实地的方向和点位。所谓利用地形图进行实地定向、定位，是指在野外使用地形图时，使图上标注的方向与实地方向一致，使图上标注的点位与实地相应的点位一致。这与只在图上求点的坐标和直线的方位角不同。实地定向、定位要求在实地找到图上的点或在图上找到实地的点，并使图与实地的方向一致。

定向通常有两种方法：一种是借助罗盘和图上的磁北方向线进行定向，或者有三北方向图时利用罗盘和纵坐标线进行定向；另一种是先确定自己的实地位置，再利用周围明显的目标进行定向。

要确定点位，最简易的方法是根据图上和实地明显地物和地形的对应关系来寻找点位，其基本要求是要准确掌握地形图上各类地物、地貌符号的含义，判定时不仅要目估欲定点与地物间的方向和距离，还要充分考虑其与附近地形的相互关系。

6. 用于地形三维景观的制作

随着计算机技术的发展，以数字化地形图为基础制作地形三维景观，将平面地图立体化，已成为地形图的又一个基本应用。具体应用主要有两个方面：一是将地形图作为三维地形制作的基础，如提取地形图上的地形信息，生成数字地面模型，供计算机显示；二是将地形图作为地形三维景观的表面纹理。

任务1 碎部点的测量方法

1. 学习目的

①学习碎部点测量方法的基本知识，了解其应用场景和原理；

②学习碎部点测量方法的实训操作流程，熟悉测量仪器的使用；

③参与实际测量任务，协助工程师完成测量工作；

④对测量数据进行处理和分析，撰写实习报告并进行汇报。

2. 人员、仪器及工具

(1)人员

5 名学生为一组，每个班根据实际情况进行分组，每个小组选出 1 名组长、1 名观测员、1 名记录员和 2 名立杆员。组长对组员进行安排，做到人员的充分利用。小组分工如下。

①组长：负责协调小组成员、管理任务分配，确保项目进展顺利；

②观测员：负责仪器设站、观测数据和外业进展；

③记录员：负责绘制外业草图、记录数据，确保准确性和完整性；

④立杆员：负责碎部点棱镜立杆，确保小组安全，并提醒可能的后方情况。

(2)仪器及工具

每组配备全站仪 1 台、棱镜 2 个、三脚架 1 个、棱镜杆 2 根、图纸和计算表格等。

3. 操作流程

(1)测量步骤

进行碎部测量的前提是将布设的控制点坐标计算出来。

①将全站仪安置于某一控制点(设为 A)上，将棱镜放到与全站仪邻近的控制点(作为定向点)上，对全站仪和棱镜进行对中、整平(对中误差不应大于 2 mm)。

②打开仪器，新建项目，建站，在全站仪中输入测站点的坐标(可采用调用的方式)。

③选择可通视的另一个控制点(设为 B)为定向点，调用定向点的坐标，然后用望远镜照准定向点(尽量瞄准目标的底部)，进行检核和定向。

④照准定向点的棱镜，进行检查测量，与已知坐标相比较，误差应在 1 倍中误差之内。在第 1 个测站之后，也可以在已测的几个碎部点上安置反光镜进行检查测量。

⑤进入碎部测量界面，将棱镜杆放在所测的点上，用全站仪测量碎部点的坐标。记录员跟随立杆员绘制工作草图，在工作草图上记录地形要素名称和碎部点的连接关系。

(2)地物、地貌特征点的选取

碎部点应选取地物、地貌的特征点。地物特征点应选在地物轮廓线方向的变化处，如房角点、道路转折点、道路交叉点、池塘转弯点和独立物的中心点；地貌特征点应选在能反映地貌特征的地形线上，如山顶、鞍部、山脊、山谷、山坡、山脚等坡度变化处和方向变化处。碎部点的间距在图上最大不超过 3 cm，最大视距为 1∶500，主要地物的实地间距为 50 m，次要地物的实地间距为 70 m。

(3)绘制草图的注意事项

记录员要注意图面整洁、注记清晰，并做到随测点、随展绘、随检查。

(4)导出数据

将全站仪导出的数据转换成 CASS 可识别的格式。数据进入 CASS 都要通过“数据”菜单，一般是读取全站仪数据，还能通过测图精灵和手工输入原始数据。可将全站仪中的数据导出至硬盘(或 U 盘)中，生成“. dat”文件，再导入 CASS 中。

(5)展全站仪导出数据

点击菜单栏“绘图处理”下拉式菜单中的“展高程点”，可以出现对话框，选择“输入数据文件”，再按提示选择即可展高程点。

点击菜单栏“绘图处理”下拉式菜单中的“展野外测点点号”，可以出现对话框，选择“输入数据文件”即可展野外测点点号。CASS 识别的坐标数据文件（ *. dat）的格式为：

①点名、编码、Y(E)坐标、X(N)坐标、高程；

②文件内每一行代表一个点；

③每个点的 Y(E)坐标、X(N)坐标、高程的单位均为“m”；

④编码内不能含有逗号，即使编码为空，其后的逗号也不能省略；

⑤所有的逗号不能在全角方式下输入。

4. 注意事项

①当测站点的数量或位置不能满足测图要求时，可以采用支导线法进行增设。全站仪支导线边数不应多于 3 条边。

②测量房屋的房角点时，有时只能测量房屋的两个房角点，而使用支导线又太麻烦，可用卷尺量取房屋的宽度和长度来减少工作量。

③一定要按照 CASS 的数据格式输入数据，否则将会出错，并将数据保存为“. dat”格式文件。

④在编辑数字地形图的过程中，一定要注意屏幕左下角菜单命令栏的提示。

⑤要对照草图绘图，不能与实际地物不相符。

5. 任务练习

以某学校女生宿舍为例进行碎部点测量，女生宿舍的草图如图 7-7 所示。

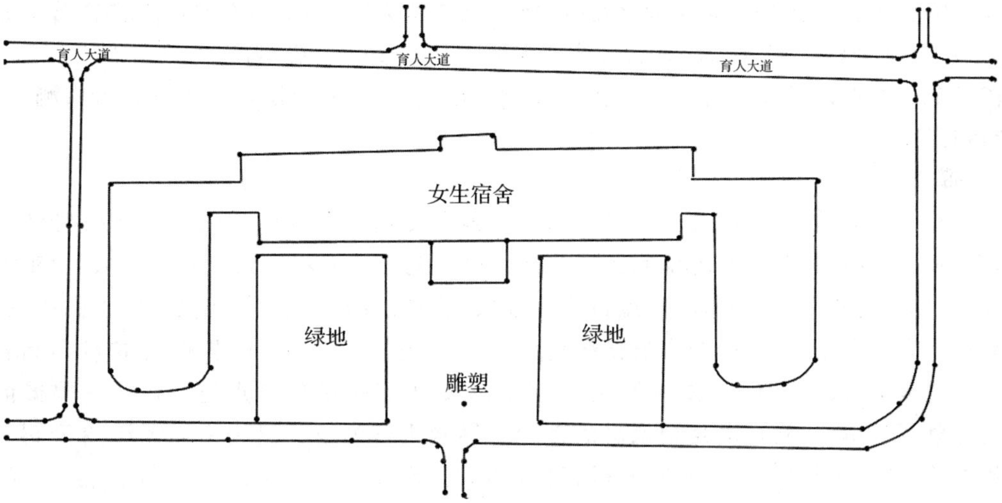

图 7-7　女生宿舍的草图

任务 2　大比例尺数字测图

1. 学习目的

①巩固和深化对数字测图相关的测量、绘图、处理等方面的基础知识、技能和方法，并进行深入的理解与学习；

②熟练掌握常用测量仪器的使用；

③掌握小地区大比例尺地形图的测绘方法与成图过程；

④了解数字测图的基本程序及相关软件的应用。

2. 人员、仪器及工具

(1)人员

5名学生为一组，每个班根据实际情况进行分组，每个小组选出1名组长、1名观测员、1名记录员和2名立杆员。组长对组员进行安排，做到人员的充分利用。小组分工如下。

①组长：负责协调小组成员、管理任务分配，确保项目进展顺利；

②观测员：负责仪器设站、观测数据和外业进展；

③记录员：负责绘制外业草图、记录数据，确保准确性和完整性；

④立杆员：负责碎部点立棱镜杆，确保小组安全，并提醒可能的后方情况。

(2)仪器及工具

每组配备全站仪设备1套、三脚架1个、反射棱镜2个、油漆1桶、锤子1个、钢钉若干。

3. 操作流程

(1)图根控制测量

图根控制测量方法采用全站仪导线测量，即在控制点间布设闭合导线，利用全站仪进行数据的观测，将平面控制测量和高程控制测量集成在对全站仪的一次操作中。经过实地勘察后，小组以点位稳定、安全性好、通视情况良好、便于观测作为选点原则，在测区内选择若干点作为控制点，并用油漆画“⨁”作为标记，将这些控制点构成闭合导线，自选方位角。

在各个控制点进行观测时，对导线的转折角、导线边、导线控制点的高程进行观测，并量取仪器高和棱镜高。

(2)碎部测量

进行碎部测量时，沿导线逐测站进行测量。各个测站的流程大致如下：架设仪器时，要保证仪器架稳，一般是将三脚架的腿间距适当放大些。角度过大将导致全站仪过低，给观测带来不便，同时也影响观测员的操作；角度过小将导致全站仪放置不稳，存在仪器损害的潜在风险。在控制点上安置全站仪，检查中心连接螺旋是否旋紧，依次进行对中、整平、量取仪器高和开机操作。设置测站点，从已有数据中提取测站点的坐标并且瞄准后视点进行定向。根据记录员所绘制的草图及编号，立杆员在记录员的带领下逐号进行测量。遇到实在无法测量而又必须测得数据的地方，采用增加测站数的方法进行测量。比较难以测量的个别角落，去掉棱镜杆，直接把棱镜放置在待测点，并测量出棱镜的自身高度。

(3)内业成图过程

①打开计算机进入CASS11.0系统，查看仪器的相关通信参数，用数据线将全站仪与计算机正确连接。

②执行下拉式菜单“数据/读全站仪数据”命令，在弹出的对话框中选择相应型号的仪器，设置通信参数(通信口、波特率、校验、数据位、停止位)，并且应与全站仪内部通信参数的设置相同；选择文件保存位置，输入文件名并输出为“.dat”格式。

③展绘碎部点、成图：执行下拉式菜单“绘图处理/定显示区”命令确定绘图区；执行下拉式菜单“绘图处理/展野外测点点位”命令，即在绘图区得到展绘好的碎部点点位，结合野外绘制

的草图绘制地物；再执行下拉式菜单“绘图处理/展高程点”命令。经过对所测地形图进行屏幕显示，在人机交互模式下进行绘图处理，图形编辑、修改、整饰，最后形成数字地图的图形文件。

④展点(高程点或点号)：在“绘图处理”的下拉式菜单中选择“展点”项的“野外测点点号”，在打开的对话框中选择自己所需要的文件，然后单击“确定”，便可以在屏幕上展出野外测点及其点号。

⑤绘图：根据草图选择南方 CASS11.0 软件提供的地物类型描绘地形图。

⑥加图幅的方法：在“绘图处理”的下拉式菜单中选择“任意图幅”(任意图幅不受测图面积的限制)，在量取图幅大小以后输入图幅尺寸，然后输入图名、观测员、记录员、检查员，左下角坐标用鼠标拾取。在选择框里选择“取整到米”，点击“确定”即可。

4. 注意事项

①在作业前应作好准备工作，全站仪的电池、备用电池均应电量充足；

②进行外业数据采集时，记录及草图绘制应清晰、信息齐全；

③在测量的过程中，碎部点的取舍和测量至关重要。

5. 任务练习

以某学校女生宿舍为例进行大比例尺数字测图工作，其草图如图 7-7 所示。

任务 3 CASS 软件基本操作

1. 学习目的

掌握南方 CASS11.0 绘图软件的基本操作，并能够在实际工作中灵活运用。

2. 人员、仪器及工具

(1)人员

5 名学生为一组，每个班根据实际情况进行分组，每个小组选出 1 名组长。组长对组员进行安排，做到人员的充分利用。小组分工如下。

①组长：负责协调小组成员、管理任务分配，确保项目进展顺利；

②组员：独立完成绘图任务。

(2)仪器及工具

南方 CASS11.0 软件 1 套、计算机 1 台。

3. 操作流程

①南方 CASS11.0 软件的屏幕菜单如图 7-8 所示。

②CASS 参数的必要设置：是否连续绘制，设置点号字高、高程点字高和快捷键等。

③设置绘图比例尺(1∶500、1∶1 000、1∶2 000)，默认比例尺为 1∶500(1∶1 000 比较少)。

④展野外测点点号，选择 CASS 数据文件，扩展名为“.dat”，每一行的内容为“点号 E，N，*Z*”。

⑤采用点号定位法绘制独立地物。选择点号定位方式之后，点击“地物/独立地物”符号即可绘制点号，输入点号后回车；如果有方形地物(例如雨水篦子和道路平行)，需要将地物旋转后再回车。居民地的门墩也可以使用旋转功能。

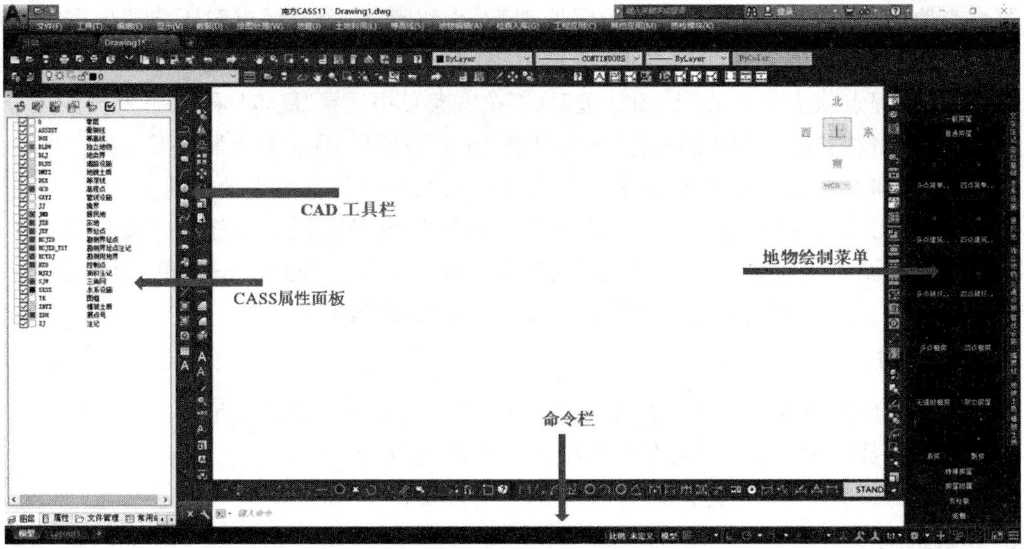

图 7-8 南方 CASS11.0 软件的屏幕菜单

⑥鼠标绘制线状、面状地物的方法如下：

A. 线状地物 绘制时一定要用坐标进行定位，切换“坐标定位”，例如绘制“城市道路”时直接绘制即可；有圆弧之后可以选择“Q”（指定点时，Q 之前的点已经为第 1 个点），指定 2 个点，用 3 个点绘制圆弧。

B. 建筑物 选择“居民地”绘制普通房屋、4 点房屋或者多点房屋。

C. 植被 选择植被类型之后，绘制区域边界。

⑦等高线绘制：高差比较大的山区、丘陵等地方会绘制等高线，个别高差大的平原也会绘制等高线。一般山区的等高距为 1 m，平原为 0.5 m。等高线绘制的具体步骤如下：

A. 展高程 用 PL 线（多段线）圈定等高线绘制范围内的高程点。

B. 建立 DTM 建立 DTM 之前，一定要把错误的高程点删除，点击菜单“等高线/建立三角网”。

C. DTM 三角网整理 点击菜单“等高线/删除三角形”，删除不需要绘制等高线部位的三角网。

D. 绘制等高线 点击菜单“等高线/绘制等高线”，平原地区可以修改等高距为 0.5 m。

E. 删除三角网 点击菜单“等高线/删除三角形”，删除三角网以后一定要存盘。

F. 等高线初步整饰 需要连接断开的等高线，删除多余的等高线，处理等高线压盖问题。

G. 高程点的取舍 先进行高程点过滤，点击菜单“绘图处理/高程点过滤”（选择 15 m，根据实际可以调整至 10 m）；然后进行高程点追加，补充过滤删掉的某些必要的高程点（如路口、路中心等）。高程点的取舍原则如下。

a. 反映地形特征：地形变化处，如在山顶、鞍部、山脊、山谷、谷底、坡脚等地形特征点处必须保留高程点；在坡度发生明显变化的地方应保留高程点。

b. 满足精度要求：按比例尺要求，根据不同的地形图比例尺确定高程点的密度。对于重要的工程区域、建筑物区域、水利设施区域等，应适当加密高程点，以满足工程设计和施工的精度要求。

c. 考虑使用目的：如果地形图用于城市规划、土地开发等方面，高程点的取舍应考虑规划设计和地形分析的需求。在可能进行建设的区域、道路规划区域等，应保留足够的高程点，以便进行场地平整、土方计算等工作。对于地形分析、地貌研究等用途，高程点的取舍应侧重于能够准确反映地形的整体形态和特征。可以保留一些具有代表性的高程点，以便进行地形剖面分析、坡度计算等。

d. 避免冗余：高程点应尽量均匀分布在整个测区范围内，避免出现过于密集或过于稀疏的情况。在地形重复的区域，如大片的平原或相似的山坡，可以适当减少高程点的数量，避免冗余信息。

以任务1的图7-7为例，进行高程点过滤时，一个格子里面有6～10个高程点均匀分布。道路直线段每隔15 m保留一个高程点，绿地每隔15～20 m保留一个高程点，道路的拐弯处、交叉口、中心和房屋4个角点的散水要保留高程点。

H. 等高线注记和消隐　选择注记等高线，再选择相邻等高线，断开被压盖的等高线。

⑧图面整饰：常见的图面整饰包括植被处理和边界线处理，其中植被处理包括修改单个植被符号、零星树种植和植被填充(编组开关，可以删除、调整植被符号)。植被边界有道牙子和路边时，删除边界线。

⑨压盖处理：出现独立地物压盖线状地物时，就要断开线状地物。

⑩展控制点。

⑪加图框。

4. 注意事项

(1)确认实习要求

在实习前应确认实习要求，了解所需制作的图形，明确图形的尺寸、比例、色彩等要求，并准备好制作图形所需的素材和资料。

(2)规范命名和保存

在制作图形时，应规范命名，并定期保存，以免出现误操作导致数据丢失。另外，为保证效率和安全，应定期备份数据。

(3)关注细节和精度

制作图形时，应关注细节和精度，仔细调整每个元素的位置、大小、旋转角度等，以达到完美的效果。

(4)多尝试，多思考

在实习过程中，应多尝试使用不同的方法和工具，多思考如何更好地表达个人意图，并不断学习和提高绘图技能。

5. 任务练习

以任务1的外业测量数据或CASS提供的例题数据文件(STUDY. DAT)为基础进行任务练习。

项目 8　园林规划设计测量

园林规划设计测量的主要任务是为园林规划设计提供基础地理信息，包括作为规划设计基础的地形图与专题地图的测绘，以及进行规划设计必要数据的专项测绘工作等。园林规划设计测量的具体内容有各种比例尺地形图的测绘，道路、渠道等线路工程的中线测量与纵、横断面图测量等，园林场地的平整与渠道施工的土石方测算也属于园林规划设计测量。本项目主要介绍场地平整测量，线路中线测量和线路纵、横断面测量。

8.1　场地平整测量

在园林建设中，有时需要对一些场地进行平整，即把原来高低不平或比较破碎的地形按设计要求平整成平坦地面或具有一定坡度的斜面，以满足景区的停车场、广场及各种文体活动场所的需求。规划设计阶段的场地平整测量不同于施工阶段的场地平整测量，它的主要工作是计算土方的开挖量及回填量，为设计人员提供必要的数据。

进行园林场地平整前，要先对待平整地区进行地面点高程测量。在有大比例尺地形图的地区，应尽可能先在地形图上进行土地平整的设计与计算，然后进行实地测设，以便于施工。随着测量技术的不断更新，场地平整测量已经充分利用全站仪、GNSS-RTK、电脑制图软件等进行土方计算。本节选取方格法进行土方计算。

8.1.1　数据采集

对于场地平整测量而言，土方计算首先要进行数据采集。在待平整的土地上利用全站仪进行数据采集，采集内容为平面坐标及高程。依据实际需求，每隔一定的距离（如 5、10、20、50 m 等）进行采样，采样的点密度越大，计算越精确。将采样点进行绘图，并标注出高程。

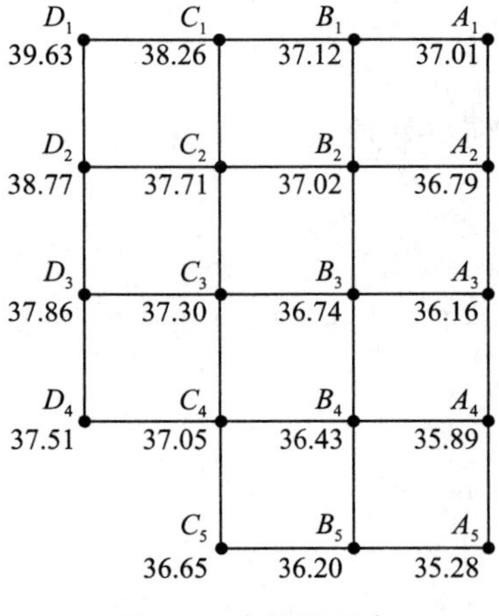

图 8-1　方格网顶点

8.1.2　水平地面平整

(1)计算设计高程

在如图 8-1 所示的方格网中，四周只有 1 个方格的方格顶点称为角点，如 A_1、A_5、C_5、D_4、D_1 点；四周有 2 个方格的方格顶点称为边点，如 A_2、A_3、A_4、B_5、D_3、D_2、C_1、B_1 点；四周有 3 个方格的方格顶点称为拐点，如 C_4 点；四周有 4 个方格的方格顶点称为中点，如 B_2、B_3、B_4、C_3、C_2 点。

在园林场地平整中，虽然可以人为规定设计高程，但考虑到整个工程挖填土方量的平衡，通常用地面平均高程代替设计高程，即先将每一方格中4个顶点的高程相加除以4，得到各方格的平均高程 H_i，然后将每个方格的平均高程相加除以方格总数 n，便可得到挖填平衡的设计高程 $H_{设}$，其计算公式为即 $H_{设}=\sum H_i/n$ 。

如果将方格网各桩点分成角点、边点、中点和拐点，那么它们的高程分别为 $H_{角}$、$H_{边}$、$H_{中}$ 和 $H_{拐}$。经分析可知，在设计高程的计算中，方格网中角点的高程数据只被采用1次，边点的高程数据被采用2次，拐点的高程数据被采用3次，而中点的高程数据则被采用4次，因此采用带权平均值法计算场地平整设计高程的公式为：

$$H_{设}=\frac{1}{4n}\left(\sum H_{角}+2\sum H_{边}+3\sum H_{拐}+4\sum H_{中}\right) \tag{8-1}$$

根据图8-1中所标注的高程数据(为举例计算方便，所标高程数值较小，单位为m)，计算待平整场地的设计高程。

解　按照方格网中角点、边点、拐点和中点高程数据的使用次数，由图8-1可得：

$$\sum H_{角}=39.63+37.01+35.28+36.65+37.51=186.08(\text{m})$$

$$2\sum H_{边}=2\times(38.26+37.12+36.79+36.16+35.89+36.20+37.86+38.77)=594.10(\text{m})$$

$$3\sum H_{拐}=3\times 37.05=111.15(\text{m})$$

$$4\sum H_{中}=4\times(37.71+37.02+37.30+36.74+36.43)=740.80(\text{m})$$

$$H_{设}=\frac{1}{4n}\left(\sum H_{角}+2\sum H_{边}+3\sum H_{拐}+4\sum H_{中}\right)=\frac{1}{4\times 11}(186.08+594.10+111.15+740.80)=37.09(\text{m})$$

(2)计算挖填高度

将地面各桩点的实测地面高程减去场地平整的设计高程即为施工高度，也称为挖填高度，即 $h=H_{地面}-H_{设}$。h 为正，表示挖深；h 为负，表示填高。

当平整后的地面为水平面时，按式(8-1)得出的设计高程就是场地平整后的地面高程。平整成水平面的各桩点的挖填高度很容易被求出，因为设计高程是唯一的参照标准。平整为水平场地时的地面高程如图8-2所示。

(3)土方量计算

挖填土方工程量要分别进行计算，不得正、负抵消，其土方工程量可按式(8-2)进行计算：

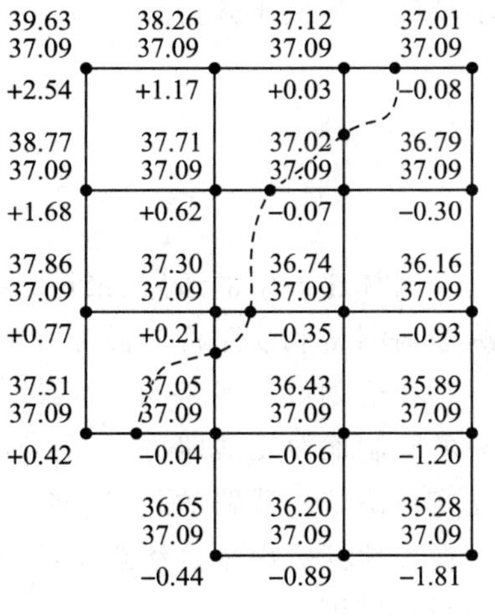

图8-2　平整为水平场地时的地面高程

$$\left.\begin{aligned}V_{挖}&=\frac{A}{4}\left(\sum h_{角挖}+2\sum h_{边挖}+3\sum h_{拐挖}+4\sum h_{中挖}\right)\\V_{填}&=\frac{A}{4}\left(\sum h_{角填}+2\sum h_{边填}+3\sum h_{拐填}+4\sum h_{中填}\right)\end{aligned}\right\}\qquad(8\text{-}2)$$

式中，A 为方格网中一个方格的面积，$\sum h_{角挖}$、$\sum h_{边挖}$、$\sum h_{拐挖}$、$\sum h_{中挖}$分别为各角点、边点、拐点、中点的挖深累计和，$\sum h_{角填}$、$\sum h_{边填}$、$\sum h_{拐填}$、$\sum h_{中填}$分别为各角点、边点、拐点、中点的填高累计和。

平整某园林场地时的设计高程、各方格顶点的地面高程以及挖深或填高数值已标注于图 8-2 中(单位：m)，又知各方格的边长为 20 m，若要求将原地面按照挖填平衡的原则改造成水平面，试分别计算挖方量和填方量。

$$\begin{aligned}V_{挖}&=\frac{A}{4}\left(\sum h_{角挖}+2\sum h_{边挖}+3\sum h_{拐挖}+4\sum h_{中挖}\right)\\&=\frac{400}{4}\times[(2.54+0.42)+2\times(1.17+0.03+0.77+1.68)+\\&\quad 3\times0+4\times(0.62+0.21)]\\&=1\,358\ (\mathrm{m}^3)\end{aligned}$$

$$\begin{aligned}V_{填}&=\frac{A}{4}\left(\sum h_{角填}+2\sum h_{边填}+3\sum h_{拐填}+4\sum h_{中填}\right)\\&=\frac{400}{4}\times[(0.08+1.81+0.44)+2\times(0.30+0.93+1.20+0.89)+\\&\quad 3\times0.04+4\times(0.07+0.35+0.66)]\\&=1\,341(\mathrm{m}^3)\end{aligned}$$

(4)确定开挖边界线

在园林场地平整中，挖方区与填方区的分界线一般在地面高程等于设计高程之处，即挖深或填高高度为 0 m 的位置，将这些挖填高度为 0 m 的各点连接起来便是开挖边界线，也称不挖不填线。为便于开挖施工，应在开挖边界线上撒白石灰进行标记，如图 8-2 中的虚线所示。

8.2 线路中线测量

园林建设中的道路、渠道、管线等线路工程，在规划设计阶段常需进行线路中线测量、线路纵断面测量和线路横断面测量等专项测绘工作。

在规划设计线路的平面线形时，线路所经之处通常因受到地形、地物、水文、地质及其他因素的限制而改变线路方向，并在转向处要用曲线连接起来。线路中线测量就是通过踏勘选线在实地确定出线路的起点、转折点(交点)、终点后，再经过测角、量距和钉桩，把线路的平面位置在实地标定出来。线路中线测量的主要任务是踏勘选线、测定转角、定线量距、设置线路中线里程桩等。

8.2.1 现状调查及选线

1. 现状调查

应先放出征地线(红线),并调查与记录征地线范围内需拆迁或改移的建(构)筑物、树木、文物古迹、各类地下管线等,进行数据采集并上图。

2. 选线

①考虑工程地质条件,应尽量避开滑坡、崩塌等不良地段。

②选线应考虑线路工程的使用质量,力求线路短捷、顺适、纵坡平缓;技术指标一般不轻易采用极限指标,避免长大坡和小半径衔接,保证线路工程的运营安全。

③线路宜选低垭口,对于高差大、坡线长的线路,应设置缓和地段。

④线路走向沿河时,宜选在地质条件好的一岸,不要轻易跨河。

⑤综合考虑后即可确定出线路的中线位置,定出交点桩,拟订曲线半径,用简易法初测各坡段的坡度,坡度一般为5%～6%。曲线半径不宜过小,两条圆曲线间连接的直线段不得小于10 m。

8.2.2 线路中线测设

当在图纸上设计出线路中线后,需要在实地将设计的线路中线进行测设,放出线路中线,又叫现场定线。

为了确定线路中线的具体位置和线路长度,满足线路纵、横断面测量要求,以及为线路施工放样打下基础,必须由线路的起点开始每隔20 m或50 m(曲线上根据不同半径每隔20、10或5 m)钉设木桩进行标记,该木桩称为里程桩。桩的正面写有桩号,背面写有编号,桩号表示该桩至线路起点的水平距离。例如,某桩至线路起点的距离为4 200.75 m,桩号为K4＋200.75。编号反映桩间的排列顺序。

里程桩分为整桩和加桩两种。整桩是按规定每隔20 m或50 m设置的里程桩,百米桩、公里桩和线路起点桩均为整桩。加桩分为地形加桩、地物加桩、曲线加桩、关系加桩等。地形加桩是指沿中线地形坡度变化处设置的桩,地物加桩是指沿中线上的建筑物和构筑物设置的桩,曲线加桩是指在曲线起点、中点、终点等处设置的桩,关系加桩是指在线路交点和转点(中线上传递方向的点)处设置的桩。根据工作需要,可测设线路起点桩、终点桩、百米桩、竖曲线的变化情况加密桩。曲线要素点见表8-1。

表8-1 曲线要素点

标志点名称	简称	缩写	标志点名称	简称	缩写
交点		JD	公切点		GQ
转点		ZD	第1缓和曲线起点	直缓点	ZH
圆曲线起点	直圆点	ZY	第1缓和曲线终点	缓圆点	HY
圆曲线中点	曲中点	QZ	第2缓和曲线起点	圆缓点	YH
圆曲线终点	圆直点	YZ	第2缓和曲线终点	缓直点	HZ

在设置里程桩时，桩号与实际里程不相符的现象叫断链。断链主要是由于计算和丈量发生错误，或由于线路局部改线等造成的。断链有“长链”和“短链”之分，当线路桩号大于地面实际里程时叫短链，反之叫长链。

路线总里程＝终点桩里程＋长链总和－短链总和

在进行里程桩设置时，高等级复杂的线路工程用经纬仪进行定线，用钢尺和测距仪进行测距；低等级简单的线路工程用标杆进行定线，用皮尺或测绳进行量距，测量每隔 3～5 km 应进行一次检核，长度相对闭合差不得大于 1/1 000。

8.2.3 圆曲线的测设

由于受地形、地质等自然条件以及经济、技术等条件的限制，园林建设的线路需要经常改变方向，在改变方向处应加设曲线进行过渡。曲线的形式较多，其中圆曲线（又称单曲线）是最常用的曲线形式。

圆曲线的测设一般分两步进行：①圆曲线主点的测设，即圆曲线的起点（直圆点 ZY）、中点（曲中点 QZ）和终点（圆直点 YZ）的测设；②在各主点之间进行加密，按照规定桩距测设曲线上的其他桩点。一般规定：当圆曲线半径 $R\geqslant150$ m 时，曲线上每隔 20 m 测设一个桩点；当 50 m$\leqslant R\leqslant$150 m 时，曲线上每隔 10 m 测设一个桩点；当 $R\leqslant50$ m 时，曲线上每隔 5 m 测设一个桩点。

1. 圆曲线的要素计算

为了测设主点及推算线路的里程，必须先进行圆曲线的要素计算。圆曲线的要素有 4 个。圆曲线的主点及其要素如图 8-3 所示。

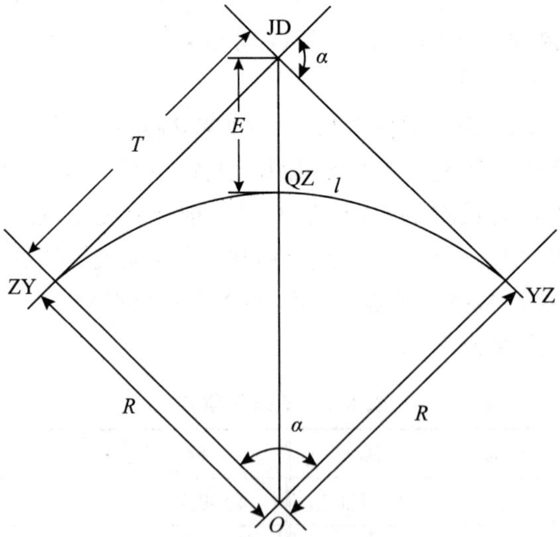

图 8-3 圆曲线的主点及其要素

①切线长：JD 点至 ZY 点（或 YZ 点）的线段长度，以 T 表示；

②曲线长：ZY 点至 YZ 点的圆弧长度，以 l 表示；

③外矢距：QZ 点至 JD 点的线段长度，以 E 表示；

④切曲差：始、末两端切线长之和与曲线长度的差值，以 q 表示。

根据图(8-3)可得要素的计算公式如下：

$$\left.\begin{aligned} T&=R\tan\frac{\alpha}{2}\\ l&=R\alpha\ \frac{\pi}{180^\circ}\\ E&=R\sec\frac{\alpha}{2}-R\\ q&=2T-l \end{aligned}\right\} \tag{8-3}$$

式中，R 为圆弧半径，α 为 ZY 点至 YZ 点的圆弧对应的圆心角。

2. 主点里程计算

位于道路中线上的曲线主点桩号由交点的桩号推算而得。设交点 JD_1 的桩号为 K2+103.48，根据圆曲线要素计算曲线主点的桩号：

$$\text{ZY 点里程}=\text{JD 点里程}-T$$
$$\text{QZ 点里程}=\text{ZY 点里程}+l/2$$
$$\text{YZ 点里程}=\text{ZY 点里程}+l$$

由于曲线较长，除以上 3 点以外，还应计算出曲线上的细部点里程，一般是与 ZY 点相邻的第 1 个细部点的里程数凑整，通常按 5、10、20 m 弧长推算其他细部点的里程和桩号。

3. 主点测设

曲线主点测设通常是以地面上已钉设的交点为基础，依据圆曲线要素将曲线主点测设于地面上，其测设步骤如下：

①在 JD 点安置经纬仪，进行对中、整平；

②后视始端切线方向上的相邻交点或转点，自 JD 点于视线方向上测设切线长 T，则可钉设出 ZY 点；后视末端切线方向上的相邻交点或转点，自 JD 点于视线方向上测设切线长 T，则可钉设出 YZ 点；

③测设出内角平分线，自 JD 点于内角平分线上测设外矢距 E，则可钉设出 QZ 点。

曲线的主点既是曲线平面线形的主要控制点，又是曲线详细测设的基本依据，因此其点位的测设应准确。测设水平距离时应进行往返测量，往返测量的较差应小于 1/2 000，并根据往、返测的平均值调整点位至设计位置。测设角度时，应采用正倒镜分中法。所有主点均要钉设方桩，其上钉设小钉作为点的标志，并在规定的位置上钉设里程桩。

4. 圆曲线的详细测设

进行主点测设后，还要设置更多的曲线桩才能比较确切地反映圆曲线的形状。圆曲线的细部放样就是指测设除主点桩以外的一切曲线桩。在各类线路工程的弯道处施工时，常常会遇到圆曲线的测设工作。目前，圆曲线测设的方法已有多种，如偏角法、切线支距法、全站仪法等。然而，在实际工作中测设方法的选用要视现场条件、测设数据求算的繁简、测设工作量的大小，以及测设时仪器和工具的情况等因素而定。另外，上述几种测设方法都是先根据辅点的桩号(里程)来计算测设数据,然后到实地进行放样。因此,在实际工作中利用上述传统测设方法时,会因地形条件的限制(如不通视或量距不便等)而无法放样出辅点,或放样出的辅点无法设置标桩。

(1)偏角法详细测设圆曲线

设圆曲线上每 10 m 整需要测设里程桩,则 $l_0=10$ m,l_1 为曲线上第 1 个整 10 m 桩点 P_1 与圆曲线起点 ZY 间的弧长。

用偏角法详细测设圆曲线(图 8-4),按式(8-4)计算测设 P_1 点的偏角 δ_1 和以后每增加 10 m 弧长的各点的偏角增量 δ_0:

$$\left.\begin{aligned}\delta_1&=\frac{\varphi_1}{2}=\frac{l_1}{2R}\times\frac{180^\circ}{\pi}\\ \delta_0&=\frac{\varphi_0}{2}=\frac{l_0}{2R}\times\frac{180^\circ}{\pi}\\ \delta_2&=\frac{\varphi_1+\varphi_0}{2}=\delta_1+\delta_0\\ \delta_3&=\frac{\varphi_1+2\varphi_0}{2}=\delta_1+2\delta_0\\ &\cdots\\ \delta_i&=\delta_1+(i-1)\delta_0\\ \delta_1'&=\frac{\varphi_1'}{2}=\frac{l_1'}{2R}\times\frac{180^\circ}{\pi}\end{aligned}\right\}\tag{8-4}$$

式中,l_0 为圆曲线上相等的整弧弧长,φ_0 为 l_0 所对应的圆心角,δ_0 为 l_0 所对应的偏角,l_1 为 ZY 点至细部点 P_1 的弧长,φ_1 为 l_1 所对应的圆心角,δ_i 为 l_i 所对应的偏角,R 为圆曲线半径,l_1'为 YZ 点至细部点 P_n 的弧长,φ_1'为 l_1'所对应的圆心角,δ_1'为 l_1'所对应的偏角。

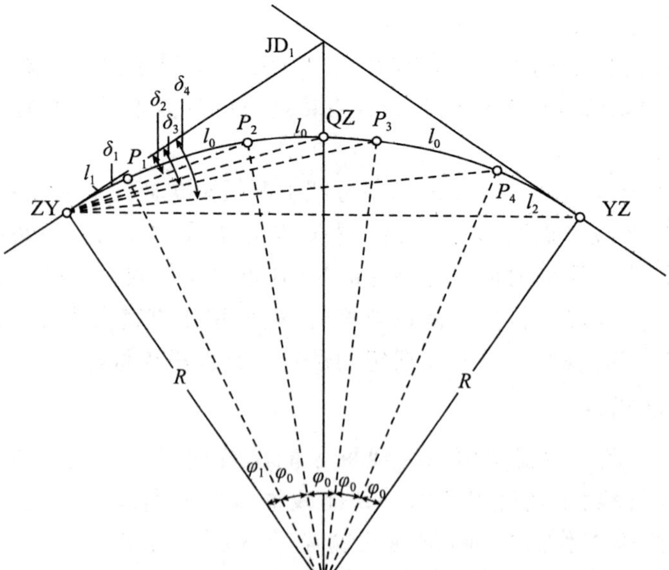

图 8-4 偏角法详细测设圆曲线

用偏角法详细测设圆曲线上的各桩是用弧长代替弦长确定距离，而实际上应该用弦长 C 确定距离，这样二者之间就会有误差。弦长 C 与弧长 l 之差叫弦弧差，用 Δl 表示，计算方法见式(8-5)。

$$\Delta l = C - l = -\frac{l^3}{24R^2} \tag{8-5}$$

由此得到弦长计算式为：

$$C = l - \frac{l^3}{24R^2} \tag{8-6}$$

如果圆曲线的半径较大，用弧长 l 代替弦长 C 的误差很小，可忽略不计，测设时可用弧长代替弦长；如果圆曲线的半径较小，则应该用实际弦长 C 进行测设。

假设某圆曲线 ZY 点的里程为 K4＋251.72，YZ 点里程为 K4＋516，圆曲线半径为 200 m，每 20 m 整需要测设里程桩，则 $l_0 = 20$ m。为计算各里程桩的偏角，应按圆曲线起点的里程先计算弧长，结合等弧所对应的圆心角和偏角，利用式(8-4)即可求得各细部点的偏角。

$$\delta_1 = \frac{\varphi_1}{2} = \frac{l_1}{2R} \times \frac{180^\circ}{\pi} = \frac{8.28}{2 \times 200} \times \frac{180^\circ}{\pi} = 1^\circ 11' 10''$$

$$\delta_0 = \frac{\varphi_0}{2} = \frac{20}{2 \times 200} \times \frac{180^\circ}{\pi} = 2^\circ 51' 53''$$

$$\delta_2 = \frac{\varphi_1 + \varphi_0}{2} = \delta_1 + \delta_0 = 4^\circ 03' 03''$$

$$\delta_3 = \frac{\varphi_1 + 2\varphi_0}{2} = \delta_1 + 2\delta_0 = 6^\circ 54' 56''$$

$$\cdots$$

$$\delta'_1 = \frac{\varphi'_1}{2} = \frac{l'_1}{2R} \times \frac{180^\circ}{\pi} = \frac{16}{2 \times 200} \times \frac{180^\circ}{\pi} = 2^\circ 17' 31''$$

根据以上计算结果和算得的曲线主点桩号，计算圆曲线偏角法测设的数据，并将结果记录于表 8-2 中。

表 8-2 偏角法计算表

点名	里程	偏角	相邻曲线点间的弧长/m	相邻曲线点间的弦长/m	备注
ZY	K4＋251.72	0°00′00″			
			8.28	8.28	
1	K4＋260.00	1°11′10″			
			20.00	19.99	
2	K4＋280.00	4°03′03″			
			20.00	19.99	
3	K4＋300.00	6°54′56″			
			20.00	19.99	
⋮	⋮	⋮			
			20.00	19.99	
13	K4＋500.00	35°33′46″			
			16.00	15.99	
YZ	K4＋516.00	37°51′17″			

偏角法详细测设圆曲线的步骤如下：

①安置经纬仪于 ZY 点，瞄准 JD_1 点，变换水平度盘读数为 0°00′00″。

②沿顺时针方向转动照准部，使水平度盘读数为 δ_1，在 ZY 点沿经纬仪所指方向用钢尺测设弦长 C_1，得到 P_1 点的位置，并用测钎标出。

③再沿顺时针方向转动照准部，使水平度盘读数为 δ_2，从 P 点用钢尺测设弦长 C_2，与经纬仪所指方向相交，得到 P_2 点的位置，也用测钎标出。以此类推，测设各桩。

④曲线总长较短时，也可根据经纬仪所指的偏角方向，从曲线起点量弦长 C 得到 P 点的位置，测设至圆曲线终点 YZ 以作为检核；YZ 点的偏角应等于 $\alpha/2$，从曲线上最后一点量至 YZ 点的长度应等于计算的弦长。

(2)切线支距法详细测设圆曲线

切线支距法也称直角坐标法。该方法是以圆曲线的起点 ZY 或终点 YZ 为原点，以过 ZY 点(或 YZ 点)的切线为 x 轴，以过 ZY 点(或 YZ 点)的半径为 y 轴建立直角坐标系，利用圆曲线上各细部点在坐标系中的坐标，测设各细部点 $P_i(x_i, y_i)$，如图 8-5 所示。

圆曲线上任一点 P_i 的坐标计算公式为：

$$\left.\begin{aligned} x_i &= R\sin\varphi_i \\ y_i &= R(1-\cos\varphi_i) \\ \varphi_i &= \frac{l_i}{R}\times\frac{180^\circ}{\pi} \end{aligned}\right\} \tag{8-7}$$

式中，l_i 为待测设细部点 P_i 至原点 ZY 的弧长($i=1,2,3\cdots\cdots$)，φ_i 为弧长 l_i 所对应的圆心角($i=1,2,3\cdots\cdots$)，R 为圆曲线的半径。

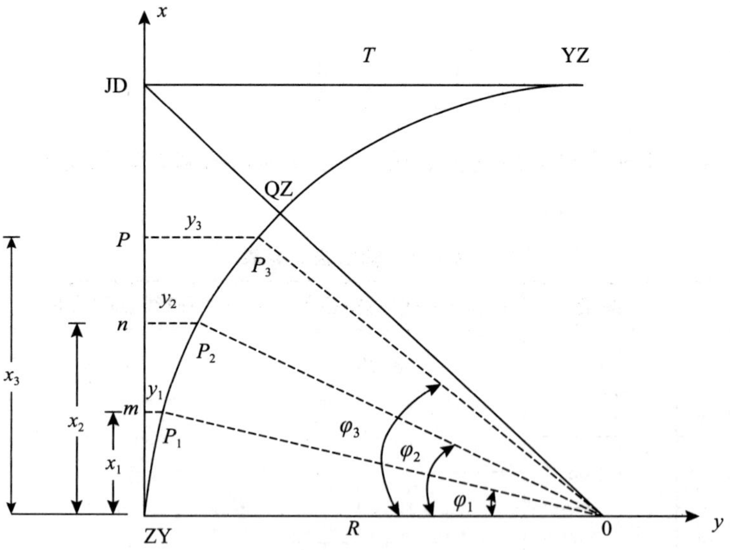

图 8-5 切线支距法详细测设圆曲线

切线支距法详细测设圆曲线的步骤如下：

①自 ZY 点起沿切线 x 轴方向量取长度 $x_1=9.06$ m，在地面上用临时标志进行标定，记为 m，在 m 点上安置经纬仪或方向架测设直角(即过该点作 x 轴的垂线)，在垂线的方向上从

m 点量出 y_1，即得曲线上 P_1 点的位置。

②用相同的方法，自 ZY 点起沿切线 x 轴方向量取 x_2、x_3……，在地面上用临时标志进行标定，分别记为 n、p……；过这些点各自作 x 轴的垂线，在垂线方向上分别从 n、p……量出相应的 y_2、y_3……，即得曲线上的 P_2、P_3……

③曲线上各点测设完毕后，量取 QZ 点至其最近一个曲线桩的距离，然后与相应的桩号之差进行比较，在考虑弦弧差的情况下，若较差小于曲线长 l 的 1/1 000，即认为合格；否则，应查明原因予以改正。为了减少量距长度，一般从 ZY 点和 YZ 点各向 QZ 点方向测设一半的曲线。

(3)全站仪和 GNSS-RTK 测设圆曲线

用全站仪任意站测设圆曲线，可安置一次仪器就能完成全部工作。虽然外业计算麻烦，但对于不能设站的转点，可谓方便灵活。但全站仪法的不足之处仍然是计算烦琐，对于不熟悉内业的外业工作者来说，很难进行实际操作。

采用 GNSS-RTK 进行直角坐标法放样，需要先解决的问题是曲线上的坐标计算。具体过程是把由直线段、圆曲线段组合而成的曲线归算到一个统一的坐标系统中，进而求出曲线上任意点的坐标值，然后将求得的坐标值输入 GNSS-RTK 手簿中来实现曲线的测设。测设前，先要根据设计给定的曲线 JD 点坐标、ZH 点与 JD 点连线的方位角、ZH 点的里程和曲线转向角求出曲线单元上任意点的假定坐标，然后将求得的曲线上的假定坐标转换成统一的测量坐标系中的坐标，将坐标输入 GNSS-RTK 手簿中进行逐点测设。

8.3 线路纵、横断面测量

8.3.1 线路纵断面测量

测量线路中线各里程桩地面高程的工作称为纵断面测量。纵断面测量是用水准测量的方法进行的，所以也称为线路水准测量，其目的是获得中线上各桩号的地面高程并将其绘制成线路纵断面图，以供纵坡设计时使用。

线路纵断面测量根据测量的原则应分两步进行，即先沿线路方向设置水准点并测量其高程，建立线路的高程控制，称为基平测量；然后根据各水准点的高程分段测量各桩号的高程，称为中平测量。

1. 基平测量

基平测量分为设置水准点与测量水准点高程两步。

(1)设置水准点

水准点是线路的高程控制点，在勘察设计和施工阶段都要使用，因此水准点应选在牢固、安全、引测方便的地方。水准点的布设密度视地形情况而定，一般每千米设置 2～3 个，在桥涵、高填深挖及工程集中的地段应增设水准点。水准点一般距离中线 20～30 m 较为合适，距中线太远使用不方便，紧靠中线施工时易遭破坏。根据沿线情况，可利用坚固岩石的凸出点或在房屋基石、伐根上砍一个台口（或钉一个铁钉）作为水准点的标志，并用油漆进行编号。

(2)测量水准点高程

水准点高程通常采用水准仪进行往返测量，将两次测得的高差进行比较。如果误差小于$\pm 12\sqrt{L}$ mm 或$\pm 4\sqrt{n}$ mm，则取两次高差的平均值作为两个水准点间的高差，并将其作为推算高程的依据。

2. 中平测量

(1)施测方法

基平测量完成后即可进行中平测量(也称中桩抄平)。观测时，一般是以相邻两个水准点为一测段，用附合水准测量的方法逐点测量中桩的地面高程，当闭合差不超过$\pm 50\sqrt{L}$ mm 时，即满足精度要求，可计算各桩的高程。中平测量一般不进行平差计算。

应根据中线测量所提供的桩号按顺序进行中平测量。由于中桩数量较多、间距较短，为了在保证精度的前提下提高观测速度，测量时每测站上除了观测中桩外，还需在一定距离内设置转点。每两个转点(或水准点与转点)间所观测的中桩称为中间点。因为转点起传递高程的作用，在每站进行观测时应先观测转点(读数至毫米位)，后观测中间点(读数至厘米位)。具体观测方法如下：

①如图 8-6 所示，仪器置于 1 站，后视水准点为 BM_1，前视转点为 TP_1，并将读数记入 BM_1 后视读数栏和 TP_1 前视读数栏。中平测量记录表见表 8-3。

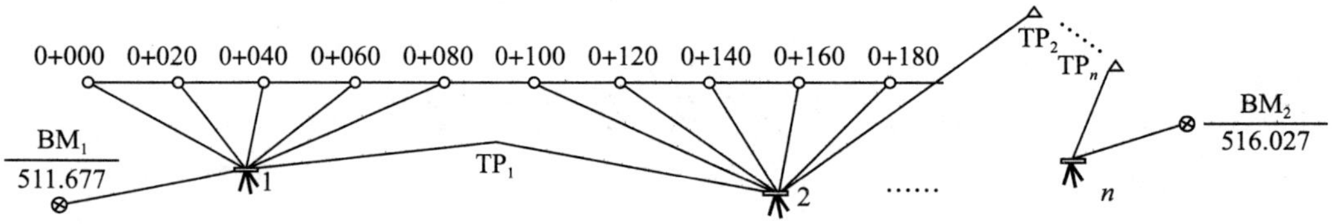

图 8-6 中平测量示意图

表 8-3 中平测量记录表

测点	读数/m			视线高程/m	高程/m	备注
	后视	中间点	前视			
BM_1	2.191			514.55	512.314	在 0+010 附近
0+000		1.62			512.88	
0+020		1.80			512.70	
0+040		0.62			513.88	
0+060		2.02			512.48	
0+080		0.91			513.60	
TP_1	3.162		1.006	516.661	513.499	
0+100		0.50			516.16	
0+120		0.52			516.14	
0+140		0.80			515.86	
0+160		1.20			515.46	

续表8-3

测点	读数/m			视线高程/m	高程/m	备注
	后视	中间点	前视			
0+180		1.01			515.65	
TP_2	3.358		1.521		515.140	
…		…				
BM_2			1.814		516.664	在 0+340 附近
	8.711		4.341			

②观测 BM_1 与 TP_1 之间的中间点，即在 0+000、0+020、0+080 等点上立尺，读数分别记入表 8-3 中水准尺读数的“中间点”栏。

③仪器搬至 2 站，在前方适当位置选好转点 TP_2。仪器后视转点为 TP_1，前视转点为 TP_2。将读数记入相应的“后视”和“前视”栏。

④观测 TP_1 和 TP_2 之间的中间点，即在 0+100、0+120、0+180 等点上立尺，读数记入“中间点”栏。

⑤按上述步骤继续向前观测，直至附合到水准点 BM_2 上，这样就完成了一个测段的观测工作。

⑥计算测段的高差闭合差，若精度符合要求，可进行下一测段的观测工作，否则应返工重测。

(2)计算中桩高程

①校核：将测段内各转点间的高差总和减去该测段两个水准点的高差，即得高差闭合差 f_h。若 $f_h \leqslant \pm 50\sqrt{L}$ mm，即可进行下一步计算。中平测量成果不必进行高差闭合差调整。

②计算中桩地面高程：先计算测站的视线高程，然后计算各转点的高程，经检查确定无误后，再计算各中桩地面的高程。每一测站的各项计算按式(8-8)进行，即

$$\left.\begin{aligned}&\text{视线高程}=\text{后视点高程}+\text{后视读数}\\&\text{转点高程}=\text{视线高程}-\text{前视读数}\\&\text{中桩高程}=\text{视线高程}-\text{中间点读数}\end{aligned}\right\}\tag{8-8}$$

(3)注意事项

①防止漏测或重测。在施测前，可将中线测量记录中的桩号抄录 2 份，作为立尺时寻找桩位和记录时核对桩号的依据。

②立尺时应将立尺点桩号准确、清晰地报告给记录员，记录员听到后应复诵一遍。

③水准尺应立在中桩附近高程有代表性的地方，如桩位恰在孤石上或小坑中，尺子应立在桩位附近的一般地面上，这样才能真实反映该处的地面高程。

④为了减少水准仪视准轴误差的影响，仪器至转点的前、后视距离应大致相等。

3. 纵断面图的绘制

纵断面图是根据中线测量和中平测量成果，以平距(里程)为横坐标，高程为纵坐标，根据工程需要的比例尺，在毫米方格纸上绘制的。在纵断面图中，常用的里程比例尺有 1∶5 000、1∶2 000、1∶1 000 3 种。为了明显表示地面起伏，一般将高程比例尺放大 10 倍或 20 倍。手工绘图时，纵断面图一般从左到右绘制在透明毫米方格纸的背面，以防修改时将方格擦掉。纵

断面的绘制可按下列步骤进行：

①如图 8-7 所示，在“线路平面”栏内按桩号标明线路的直线和曲线部分，该栏表示的是线路的中线，用折线表示线路的转向，向上折表示线路向右转，向下折表示线路向左转。

②“里程桩号”栏从左向右按比例尺绘出各里程桩的位置并注明桩号。

③“地面高程”栏内填写各桩的地面实测高程，位置应与里程桩号对齐。

④在以里程为横坐标、高程为纵坐标的坐标系中，绘出各桩的相应位置，将这些点用折线连接起来就是地面纵断面图。线路较长时可分幅绘制。

⑤根据各点的高程和线路实际控制点的位置，绘出设计坡度线。

⑥根据里程和设计坡度计算各桩点的设计高程，并填入相应的位置。各桩的设计高程 $H_{设}$ 等于该坡起点的高程 $H_{起}$ 加上设计坡度 i 与该点到该坡起点间的水平距离 D 的乘积，即 $H_{设}=H_{起}+D\times i$。

⑦绘制坡度/坡长栏。用斜线表示两点间的设计坡度：用“/”表示上坡，用“\”表示下坡，用“—”表示平坡。

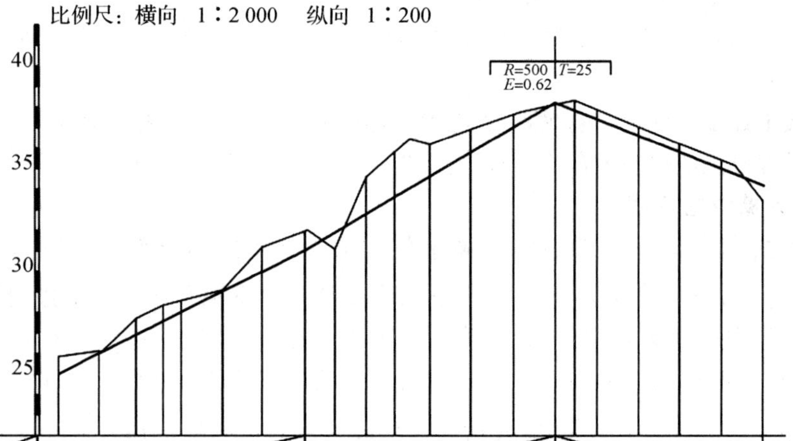

坡度 坡长/m	5% 120								6% 120							4% 100					
挖深/m	0.85	0.13	0.80	0.79	0.57	0.08	1.24	0.96		1.82	1.92	1.59	1.15	0.65		0.51	0.49	0.45	0.55	0.42	
填高/m									0.78						0.06						0.75
设计高程/m	25.00	26.00	26.90	27.55	28.00	29.00	29.95	31.00	31.87	32.78	33.61	34.60	35.77	37.00	38.20	37.83	37.40	36.60	35.80	35.00	34.20
地面高程/m	25.85	26.13	27.70	28.34	28.57	29.08	31.19	31.96	31.09	34.60	35.53	36.19	36.92	37.65	38.14	38.34	37.89	37.05	36.35	35.42	33.45
里程桩号	0+000.0	0+020.0	0+037.9	0+051.0	0+060.0	0+080.0	0+099.1	0+120.0	ZY 0+134.4	QZ 0+148.93	YZ 0+163.45	0+180.0	0+199.5	0+220.0	0+240.0	0+249.3	0+260.0	0+280.0	0+300	0+320.0	0+340.0
线路平面	JD1 α=41°37′ R=40, T=15.20, L=29.05, E=2.79																				

图 8-7 纵断面的绘制

注：图的上半部绘制有两条线，其中细折线表示中线方向的实际地面线，是根据中平测量的中桩地面高程绘制的；粗折线表示纵坡设计线。图下部绘制的表格里面填写有关测量及坡度设计的数据，包括里程桩号、坡度/坡长、设计高程、地面高程、挖深、填高、线路平面等内容。

在斜线或水平线的上方注明用百分数表示的坡度，在斜线或水平线的下方注明两点间的水平距离。

⑧计算各桩点的挖深或填高，分别填入“挖深”和“填高”栏内。

8.3.2 线路横断面测量

垂直于园路中线方向的断面称为横断面。横断面测量就是测定过中桩的横断面方向一定宽度范围内地面变坡点之间的水平距离和高差，然后绘制横断面图。横断面图是设计路基、计算土石方量和施工放样的依据。横断面的施测宽度应视地形复杂程度、中桩施工量的大小、路基的设计宽度、边坡的坡度等要求而定。一般每侧不少于路基宽度的 2 倍，深挖、高填以及地形复杂的地段应加大施测范围。

1. 横断面方向的测定

中桩横断面方向的测定按中桩所处的位置可分为直线段横断面方向的测定和曲线段横断面方向的测定 2 种情况。

(1)直线段横断面方向的测定

直线段上中桩的横断面方向是指与线路垂直的方向，通常采用十字架进行测定。如图 8-8 所示，将十字架插在某中桩(0＋100)上，以其中一组方向 1－1′瞄准线路上相邻的另一个中桩(0＋050)，则方向 2－2′指向横断面方向。

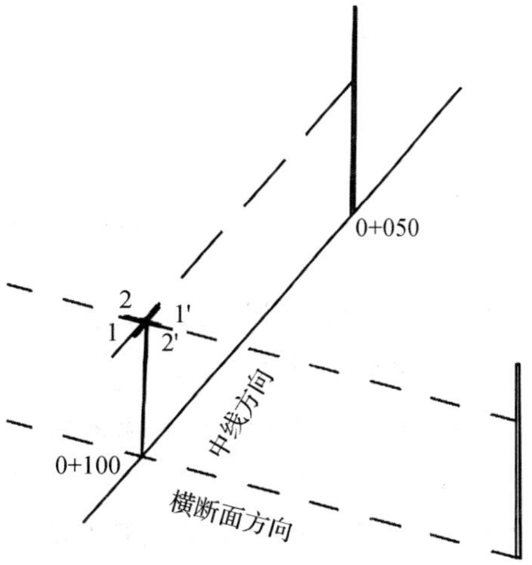

图 8-8 直线段横断面方向的测定

当地面起伏较大、待测横断面较宽时，需要用经纬仪测定直线段的横断面方向。作业时，在中桩上安置仪器，用照准部瞄准线路前方相邻的中桩，置零后，将照准部顺时针旋转 90°即为中桩右侧横断面方向，倒镜即为左侧横断面方向。

在地面较平坦的地段，当横断面方向的偏差对横断面测量的影响不大时，其方向也可以用目估法进行测定。

(2)曲线段横断面方向的测定

曲线段的横断面方向是指垂直于该桩切线的方向，即指向圆心的方向，通常采用如图 8-9 所示的求心十字架来测定。求心十字架就是在十字架上安装一根可以水平旋转的定向杆，并装有制动螺旋，以固定定向杆。

如图 8-9 所示，用求心十字架测定曲线段横断面方向的方法是在 ZY 点上安置求心十字架，使 *ab* 方向瞄准切线方向，则 *cd* 即为 ZY 点的横断面方向。为了测定点 1 的横断面方向，转动定向杆 *ef*，使之瞄准曲线上的点 1，然后固定定向杆，则 *ef* 与 *ab* 间的夹角为点 1 的偏角。将求心十字架移至点 1，并使 *cd* 方向瞄准 ZY 点，则定向杆 *ef* 指向的圆心方向即为点 1 的横断面方向。

上述方法是从曲线起点(或终点)来测定曲线上各点的横断面方向。同理，也可根据曲线上已标定横断面方向的点来测定其他点的横断面方向。如图 8-9 所示，在已标定横断面方向的点 2 上，用 *cd* 瞄准圆心方向的标志，转动定向杆 *ef* 瞄准点 3，然后固定定向杆，移动求心十

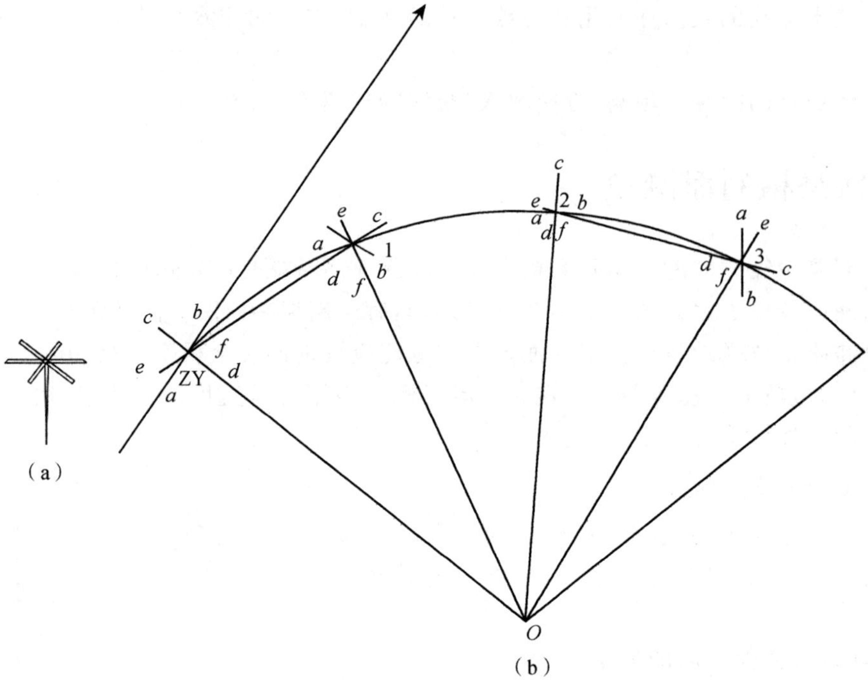

图 8-9　求心十字架及测定曲线段横断面方向

字架至点 3，用 cd 瞄准点 2，此时 ef 方向即为点 3 的横断面方向。

2. 横断面的测量方法

(1)水准测量配合皮尺量距法

如图 8-10 所示，在中桩附近安置水准仪，以中桩为后视点，以两侧横断面上的地形点为前视点，逐一测定各地形点与中桩之间的高差(精确到厘米)，再用皮尺丈量中桩到各地形点的水平距离(精确到分米)。将测量数据采用分数形式，按线路方向的左、右侧分开记录。水准测量配合皮尺量距法数据记录格式见表 8-4。由表 8-4 中的后视读数和前视读数之差可算得中桩与各前视点之间的高差。该方法适用于地势较为平坦的地区。

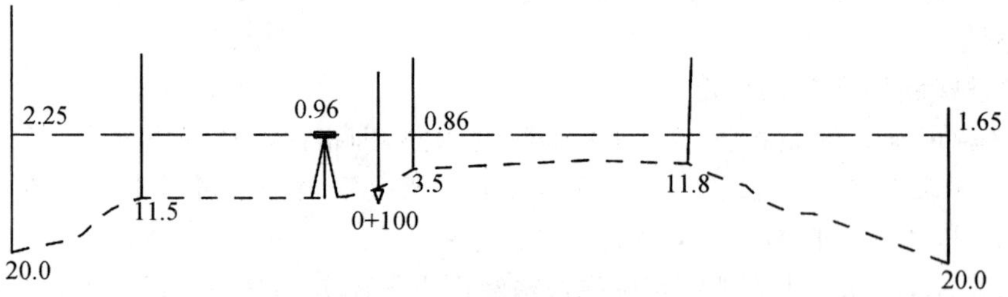

图 8-10　水准测量配合皮尺量距法

表 8-4　水准测量配合皮尺量距法数据记录格式

$\frac{\text{前视读数}}{\text{水平距离}}$(左侧)	$\frac{\text{后视读数}}{\text{桩号}}$	$\frac{\text{前视读数}}{\text{水平距离}}$(右侧)
$\frac{2.25}{20.0}$、$\frac{1.58}{11.5}$	$\frac{0.96}{0+100}$	$\frac{0.86}{3.5}$、$\frac{0.85}{11.8}$、$\frac{1.65}{20.0}$

(2)视距测量法

把仪器安置在中桩上，量取仪器高，用视距测量法分别测出每个变坡点与仪器安置点的水平距离和高差。该方法多用于通视较好的测区，横断面上地势较为平坦的地段用水准仪测量较为方便，地势起伏较大的地段可用经纬仪进行测量。此方法在测量过程中横断面的偏离较少，且精度较高。

(3)全站仪法

将全站仪安置于中桩上，量取仪器高，依次在其横断面方向的地形点上竖立反射棱镜，直接读取各地形点的水平距离和高差。使用此方法更加方便、快捷。

3. 横断面图的绘制

横断面图的绘制是以中桩为原点，以水平距离为横坐标，以高差为纵坐标，将横断面上的变坡点展绘在毫米方格纸上。横断面图能反映路线横断面方向地面的高低起伏情况，其绘图比例尺根据工程需要一般采用 1∶100 或 1∶200。在平坦地区，为了使断面显示得更清楚，常采用不同的比例尺，即纵向比例尺要大于横向比例尺，如纵向比例尺为 1∶100，横向比例尺为 1∶200。对于这种断面图，在设计路基和计算横断面面积时，也要注意纵、横向比例尺的不同。用软件设计线路横断面时，纵、横向的比例尺一般都相同。绘制横断面图时，先在毫米方格纸的偏左部位画一条竖直线，按由下向上的顺序，以一定间隔定出断面的中桩位置并注上相应的桩号，然后展绘每一个横断面的特征点，即为横断面图，如图 8-11 所示。

经过路基断面设计，在透明图上按相同的比例尺分别绘出路堑、路堤和半填半挖的路基设计线，称为标准断面图。依据纵断面图上该中桩的设计高程把标准断面图套绘到横断面图上，也可将路基断面设计的标准断面图直接绘制在横断面图上，从而绘制成路基断面图。图 8-12 所示为中桩 K3＋100 的半填半挖路基横断面图。根据横断面的填高、挖深面积及相邻中桩的桩号，可以计算出施工的土石方量。

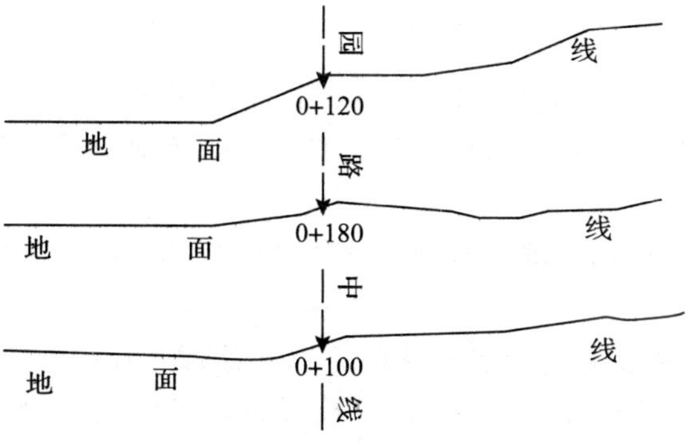

图 8-11　横断面图

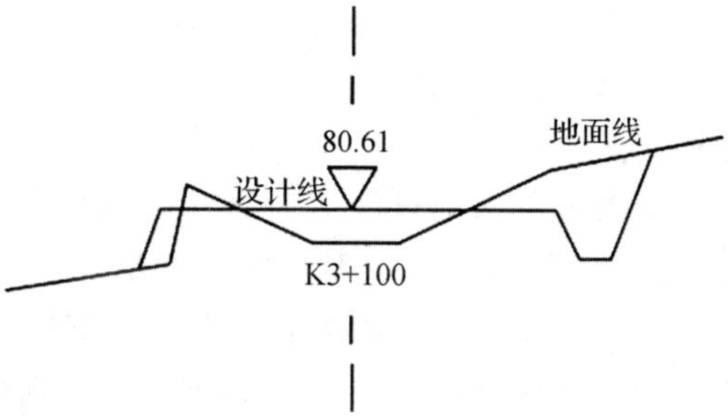

图 8-12　中桩 K3＋100 的半填半挖路基横断面图

任务 1　园林建园土方测量

1. 学习目的

①了解土方测量的主要流程；

②掌握利用全站仪进行土方测量的方法；

③掌握土方测量的原理和应用。

2. 人员、仪器及工具

(1)人员

5 名学生为一组，每个班根据实际情况进行分组，每个小组选出 1 名组长。组长对组员进行安排，做到人员的充分利用。小组分工如下。

①组长：负责协调小组成员、管理任务分配，确保项目进展顺利；

②组员：独立完成绘图任务。

(2)仪器及工具

每组配备 S3 水准仪 1 套，经纬仪 1 套，标尺 1 根，皮尺 1 把，记录板 1 块，记录簿、木桩若干，铅笔、橡皮、三角板、计算器各 1 个。

3. 操作流程

①使用全站仪进行对中、整平及设站；

②对小土堆按照 5 m 的间距进行分割并作好标记；

③对于标记好的点进行平面及高程的坐标采集；

④利用采集的数据人工绘制方格网图；

⑤进行土方量的计算；

⑥利用数据线将采集的数据下载至计算机，利用 CASS 软件进行数据计算。

4. 注意事项

①测定方格网点的高程时，按照等外水准测量的精度要求进行测定；

②计算时，高程取至厘米位。

5. 任务练习

(1)方法与步骤

①绘制方格网图：选择一个倾斜场地，用皮尺和经纬仪按 10 m 的边长在地面上定出一个矩形方格网，方格数以 9～12 个为宜；在各方格网点上钉上木桩，写上编号，并按比例绘制一个方格网图。

②求各方格网点的地面高程：根据已知水准点，用水准仪按视线高法测出各方格顶点的高程，并注记在相应方格顶点的右上方。

③计算设计平面高程：根据各方格顶点的高程分别计算各方格的平均高程，再把每个方格的平均高程相加除以方格总数，按式(8-1)直接计算出设计高程 $H_{设}$。将设计高程注记在方格顶点的右下方。

④计算挖填高度：每一个方格顶点的挖填高度为地面高程与设计高程之差，正号为挖深，负号为填高。将各方格顶点的挖填高度注于相应方格顶点的左上方。

⑤确定开挖边界线：在方格网图的方格边上用目估内插法定出设计高程为 $H_{设}$ 的高程点，即开挖边界点，连接相邻开挖边界点的曲线即为开挖边界线；

⑥计算挖填土方量：挖填土方量可按角点、边点、拐点和中点分别按式(8-2)计算。方格边长为 10 m，则每小方格的实地面积为 100 m^2。根据式(8-2)，分别计算角点、边点、拐点、中点的挖方量或填方量，最后累计算出总挖方量和总填方量。

(2)报告书

①上交场地平整的土方量估算计算书。

②思考题:计算挖填土方量时,如果考虑同一方格内既有挖方又有填方,并分别进行计算,那么其计算结果与按上述方法计算的结果之间的误差有多大?

任务2 园路纵、横断面测量

1. 学习目的

掌握园路纵、横断面测量的方法。

2. 人员、仪器及工具

(1)人员

5名学生为一组,每个班根据实际情况进行分组,每个小组选出1名组长。组长对组员进行安排,做到人员的充分利用。小组分工如下。

①组长:负责协调小组成员、管理任务分配,确保项目进展顺利;

②组员:独立完成绘图任务。

(2)仪器及工具

每组配备水准仪1台、水准尺1根、记录夹1个、木桩若干、记录簿。

3. 操作流程

①埋设水准点;

②测量水准点高程;

③测量纵、横断面;

④计算中桩高程,复核精度。

4. 注意事项

①水准点的位置要选在离中线30～50 m、不受施工影响、使用方便和易于保存的地方。

②观测转点时,水准尺立在木桩上;观测中桩时,水准尺立在里程桩附近具有代表性的地面上。

③中间点读数只读至厘米位即能满足施工要求,而转点起着传递高程作用,需读至毫米位。

5. 任务练习

(1)园路纵断面测量

①水准点设置:为了保证道路全线高程测量的精度,应沿线设立足够的水准点,钉上木桩,按顺序进行编号,用红漆书写并标好点之记,供中桩水准测量时控制使用。

②水准点高程测量:水准点测设好后即可进行水准点的高程测量。凡与国家水准点能联测的应该联测,以便纳入统一的高程系统;如无符合要求的国家水准点,可采用假定高程系统。测定水准点高程的方法、精度要求及平差与水准测量的相应内容相同。

③纵断面测量:进行水准点测设后,可根据附近水准点的高程,采用附合水准测量的方法

测出中线上各里程桩和加桩处的地面高程。先测出转点的前、后视读数，再观测两个转点之间的中桩读数（称为中间点读数），以求其高程。

④中桩高程计算：将测段内各转点高差总和与两端水准点之间的已知高差进行比较，如果在容许误差$\pm 50\sqrt{L}$ mm 范围内，则认为符合要求，一般不进行平差。中桩的高程按式（8-8）计算。

(2)园路横断面测量

①标定横断面方向：直线段上的横断面方向是与路线中心线互相垂直的，可用十字架测定。曲线段横断面方向应与测点的切线方向垂直，即指向圆心方向，可用求心十字架测定。

②将水准仪放置在长为 1.5 m 木杆的顶点，并立在中桩上，待气泡居中后在右侧各点进行水准尺读数，则两点水准尺上的读数差即为两点间的高差。

③量出各点间的距离。

④记录并计算。中桩水准测量记录表见表 8-5，横断面测量记录表见表 8-6。

表 8-5　中桩水准测量记录表

测点	读数/m			视线高程/m	高程/m	备注
	后视	中间点	前视			

续表8-5

测点	读数/m			视线高程/m	高程/m	备注
	后视	中间点	前视			

续表8-5

测点	读数/m			视线高程/m	高程/m	备注
	后视	中间点	前视			

表 8-6　横断面测量记录表

前视读数/水平距离（右侧）	后视读数/桩号	前视读数/水平距离（左侧）

项目9　园林施工测量

园林工程主要包括园路工程、道路工程、建筑工程、水景工程、假山工程、种植工程等。在园林工程开工前及施工中，根据设计图纸给定的条件和有关数据，在园林场地建立施工控制网，然后将图上各项工程的平面位置和高程标定到实地的工作称为测设，也叫施工测量或放样。

距离测量、角度测量、高程测量是测设工作的基本内容，测设必须遵循“从整体到局部，由高级到低级，先控制后碎部”的原则。施工测量应与施工过程密切配合，实施施工测量前要先了解设计意图，熟悉设计图纸，核对设计图纸。园林设计图纸包括总平面图、建筑平面图和基础平面图等，施工测量人员应了解工程整体和设计者的主要意图，并核对总平面与施工图尺寸是否相符，图纸相关尺寸有无矛盾，标高是否一致。现场踏勘时要了解施工地区的地物、地貌情况，以及原有测量控制点的分布和保存情况，对控制点进行必要检核，以便确定其是否可以利用。踏勘时还要进一步了解设计建筑物与现有地物之间的相对关系。制订施工测设方案时，要根据设计要求与现场的地形情况，计算测设数据，绘制测设略图。

9.1　园林施工控制测量

任何施工测量的工作均是建立在施工控制网的基础上，可以说施工控制网是测量及放样的基础。在进行园林施工测量工作之前，必须建立好施工控制网。施工控制网可以直接使用设计交桩的控制点(复测后)，也可以依据交桩控制点进行加密。加密的平面控制网一般采用导线法布设成附合导线或闭合导线，条件不允许时可以采用支导线。水准网一般采用三等水准测量进行加密。

9.1.1　施工控制网的复测

对于园林施工测量而言，在施工单位进场施工之前，设计单位或业主会对施工单位进行“控制点交桩”。所谓“控制点交桩”，是将控制网的点之记、坐标成果等资料交予施工单位项目部，交桩人一般为设计单位的专业技术人员，见证人一般为监理单位的监理工程师，接桩人为施工单位项目部的技术负责人。三方确认无误后签字，完成交接桩手续。

施工单位测量人员接桩后，应当立即组织进行控制网复测。控制网可以采用测角测距法或GNSS-RTK进行复测。高程控制网复测不得低于控制网施测等级。复测采用的各项技术参数不得低于相应等级控制网的各项技术参数。在复测确认控制网的各项精度满足对应等级的要求后，编制复测报告。如果有一项数据不满足要求或点位出现明显的偏移，应当立即通知设计单位进行复核。

9.1.2　施工控制网的加密

园林施工平面控制网的等级依据工程类别、规模、内容和设计要求进行合理确定，一般采用表 9-1 的等级选择。

表 9-1　园林施工平面控制网的等级

工程内容	面积 S/m^2	平面控制网等级	
		首级控制网	加密控制网
绿化工程	$S \geqslant 100\ 000$	三等	四等、一级、二级
	$50\ 000 \leqslant S < 100\ 000$	三等	四等及以下
	$30\ 000 \leqslant S < 50\ 000$	四等	一级及以下
	$S < 30\ 000$	一级	二级、三级
附属工程	园路、景观、园林建筑、桥梁、设施、海绵城市等	二等	三等、四等、一级
	其他工程	四等	一级及以下

当加密控制网采用导线法进行加密时，应当将导线布设成附合导线或闭合导线，在条件不允许的情况下可采用支导线。当条件满足进行静态测量的要求时，宜进行 GNSS-RTK 加密。加密控制网最弱点的点位中误差不得大于 50 mm，相邻点位中误差不得大于 25 mm。

高程控制点加密不得低于三等控制网的等级要求，宜采用闭合水准路线或附合水准路线。

9.2　测设的基本工作

9.2.1　水平角测设

水平角测设是指根据给定角的顶点和起始方向，将设计的水平角的另一方向标定出来。根据精度要求的不同，水平角测设有两种方法。

(1)水平角测设的一般方法

当水平角测设精度要求不高时，采用一般方法进行测设，其测设步骤如下：

①如图 9-1 所示，O 为给定的角顶点，OA 为已知方向，将经纬仪安置于 O 点，在盘左位置后视 A 点，并使水平度盘置零；

②顺时针转动照准部，使水平度盘的读数准确定在要测设的水平角值 β 上，在望远镜的视准轴方向上标定一点 B'；

③松开照准部制动螺旋，倒镜，在盘右位置后视 A 点，使水平度盘置零；顺时针转动照准部，使水平度盘读数为 β，用同样的方法在地面上定出 B''点，并使 $OB''=OB'$；

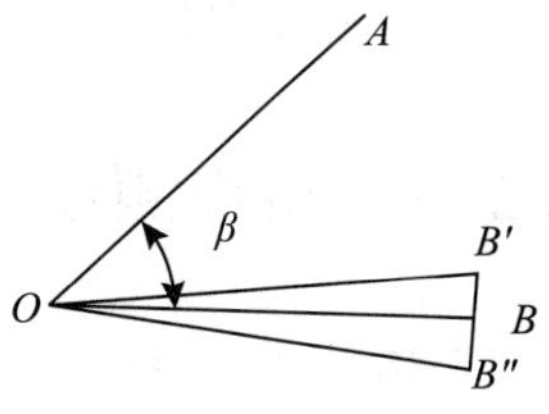

图 9-1　水平角测设的一般方法

④如果 OB' 与 OB'' 重合，则 $\angle AOB'$ 为欲测设的 β 角；若 OB' 与 OB'' 不重合，取 $B'B''$ 连线的中点 B，则 $\angle AOB$ 为需测设的 β 角。

(2)水平角测设的精密方法

当测设精度要求较高时，采用精密方法测设水平角，其测设步骤如下：

①先用一般方法测设出目标 β 角，如图 9-2 所示；

②用测回法测出 $\angle AOB'$ 的角值 β'；

③过 B' 作 OB' 的垂线，在垂线方向精确量取 $BB' = OB'\tan(\beta-\beta') = OB'\tan\Delta\beta$，则 $\angle AOB$ 为欲测设的 β 角；若 $\Delta\beta<0$，则 B 点的位置与图 9-2 所示的位置相反。

另外，当要测设的角度为 90°且测设的精度要求较低时，也可根据勾股定理进行测设，方法如下：

如图 9-3 所示，欲在 A 点定出垂直于 AB 的直角边 AD 的方向，先从 A 点沿 AB 方向量 3 m 得到 C 点，再将一把卷尺的 5 m 处置于 C 点，将另一把卷尺的 4 m 处置于 A 点，然后拉平、拉紧两把卷尺，两把卷尺在零点的交叉处即为欲测设的 D 点，此时 $AD\perp AB$。

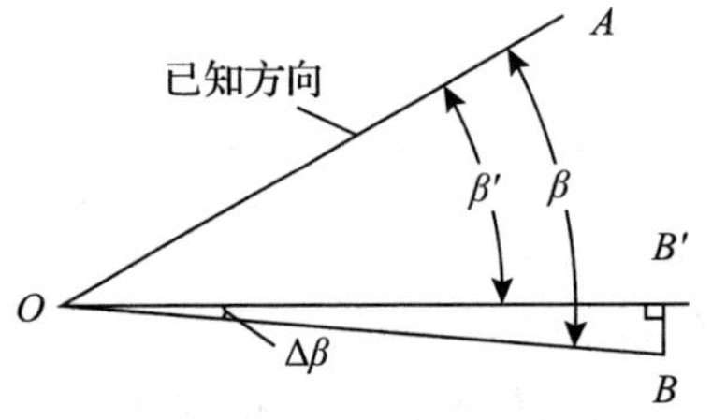

图 9-2　水平角测设的精密方法

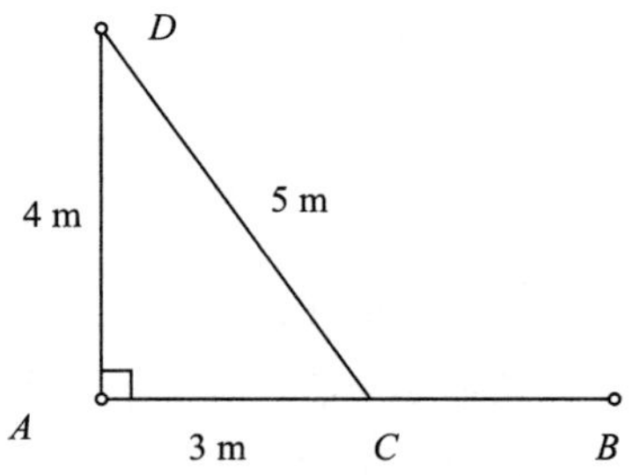

图 9-3　利用勾股定理进行测设

9.2.2　水平距离测设

测设水平距离就是根据给定直线的起点和方向，将设计的长度(即直线的终点)标定出来，其方法如下：

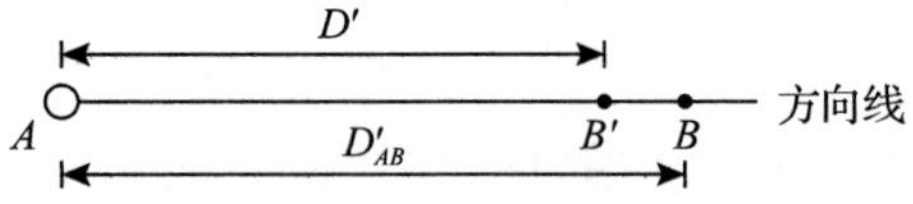

图 9-4　水平距离测设

在一般情况下，可根据现场已定的起点 A 和方向线(图 9-4)，将需要测设的直线长度 D' 用钢尺量出，定出直线端点 B'。如测设的长度超过一个尺段长，应分段进行丈量。返测 $B'A$ 的距离，若较差(或相对误差)在容许范围内，取往返丈量结果的平均值作为 AB' 的距离，并调整端点位置 B' 至 B，使 $B'B = D' - D'_{AB}$。当 $B'B>0$ 时，B' 往前移动；反之，则往后移动。

当精度要求较高时，必须用经纬仪进行直线定线，并对距离进行尺长、温度和倾斜改正。

9.2.3　高程测设

根据已知水准点(或高程点)测设一个点，使其高程为设计高程，方法如下：

①如图 9-5 所示，A 为已知水准点，需在 B 点处测设一个点，使其高程 H_B 为设计高程。

安置水准仪于 A、B 点的等距离处，整平仪器后，后视 A 点上的水准尺，得到水准尺读数为 a。

②在 B 点处(或附近稳固处)钉一个木桩，转动水准仪望远镜，前视 B 点上的水准尺，使尺缓缓上下移动，当尺读数恰为 $b=H_A+a-H_B$ 时，尺底的高程即为设计高程 H_B，用笔沿尺底画线将其标出。

③施测时，若前视读数大于 b，说明尺底高程低于欲测设的设计高程，应将水准尺慢慢提高，直至符合要求为止；反之，应降低尺底高度，直至满足要求。

如果采用不移动水准尺的方法，则将水准尺直接立于桩顶，读出桩顶读数 $b_{读}$，进而求出桩顶高程改正数 $h_{改}$，并将其标于木桩侧面，即 $h_{改}=b_{读}-b$。

若 $h_{改}>0$，应从桩顶上返 $h_{改}$ 为设计高程；若 $h_{改}<0$，则应自桩顶下返 $h_{改}$ 才为设计高程。

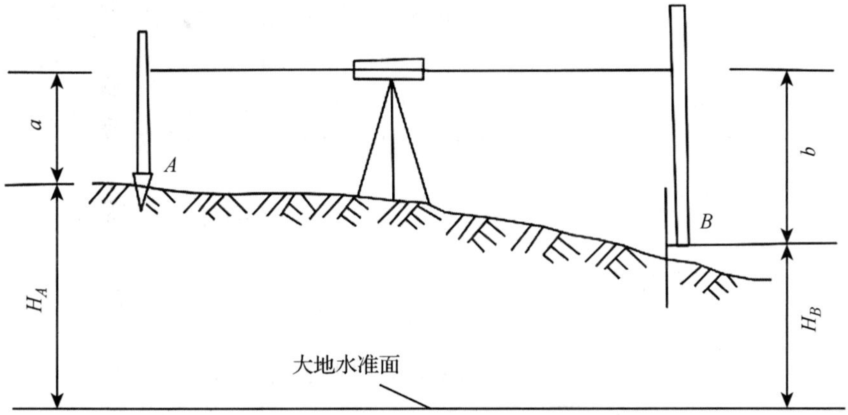

图 9-5 水准点测设

例如，设计给定±0 m 标高为 12.518 m，即 $H_B=12.518$ m；水准点 A 的高程为 12.106 m，即 $H_A=12.106$ m。水准仪置于二者之间，在 A 点尺上的读数为 1.402 m，则：

$$b=H_A+a-H_B=12.106+1.402-12.518=0.990(\text{m})$$

若在 B 点桩顶立尺，设读数为 0.962 m，则：

$$h_{改}=b_{读}-b=0.962-0.990=-0.028(\text{m})$$

说明应从桩顶下返 0.028 m 即为设计高程。

在施工过程中，常需要同时测设多个同一高程的点(即抄平工作)。为提高工作效率，应将水准仪进行精密整平，然后逐点进行测设。

现场施工测量人员多习惯用小木杆代替水准尺进行抄平工作，此时需由观测者指挥 A 点上的后司尺员，用铅笔尖在木杆面上移动。当铅笔尖恰在视线上时(水准仪同样需要精平)，观测者喊“好”，后司尺员就据此在杆面上画一条横线，此横线距杆底的距离即为后视读数 a，则仪器视线高为 $H=H_A+a$。由杆底端向上量出应读的前视读数 b，$b=H-H_B=H_A-H_B+a$，据 b 值在杆上画出第 2 条铅笔线。再由观测者指挥司尺员在 B 点外上下移动小木杆，当水准仪的十字丝恰好对准小木杆上的第 2 条铅笔线时，观测者喊“好”，此时前司尺员在小木杆底端平齐处画线标记，此线即为设计高程 H_B。

用小木杆代替水准尺进行抄平工作，工具简单，方便易行，但需注意小木杆上下头需有明显标记，避免倒立。在进行下一次测量之前，必须清除小木杆上的标记，以免用错。

9.2.4 点位测设的基本方法

园林工程的特征点测设可分为点的高程测设和点的平面位置测设。点的高程测设在"9.2.3 高程测设"中已进行介绍，点的平面位置测设常用以下4种方法，施工测量人员可根据实际情况选用方法。

1. 极坐标法

当施工场地有导线网且量距较方便时，常用极坐标法，其步骤如下：

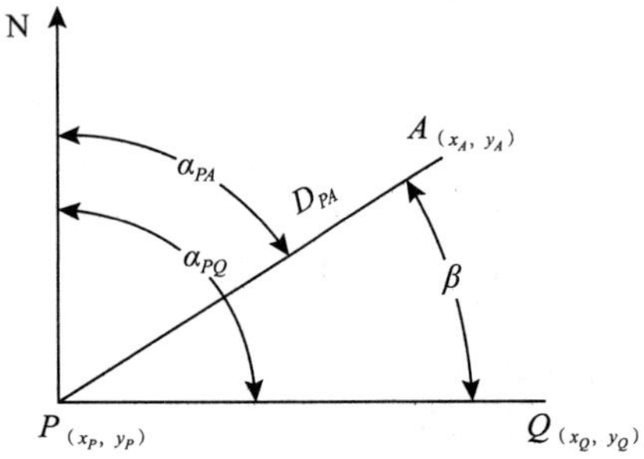

图 9-6 极坐标法测设

①如图9-6所示，欲测设点A，现场控制点为P、Q。在总平面图上查得P、A两点的坐标值分别为(x_P, y_P)、(x_A, y_A)，以及PQ的坐标方位角为α_{PQ}。

②计算PA、PQ的坐标方位角：

$$\left.\begin{aligned}\alpha_{PA}&=\arctan\frac{y_A-y_P}{x_A-x_P}\\ \alpha_{PQ}&=\arctan\frac{y_Q-y_P}{x_Q-x_P}\end{aligned}\right\} \tag{9-1}$$

计算PA与PQ的夹角β：

$$\beta=\alpha_{PQ}-\alpha_{PA} \tag{9-2}$$

计算PA的水平距离：

$$D_{PA}=\sqrt{(x_A-x_P)^2+(y_A-y_P)^2} \tag{9-3}$$

当精度要求较低时，上述的β、D_{PA}可以直接在图上量取。

③置经纬仪于P点，运用测设水平角方法使$\angle APQ$等于β，在PA方向线上测设距离PA等于D_{PA}，则A点即为欲测设的点。

2. 角度交会法

当现场量距不便或欲测点远离控制点时，可采用角度交会法，其步骤如下：

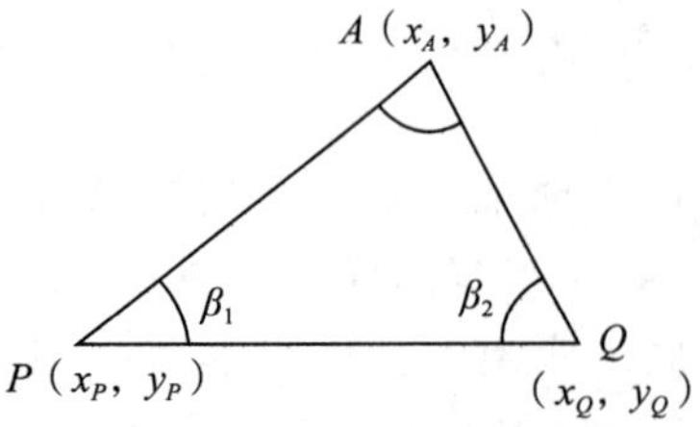

图 9-7 角度交会法测设

①如图9-7所示，欲测设A点，P、Q为现场控制点，根据A、P、Q点的坐标值可计算PA与PQ、QA与QP的夹角β_1、β_2；

②将两台经纬仪分别置于P、Q两点，分别测设$\angle APQ=\beta_1$、$\angle AQP=\beta_2$；

③指挥一个人持测钎，在两点方向线交会处移动，当两台经纬仪同时看到测钎尖端，且测钎尖端均位于两台经纬仪的十字丝纵丝上时，测钎位置为欲测设的点。

3. 支距法

当欲测设的点位于基线或某已知线段附近且测设点位的精度要求较低时，可采用支距法，其步骤如下：

①如图 9-8 所示，欲测设点 P 在已知线段 AB 附近，在图上过 P 点作 AB 的垂线 PP_1，量取距离 D_1'和 D_2'；

②在现场找到 A、B 两点，从 A 点沿 AB 方向线测设水平距离 D_1'得 P_1 点，过 P_1 点测设 AB 的垂直方向，并在其方向线上从 P_1 点测设水平距离 D_2'得 P 点，P 点即为欲测设的点位。

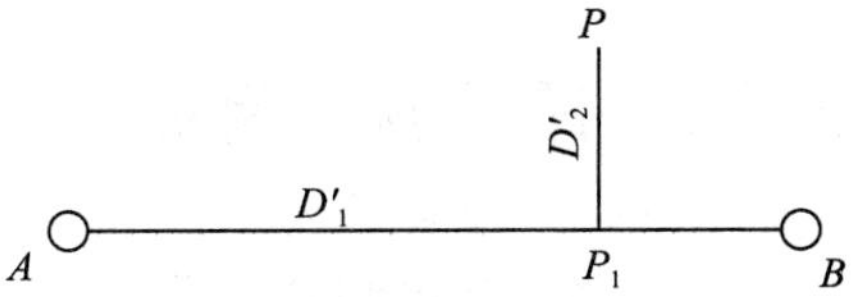

图 9-8　支距法测设

4. 距离交会法

当欲测设的点靠近控制点，量距又较方便，测设精度要求较低时，可用距离交会法测设点位，其步骤如下：

①如图 9-9 所示，欲测设点为 A，现场控制点为 P、Q，根据 A、P、Q 点的坐标值分别求出 PA 及 QA 的水平距离 D'_{PA} 和 D'_{QA}；

②以 P、Q 两点为圆心，D'_{PA} 及 D'_{QA} 为半径，分别在地面上画弧，并在两弧交点处打木桩，桩顶交会所得的点，即为欲测设的 A 点。

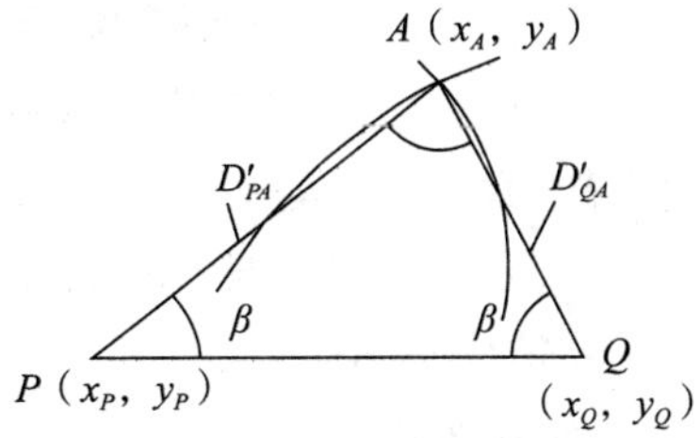

图 9-9　距离交会法测设

9.3　园林道路施工测量

园林道路施工测量放样一般采用 GNSS-RTK 或全站仪放样法，放样精度依建(构)筑物要求的不同而不同。一般而言，采用 GNSS-RTK 或全站仪放样法均能满足园林施工的要求。

9.3.1　园林道路施工测量放样

园林道路一般为园林景区的内部道路，施工难度不大，测量精度要求不高，在实际施工时完全可以采用 GNSS-RTK 进行测量放样及数据采集。对于曲线点及转角点可以直接采用点放样法进行放样。

9.3.2　现况调查及原地貌测量

①在施工前，应先放出路基征地线(红线)，并调查与记录征地线范围内需拆迁或改移的建(构)筑物、树木、文物古迹、各类地下管线等，核实征地线范围能否满足施工需要。

②在现况调查结束后，应计算每一桩号的中心坐标与对应的路基宽度，放出路基中线与边线。为保证填方段路基边坡的压实度，在每侧路基设计边线外加宽 500 mm 作为填筑边线。

③在路基清表前，均应按纵向 50 m 测设一个断面，横断方向设 6～10 个点来测量原地面的高程。若地形复杂，可以按纵向 10～20 m 测设一个断面，所有点位及高程数据应记录在册。清表后，恢复所有点位并测量此时的地面高程，将其作为清表后的地面高程。

9.3.3 路基施工测量

1. 线路中边桩测量放样

直线上中桩测设的间距不应大于 50 m，平曲线上宜为 5～10 m。进行路基施工前，应根据恢复的路线中桩、施工工艺和有关规定钉设出路基用地界桩和路堤坡脚、路堑堑顶等具体位置桩。在距路中心一定安全距离处设立控制桩，其间隔不宜大于 20 m。桩上标明桩号与路中心挖填高度，用(－)表示挖方，用(＋)表示填方。路基施工期间每月复测一次水准点。机械施工中，应在边桩处设立明显的挖填标志，宜在不大于 50 m 的段落内、距中心桩一定距离处埋设能控制标高的控制桩，进行施工控制。发现桩被碰倒或丢失时应及时补上。在施工过程中，应保护所有标志，特别是一些原控制点。根据工作需要，可测设线路起点桩、终点桩、百米桩、竖曲线的变化情况加密桩。

2. 挖方路段

挖方段路基应按设计高程及边坡坡度计算并放出上口开槽线；每挖深一步，恢复一次中线、边线，并进行高程测设；高程点应布设在两侧护壁处或其他稳定可靠的部位。挖至距路床顶 1 m 左右时，高程点应与附后的高级水准点进行联测。

3. 填方路段

填方段路基每填一层，恢复一次中线、边线，并进行高程测设。在距路床顶 0.7 m 内应按设计纵、横断面数据进行控制；达到路床设计高程后应准确放样路基中心线及两侧边线，并将路基顶设计高程准确测设到中心及两侧桩位上，按设计中线、宽度、坡度、高程进行控制并自检，自检合格后方可进行下一道工序。清表后，根据坐标法和挖填宽度计算法放样出路基填方的坡脚线，直线段每 20 m 设一个桩，曲线段视曲线半径分别为 10 m 和 5 m 设一个桩，并注明填方高度。在施工过程中，每填筑一层，根据坐标法和填方宽度计算法放样出路基填方的实际需要宽度，并在桩上标明填方深度。每填筑到一定的高度，根据坐标法和挖填宽度计算法放样出路基填方的实际需要宽度，根据此宽度再修整坡面。

9.3.4 路基放样

路基放样就是把设计好的路基横断面在实地构成轮廓，作为填方或挖方的依据。

1. 路堤放样

图 9-10(a)为平坦地面的路堤放样情况。从中心桩向左、右各量 $B/2$ 宽处钉设 A、P 点坡脚桩，从中心桩向左、右各量 $B/2$ 宽处竖立竹竿，在竿上量出填土高 h，得坡顶 C、D 点和中心点 O，用细绳将 A、C、O、D、P 连接起来，即得路堤断面轮廓。施工中可在相邻断面的坡脚连线上撒出白灰线作为填方的边界。

若路基位于弯道上，应把有加宽和加高的数值放样进去。

若路基横断面位于斜坡上，如图 9-10(b)所示，先在图上量出 B_1、B_2 及 C、O、D 3 点的填土高，按这些放样数据即可进行现场放样。

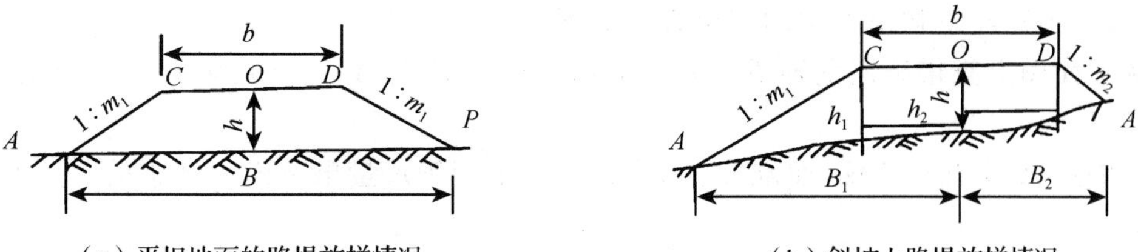

（a）平坦地面的路堤放样情况　　（b）斜坡上路堤放样情况

图 9-10　路堤放样

2. 路堑放样

图 9-11(a)和图 9-11(b)分别为平坦地面路堑放样情况和斜坡上路堑放样情况，主要是在图上量出 $B/2$ 和 B_1、B_2 的长度，从而可以定出坡顶点 A、P 的实地位置。为了施工方便，可以制作坡度板，如图 9-11(b)所示，作为边坡施工时的依据。

对于半填半挖的路基，除按上述方法测设坡脚点 A 和坡顶点 P 外，一般还要测出施工量为 0 的点 O'，如图 9-12 所示，拉线方法从图中可以看出，不再加以说明。

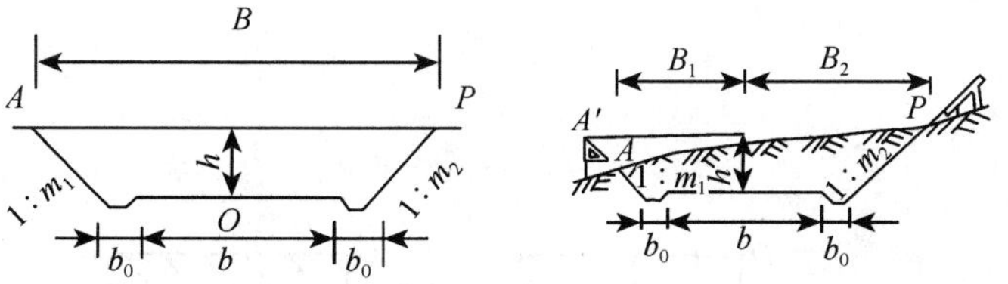

（a）平坦地面路堑放样情况　　（b）斜坡上路堑放样情况

图 9-11　路堑放样

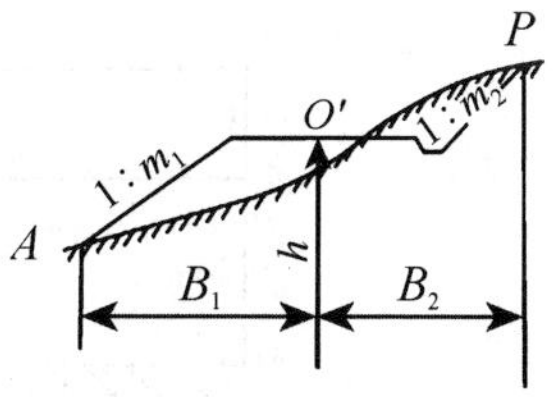

图 9-12　半填半挖路基

9.4　园林建筑施工测量

园林施工测量的原则与测图工作的原则相同，也是“先整体后局部，先控制后碎部”。园林施工区域不是特别大，而且在施工现场仍有过去测绘地形图时的测量控制点可利用。因此，在没有特殊情况时，可直接进行园林工程的各项测量工作。本节介绍园林建筑施工测量，它包括 4 方面的工作。

9.4.1　园林建筑物的定位

园林建筑物的定位是将建筑物外廓的各轴线交点（简称角桩）测设到地面上，作为基础放样和主轴线放样的依据。根据现场定位条件的不同，可选择以下方法。

(1)利用“建筑红线”定位

在施工现场有规划管理部门设定的“建筑红线”，则可依据“建筑红线”与建筑物的位置关系进行测设。如图 9-13 所示，AB 为

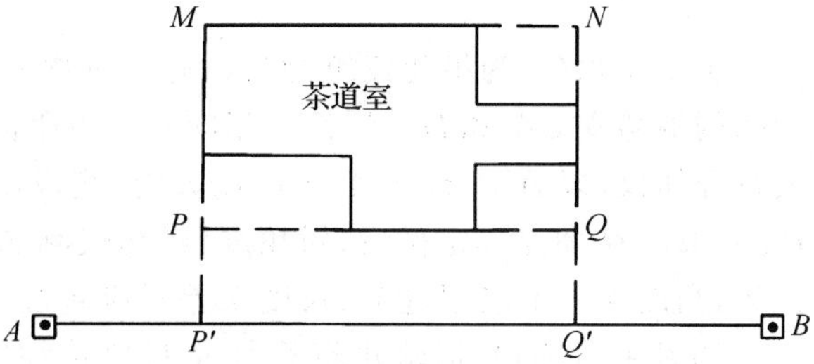

图 9-13　利用“建筑红线”定位

"建筑红线",拟建建筑物茶道室的定位方法如下:

①从平面图上查得茶道室轴线 MP 延长线上的点 P' 与 A 间的距离 AP'、茶室的长度 PQ 及宽度 PM;

②在桩点 A 安置经纬仪,照准 B 点,在该方向上用钢尺量出 AP' 和 AQ' 的距离,定出 P'、Q' 两点;

③将经纬仪分别安置在 P' 和 Q' 两点上,以 AB 方向为起始方向精确测设 90°角,得出 $P'M$ 和 $Q'N$ 两个方向,并在此方向上用钢尺量出 $P'P$ 和 PM 的距离,分别定出 P、M、Q、N 点;

④用经纬仪检查∠MPQ 和∠NQP 是否为 90°,用钢尺检验 PQ 和 MN 的距离是否等于设计的尺寸。若角度误差在 1′以内、距离误差在 1/2 000 以内,可根据现场情况进行调整,否则应重新测设。

(2)依据与原有建筑物或道路的关系定位

在规划范围内若有保留的原有建筑物或道路,当测设精度要求不高时,拟建建筑物也可根据它与原有建筑物或道路的位置关系来进行定位。如图 9-14 所示,依据与原有建筑物或道路的关系进行定位的情况有 4 种,现分别对其进行说明。图 9-14 中的阴影部分为拟建建筑物,未画阴影部分为原有建筑物或道路。

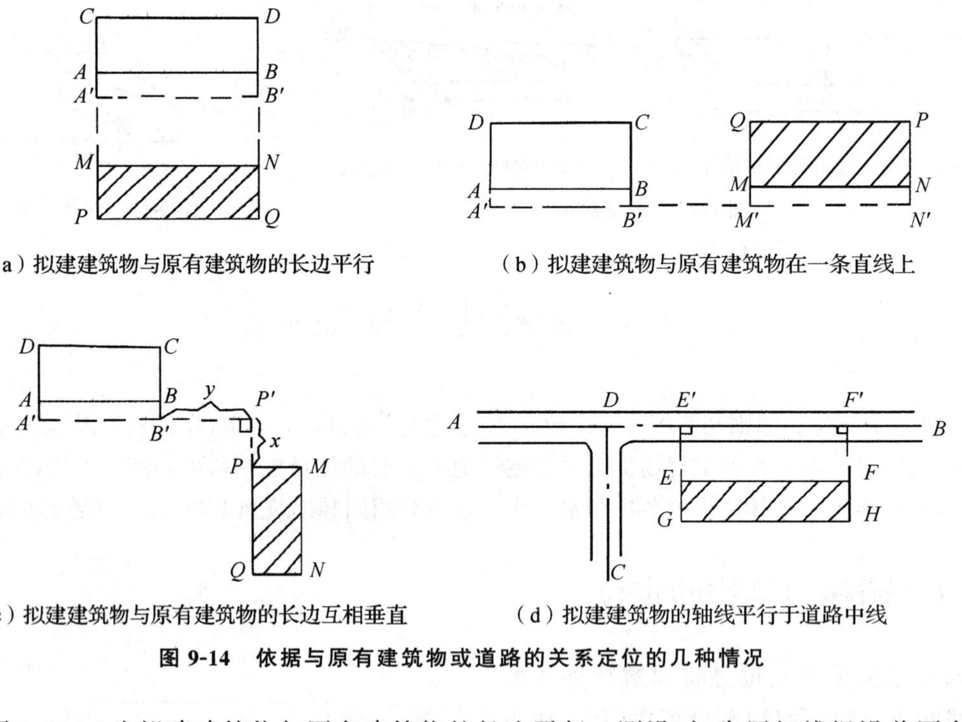

图 9-14 依据与原有建筑物或道路的关系定位的几种情况

①图 9-14(a)为拟建建筑物与原有建筑物的长边平行。测设时,先用细线绳沿着原有建筑物的两端墙皮 CA 和 DB 延长出相同的一段距离(如 2 m)得 A'、B' 两点。分别在 A'、B' 两点安置经纬仪,以 $A'B'$ 或 $B'A'$ 为起始方向,测设出 90°角方向,在其方向上用钢尺丈量设置 M、P、N、Q 4 个角点。定位后,对角度(经纬仪测回法)和长度(钢尺丈量)进行检查,与设计值相比较,角度误差不应超过 1′,长度误差不应超过 1/2 000。

②图 9-14(b)为拟建建筑物与原有建筑物在一条直线上。按上述方法用细线绳测设出 A'、B' 两点,在 B' 点安置经纬仪,用正倒镜法延长 $A'B'$,在延长线方向上用钢尺丈量设置 M' 点

和 N' 点。将经纬仪分别安置在 M' 和 N' 两点上，以 $M'A'$ 和 $N'A'$ 为起始方向，测设出 90°角方向，在其方向线上用钢尺丈量设置 M、Q、N、P 4 个角点，最后校核角度和长度，方法和精度要求同上。

③图 9-14(c)为拟建建筑物与原有建筑物的长边互相垂直。定位时按上述测设 M' 的方法测设出 P' 点。安置经纬仪于 P' 点，测设 $P'A'$ 的垂线方向，在其方向上用钢尺丈量设置 P、Q 两个角点。分别在 P、Q 两点安置经纬仪，测设 PQ 的垂直方向，在其方向线上用钢尺丈量 PM 和 QN 的长度，即得 M、N 两个角点。最后用同样的方法进行角度和长度校核。

④图 9-14(d)为拟建建筑物的轴线平行于道路中线。定位时先找出道路中线 DB，在中线上用钢尺丈量设置 E'、F' 两点。分别在 E'、F' 点上安置经纬仪，以 $E'D$ 和 $F'D$ 为起始方向，测设出 90°角方向，在其方向线上用钢尺丈量设置 E、G、F、H 4 个角点。最后用同样的方法进行角度和长度校核。

若施工现场布有建筑方格网，还可用直角坐标法进行定位。如果拟建建筑物附近有控制点，还可采用坐标放样的方法进行定位。

9.4.2　园林建筑主轴线的测设

根据已定位的建筑物外廓各轴线角桩的位置点，如图 9-15 所示的 E、F、G、H 点，可详细测设出建筑物内各轴线交点桩(也称中心桩)的位置点，如 A、A'、B、B'、1、1′点等。测设时，应用经纬仪进行定线，用钢尺量出相邻两轴线间的距离(钢尺零点端始终在同一点上)，量距精度不小于 1/2 000。如测设 GH 上的点 1、2、3、4、5，可把经纬仪安置在 G 点，瞄准 H 点，把钢尺零点位置对准 G 点，沿望远镜视准轴方向分别量取 G—1、G—2、G—3、G—4、G—5 的长度，打下木桩，并在桩顶用小钉准确定位。

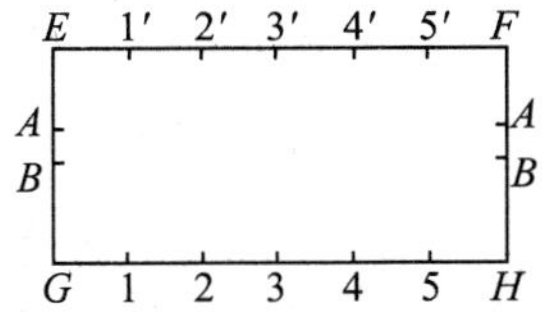

图 9-15　园林建筑主轴线的测设

测设建筑物各轴线的交点桩后，根据交点桩的位置和建筑物基础的宽度、深度及边坡，用白灰撒出基槽开挖边界线。

基槽开挖后，由于角桩和交点桩将被挖掉，为了便于在施工中恢复各轴线的位置，应把各轴线延长到槽外的安全地点，并作好标记。标记形式有设置轴线控制桩和设置龙门板两种。

(1)设置轴线控制桩

轴线控制桩也称引桩，设置在轴线延长线的两端基槽外，作为开槽后各施工阶段恢复轴线的依据。轴线控制桩的位置应避免施工干扰和便于引测。轴线控制桩离基槽外边线的距离根据施工场地的条件而定。如图 9-16 所示，控制桩 A、D、1、9 一般设置在基槽外 2～4 m 处。为了保证轴线控制桩的精度，最好在测设轴线桩的同时，一并测设轴线控制桩，打下木桩，并在桩顶钉上小钉，准确标记出轴线位置，并用混凝土包裹木桩。用同样的方法测设出其余的轴线控制桩。

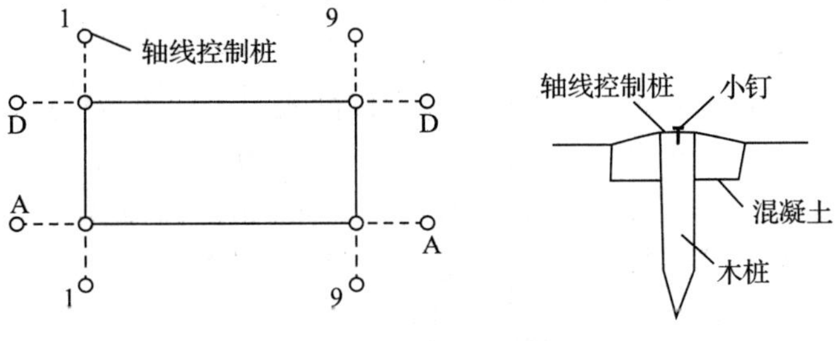

图 9-16　测设轴线控制桩

(2)设置龙门板

在园林建筑中，常在基槽开挖线外的一定距离处钉设龙门板，如图 9-17 所示，其钉设步骤和要求如下：

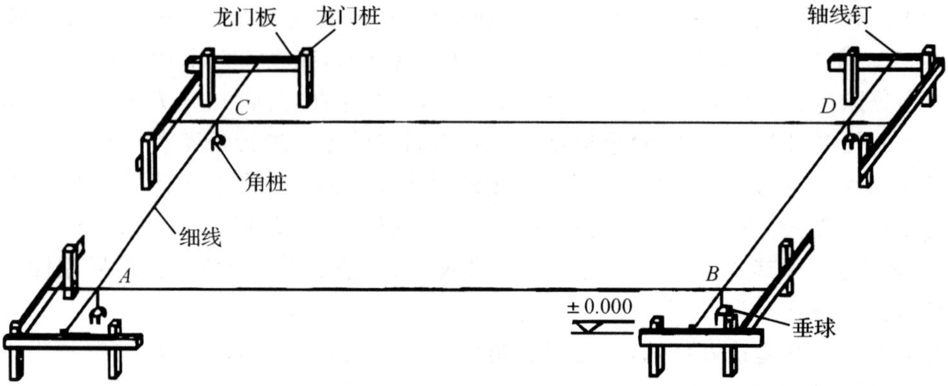

图 9-17　设置龙门板

①在建筑物 4 个角点和中间定位轴线的基槽开挖线外 1.5～3.0 m 处(由土质与基槽深度而定)设置龙门桩，桩要钉得竖直、牢固，桩的外侧面应与基槽平行。

②根据场地内的水准点，用水准仪将±0 m 的标高测设在每个龙门桩上，用红笔画一条横线。

③沿龙门桩上测设的线钉设龙门板，使板的上边缘高程正好为±0 m。若现场条件不允许，也可测设比±0 m 高或低一个整数的高程，测设龙门板高程的限差为±5 mm。

④将经纬仪安置在 A 点，瞄准 B 点，沿视线方向在 B 点附近的龙门板上定出一个点，并钉上小钉(称轴线钉)作为标志；倒转望远镜，沿视线在 A 点附近的龙门板上定出一个点，也钉上小钉作为标志。用同样的方法可将各轴线都引测到相应的龙门板上。如果建筑物较小，也可用垂球对准桩点，然后沿垂球线拉紧线绳，把轴线延长并标定在龙门板上，如图 9-17 所示。

⑤在龙门板顶面将墙边线、基础边线、基槽开挖边线等标定在龙门板上。标定基槽上口开挖宽度时，应按有关规定考虑放坡的尺寸。

9.4.3　基础施工放样

轴线控制桩测设完成后即可进行基槽开挖施工等工作，基础施工中的测量工作主要有两个方面。

(1)基槽开挖深度的控制

在进行基槽开挖施工时，应随时注意开挖深度。在将要挖到槽底设计高程时，要用水准仪在槽壁测设一些距槽底设计高程为某一整数(如 0.5 m)的水平桩，如图 9-18(a)所示。可以将画在周围固定地物上的±0 m 标高线作为已知高程点，用水准仪进行水平桩测设，用于控制挖槽深度。水平桩高程测设的允许误差为±10 mm。

例如，设槽底设计高程为－1.500 m，水平桩高于槽底 0.5 m，即水平桩高程为－1.000 m，用水准仪后视±0 m 高程上的水准尺，读数 $a=0.786$ m，则水平桩上标尺的应有读数 $b=0+0.786-(-1.000)=1.786$ m。

考虑施工方便，一般在槽壁每隔 3～4 m 处均测设一个水平桩；必要时，可沿水平桩的上表面拉线，作为清理槽底和打基础垫层时掌握高程的依据。基槽开挖完成后，应检查槽底的高程是否符合要求。检查合格后，可按设计要求的材料和尺寸做基础垫层。

(2)在垫层上投测墙中线

基础垫层做好后，根据龙门板上的轴线钉或轴线控制桩，用经纬仪或采用拉绳挂垂球的方法，把轴线投测到垫层上，并标出墙中线和基础边线，如图 9-18(b)所示，作为砌筑基础时的依据。

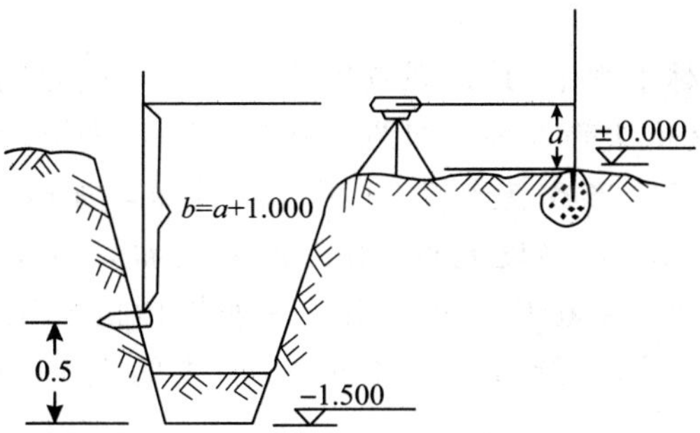

(a) 基槽开挖深度控制

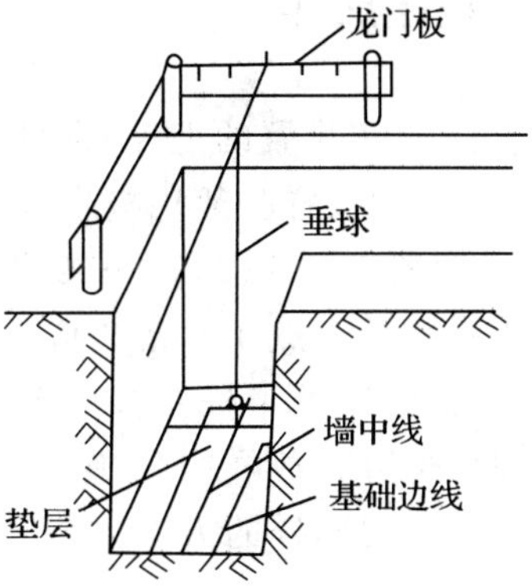

(b) 在垫层上投测墙中线

图 9-18 基础施工放样

9.4.4 墙身施工放样

(1)墙身的弹线定位

基础施工结束后，检查基础面的标高是否满足要求。经检查合格后，即可进行墙身的弹线定位，作为砌筑墙身时的依据。

墙身弹线定位的方法：利用轴线控制桩或龙门板上的轴线和墙边线标志，用经纬仪或采用拉线绳挂垂球的方法将轴线投测到基础面上，然后用墨线弹出墙中线和墙边线。检查外墙轴线交角是否为直角，符合要求后，把外墙轴线延长并画在外墙基础立面上，作为向上投测轴线的依据。同时，把门、窗和其他洞口的边线也在外墙基础立面上画出。

(2)上层楼面轴线的投测

在多层建筑物的施工中，需要把底层轴线逐层投测到上层楼面，以作为上层楼面施工的依据。上层楼面轴线投测有以下两种方法。

①吊锤法：用较重的垂球悬吊在楼板或柱顶边缘，当垂球尖对准基础墙面上的轴线标志时，楼板或柱顶边缘的位置即为该楼层轴线端点的位置，将该位置画线标示。用同样的方法投测其他轴线端点。经检测各轴线间距符合要求后即可继续施工。这种方法简便易行，一般能保证施工质量，但当风力较大或建筑物较高时，投测误差较大，此时应采用经纬仪投测法。

②经纬仪投测法：经纬仪在相互垂直的建筑物中部轴线控制桩上进行严格对中、整平后，瞄准底层轴线标志。用盘左位置和盘右位置取平均值的方法，将轴线投测到上楼层边缘或柱顶上。每层楼板应测设长轴线 1～2 条、短轴线 2～3 条，然后用钢尺实测其间距，相对误差不得大于 1/2 000。测量合格后才能在楼板上分间弹线，继续施工。

9.5　堆山、湖及其他水体和场地平整放样

9.5.1　堆山放样

堆山造景(人工堆置的土丘)常见于园林工程中,其景观效果取决于施工放样能否准确体现设计意图。堆山放样一般用极坐标法、支距法等方法。如图 9-19(a)所示,先测设出等高线的各转折点,即图中的 1、2、3、…、9 等点,然后将各点连接,并用白灰或绳索加以标定;再利用附近水准点测设出点 1～点 9 应有的标高,若高度允许,则在各桩点插设竹竿并画线标出。若山体较高,则可于桩侧标明上方高度,供施工人员使用。一般堆山的施工多采用分层堆叠,因此,也可在放样中随施工进度测设,逐层打桩。图 9-19(a)中的点 10 为山顶,其位置和标高也应用同样的方法测出。

9.5.2　湖及其他水体放样

挖湖或开挖水渠等放样与堆山放样相似。

先把水体周界的转折点测设到地面上,如图 9-19(b)所示的 1、2、3、…、30 各点,然后在水体内设定若干点位,打上木桩。根据设计给定的水体基底标高在桩上进行测设,画线标明开挖深度。在图 9-19(b)中,①、②、③、④、⑤、⑥点即为此类桩点。在施工中,不要破坏各桩点,可留出土台,待水体开挖接近完成时再将土台挖掉。

水体的边坡坡度可按设计坡度制成边坡样板置于边坡各处,以控制和检查各边坡的坡度。

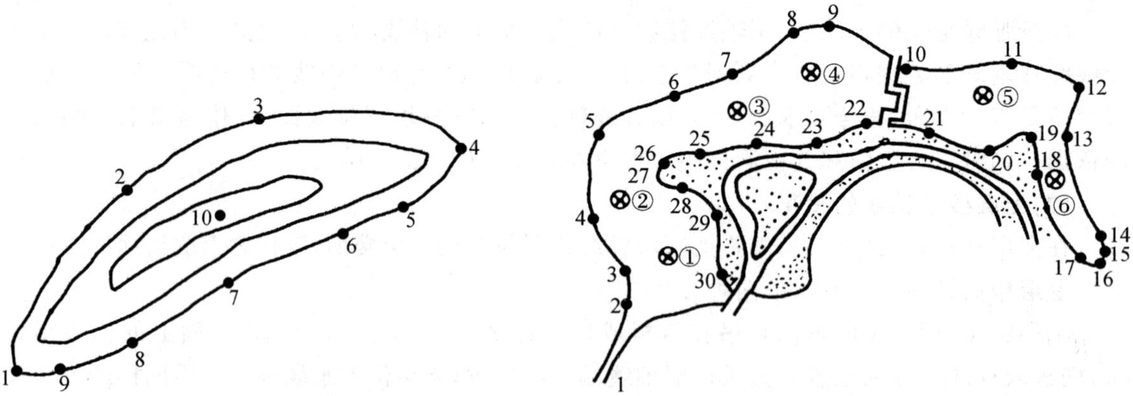

(a) 堆山放样　　(b) 湖及其他水体放样

图 9-19　堆山、湖及其他水体放样

9.5.3　场地平整放样

进行场地平整前,一般在地面每 5 m 打一个木桩,确定该部位的开挖深度,在场地平整开

挖深度接近平整面 200 mm 时，可以采用人工开挖。当精度要求不高时，一般直接采用全站仪或 GNSS-RTK，边开挖边观测。每隔 5 m 打入一个钢筋桩头或木桩，以控制基底高程。当平整面积较大时，可以放出控制高程线，最后收面时进行复核即可。山体回填一般不需要严格控制高程，采用 GNSS-RTK 放出回填区域，控制回填体积即可。土方或山体回填前，先将周边地形数据进行采集。分层回填、压实符合设计要求后，实测回填的范围及高程，计算回填土方量。

9.6 园林植物种植放样

园林植物种植放样是按照图纸上的设计方案，在现场标定出苗木栽植的位置和株距，通过准确的施工放样来体现设计意图，达到绿化工程所要求的效果。根据园林绿化的特点，分别介绍放样的方法。

9.6.1 模纹图案的放样

图案整齐、线条规则的小块模纹绿地要求线条准确无误，因此放样时尤其需要注意。可用较粗的钢丝、铅丝按设计图案的式样编好图案轮廓模型，然后根据它和周边地物或控制点的几何关系，将其主要特征点标定在实地上，并且在地面上压出清晰的线条痕迹轮廓。

对于地形较为开阔平坦、视线良好的大面积绿地，由于很多设计较为复杂的模纹图案的面积较大，一般在设计图上画好方格网。先在地面上测设方格网，然后按照支距法测设模纹图案，图案关键点用木桩进行标记，同时模纹线要用铁锹、木棍画出线痕，再撒上灰线。由于面积较大，放线一般需要较长时间，放线时最好钉好木桩或画出痕迹，撒灰踏实。

9.6.2 自然式配置乔灌木的放样

自然式树木的种植方式有两种：一种是孤植型，即图纸中标明了每株树的种植位置；另一种是丛植型，即在图中标明了种植的范围、树种、株数等。

①孤植型：在草坪、小岛或山坡等地的一定范围里只种植一棵大树，其种植位置的测设方法视现场情况可采用极坐标法、支距法或距离交会法等。定位后以石灰或木桩作为标志，并标出挖穴范围。

②丛植型：把几株或十几株甚至几十株乔木、灌木配植在一起，树种一般在两种以上。定位时，先把丛植区域的中心位置用极坐标法、支距法或距离交会法测设出来，再根据中心位置与其他植物方向、距离的关系，定出其他植物种植点的位置。同样撒上石灰作为标志，树种复杂时可钉上木桩，并写明植物名称及其规格。

9.6.3 规则式种植区域的放样

在苗圃的各类种植区域中，一般都采用规则式的种植方式。另外，有些公园、游览区等也采用成片的规则式种植林带。这类林木的种植方式主要有矩形和菱形两种定植方法。

(1)矩形定植

如图 9-20(a)所示，$A'B'C'D'$为种植区域的界线，每一植株定位放样的方法如下：

①假定种植的行距为 a，株距为 b，如图 9-20(a)所示，沿 AB 方向量取行距 a，定出点 1、2、3；用同样的方法在 DC 方向上定出相应的点 1′、2′、3′；

②在纵向 1—1′、2—2′、3—3′的连线上按株距 b 定出各种植点的位置，撒上白灰作为标记。

(2)菱形定植

如图 9-20(b)所示，$A'B'C'D'$为种植区域的界线。按设计要求，拟测设出菱形种植点位。

①与矩形定植的方法相同，在 AB 和 DC 上分别定出点 1～点 7 和相应的点 1′～点 7′；

②在单数行上按 0.5b、b、b、b、b、b、b 的间距定出各种植点的位置，在双数行上按 0、b、b、b、b、b、b、b 的间距定出各种植点的位置。

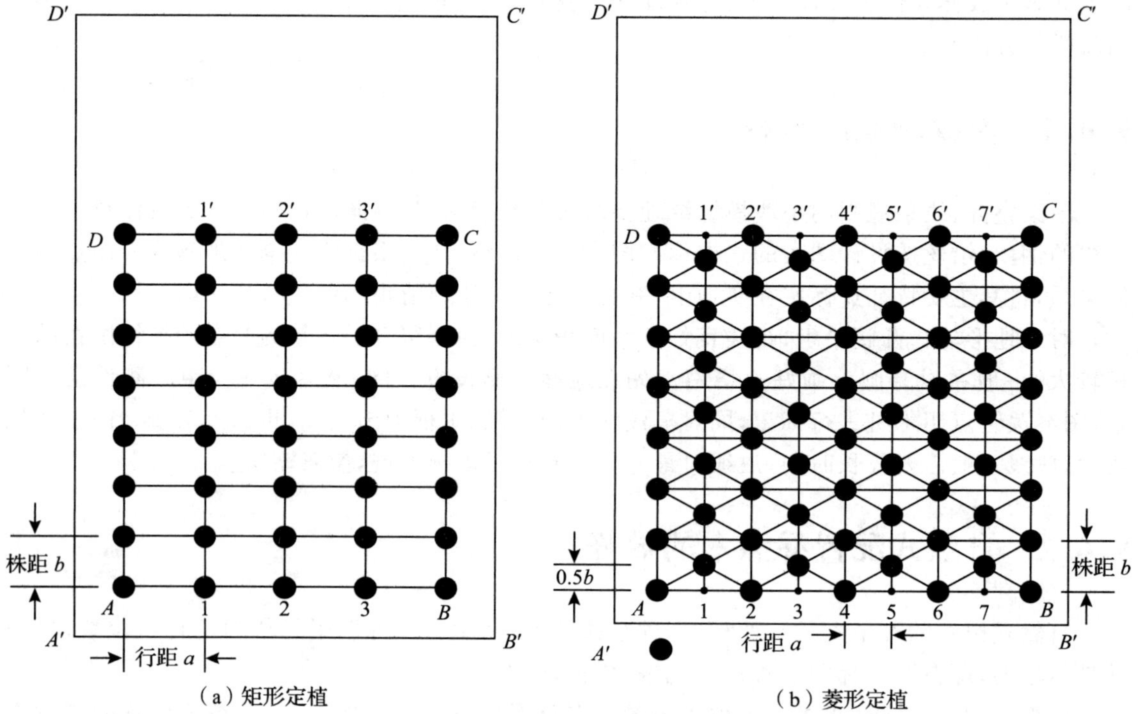

图 9-20　规则式种植区域的放样

9.6.4　行道树定植放样

道路两侧的行道树一般是按道路设计断面定点，在有道牙的道路上，一般应以道牙作为定点的依据；无道牙的道路，则以路中线为依据。为了加强控制，减小误差，可每隔 10 株加钉一个木桩，且应使道路两侧的木桩一一对应，单株的位置均用白灰进行标记。

9.6.5　用 GNSS-RTK 或者全站仪放样

园林植物种植放样可采用全站仪点位放样法或 GNSS-RTK 测量放样法。放样前先复核图纸,确保图纸坐标无误,然后计算放样点的坐标。放样点应选择种植范围的拐点和植物类别的拐点,距离较长时,应该每隔 3 m 设一个点。

将计算数据导入全站仪或 GNSS-RTK 手簿,利用点放样法进行逐点放样。放样点必须钉入钢筋或木桩;点位放样完成后,应该重新采集放样点,并导入 CAD 中进行复核。

9.7 园林工程竣工测量

园林工程施工完成后,应当对整个施工区域进行全地形数据采集,采集高程、平面等信息并上图。竣工图完成后应当报设计部门核实。

编制竣工总平面图的目的:①全面反映竣工后的现状;②为以后园林工程的管理、维修、扩建、改建及事故处理提供依据;③为工程验收提供依据。竣工总平面图的编绘包括竣工测量和资料编绘两方面内容。园林工程竣工验收时进行的测量工作称为竣工测量。竣工测量的内容主要包括建筑物及各种建筑小品(测定各房角的坐标、几何尺寸,各种管线进出口的位置和高程,室内地坪及房角标高,房屋结构层数及面积和竣工时间)、地下管线(测定检修井、转折点、起点和终点的坐标,井盖、井底、沟槽和管顶等的高程,附注管道及检修井的编号、名称、管径、管材、间距、坡度和流向)、交通线路(测定线路起点、终点、转折点和交叉点的坐标,路面、人行道、绿化带的界线等)、绿化工程(各种模纹图案的位置及植被种类、绿地形状及地被植物种类、孤植和丛植乔灌木的位置及种类等)。竣工测量的内容比地形测量的内容更丰富。竣工测量不仅要测量地面的地物和地貌,还要测量地下的各种隐蔽工程,如给水、排水及热力管线等。

竣工总平面图的编绘依据设计总平面图的施工放样成果,更改设计的图纸、数据、资料(包括设计变更通知单)。凡按设计坐标进行定位的工程,应以测量定位资料为依据,按设计坐标(或相对尺寸)和高程展绘。对原设计进行变更的工程,应根据设计变更资料展绘。对凡有竣工测量资料的工程,当竣工测量成果与设计值之差不超过所规定的定位容许误差时,按设计值展绘;否则,按竣工测量资料展绘。

任务1 水平角、水平距、高程测设

1. 学习目的

①了解经纬仪、钢尺、水准仪的使用方法;

②掌握水平角、水平距、高程的测设方法;

③练习利用经纬仪、钢尺、水准仪测设水平角、水平距、高程。

2. 人员、仪器及工具

(1)人员

5 名学生为一组,每个班根据实际情况进行分组,每个小组选出 1 名组长。组长对组员进行安排,做到人员的充分利用。小组分工如下。

①组长:负责协调小组成员、管理任务分配,确保项目进展顺利;

②组员:独立完成绘图任务。

(2)仪器及工具

每组配备经纬仪1台、水准仪1台、标杆1根、水准尺1副(2根)、钢尺1把、木桩若干。

3. 操作流程

①测设主轴线;

②设置龙门板;

③利用水准仪进行高程放样;

④利用经纬仪进行平面放样。

4. 注意事项

水平距测设时要进行往返丈量,并计算精度。若精度在容许值范围内,则取往返丈量结果的平均值作为测设的水平距离。

5. 任务练习

(1)水平角测设

①先在地面上定出一条边 OA;

②在零点安置经纬仪,瞄准 A 点,在盘左位置使水平度盘读数为 $0°00'00''$;

③顺时针转动照准部,使水平度盘读数为所设角度,在视线方向上确定 B 点,即得所测角度;

④为了保证精度,可在盘右位置再测一次,若两次测得的 B 点不重合,则取其连线的中点作为 B 点。

(2)水平距测设

①在起点安置经纬仪,确定出直线的方向;

②在视线方向上,从起点开始用钢尺量取水平距离即可。

(3)高程测设

①设已知高程点为 A,需测设的高程点为 B。在 A、B 之间大约等距处安置水准仪,后视 A 点,读数为 a;

②在 B 点处钉一个木桩,转动水准仪的望远镜,前视靠 B 点木桩竖立的水准尺,缓慢地上下移动水准尺,当尺读数 $b_{应}=H_i-H_B(H_i=H_A+a)$ 时,尺底的高程即为测设高程。

任务2 园林建筑施工放样

1. 学习目的

①了解经纬仪、水准仪的使用方法;

②掌握园林建筑施工放样的一般方法;

③练习利用经纬仪、水准仪、钢尺进行施工放样。

2. 人员、仪器及工具

(1)人员及分组

5名学生为一组,每个班根据实际情况进行分组,每个小组选出1名组长。组长对组员进行安排，做到人员的充分利用。小组分工如下。

①组长：负责协调小组成员、管理任务分配，确保项目进展顺利；

②组员：独立完成绘图任务。

(2)仪器及工具

每组配备经纬仪 1 台、水准仪 1 台、水准尺 1 副(2 根)、钢尺 1 把、标杆 1 根、木桩和木板若干。

3. 操作流程

①测设主轴线；

②设置龙门板；

③利用水准仪进行高程放样；

④利用经纬仪进行平面放样。

4. 注意事项

①在测设±0 m 高程线时，若现场条件不允许时，也可测设比±0 m 高或低一定数值的线。但同一个建筑物最好只选用一个标高。如果地形起伏较大，选用两个标高时，一定要标注清楚，以免使用时发生错误。

②把中心钉钉在龙门板上以后，应用钢尺沿龙门板顶面检查中心钉的间距是否正确，以此作为测设校核。

5. 任务练习

(1)测设主轴线

园林建筑主轴线可根据"建筑红线"或与现有建筑物的关系以及方格网来进行测设，要根据实际情况来确定选用的方法。

(2)设置龙门板

在建筑物 4 个角点与隔墙两端基槽外边 10～15 m(根据土质情况和挖槽深度确定)的地方钉设木桩，即为龙门桩。

(3)水准仪放样

在建筑场地外安置水准仪，后视建筑场地水准点的高程，然后在每个龙门桩上测设室内(或室外)地坪设计高程线，即±0 m 高程线。沿龙门桩上测设的高程线钉设龙门板。

(4)经纬仪放样

用经纬仪将墙柱中线投到龙门板顶面上，并钉上中心钉。以中心钉为准，将墙宽、基槽宽标在龙门板上，最后根据基槽上口宽度拉上细线，撒出基槽灰线。

参 考 文 献

[1] 傅伟,柳青松,邓光. 基于工作过程系统化的高职专业建设内涵探析[J]. 职教论坛,2010(9):40-42.

[2] 仇恒佳,单建明,戴群. 园林测量课程项目化教学实践[J]. 中国职业技术教育,2012(23):14-16.

[3] 郭荣中. 基于工作过程的园林测量课程教学改革探讨[J]. 现代农业科技,2012(10):39-40.

[4] 刘艳杰. 园林测量课程整体设计探讨[J]. 河南农业,2012(20):40-41.

[5] 王炎. 基于增值理念的高职项目化课程成绩评价体系的设计与实施[J]. 中国职业技术教育,2016(8):71-75.

[6] 马福荣,覃峰. 高职建筑工程测量课程"一体化"教学模式探讨[J]. 中国电力教育,2012,7(38):71-72.

[7] 邓元德.《园林工程测量》实训教学的改革与探索[J]. 科技信息(科学教研),2008(18):330.

[8] 张晓光. 关于园林工程施工测量研究[J]. 中国科技财富,2012(13):235.

[9] 胡永进,徐涛,张碧帆. 工程测量在园林建设中的应用[J]. 现代测绘,2011,34(6):31-33.

[10] 冯仲科,罗旭,马钦彦,等. 基于三维激光扫描成像系统的树冠生物量研究[J]. 北京林业大学学报,2007(S2):52-56.

[11] 胡凯龙,刘清旺,庞勇,等. 基于机载激光雷达校正的ICESat/GLAS数据森林冠层高度估测[J]. 农业工程学报,2017,33(16):88-95.

[12] 王俊河. 园林工程测量[M]. 北京:机械工业出版社,2012.

[13] 陈涛,王文焕. 园林工程测量[M]. 北京:化学工业出版社,2009.

[14] 张远智. 园林工程测量[M]. 北京:中国建材工业出版社,2005.

[15] 张中慧. 园林工程测量[M]. 北京:中国林业出版社,2016.

[16] 胡伍生. 土木工程测量学[M]. 3版. 南京:东南大学出版社,2021.

[17] 陈日东,陈涛. 园林测量[M]. 2版. 北京:中国林业出版社,2021.